Lecture Notes in Physics

Edited by H. Araki, Kyoto, J. Ehlers, München, K. Hepp, Zürich
R. Kippenhahn, München, H. A. Weidenmüller, Heidelberg
and J. Zittartz, Köln
Managing Editor: W. Beiglböck

245

R. Kh. Zeytounian

Les Modèles Asymptotiques de la Mécanique des Fluides I

Springer-Verlag
Berlin Heidelberg New York Tokyo

Auteur

Radyadour Kh. Zeytounian
Professeur à l'Université de Lille I
Laboratoire de Mécanique de Lille
F-59655 Villeneuve d'Ascq Cedex, France

ISBN 3-540-16447-2 Springer-Verlag Berlin Heidelberg New York Tokyo
ISBN 0-387-16447-2 Springer-Verlag New York Heidelberg Berlin Tokyo

Printed in Germany

Printing and binding: Beltz Offsetdruck, Hemsbach/Bergstr.
2153/3140-543210

AVERTISSEMENT

Ces leçons sont issues d'un cours oral de D.E.A. de Mécanique des Fluides enseigné à l'Université de Lille I, aux étudiants de 3ème cycle de Mécanique, depuis déjà près de dix ans.

Dans le présent volume 1, nous avons inclus les cinq premières leçons, à savoir :

I. Le modèle exact de Navier-Stokes.

II. Sur une conception de la modélisation en mécanique des fluides newtoniens.

III. Méthodes des perturbations singulières.

IV. Le modèle de Navier pour les fluides incompressibles et visqueux.

V. Le modèle d'Euler pour les fluides parfaits.

Le volume 2, à paraître ultérieurement, comprendra les six leçons suivantes :

VI. Le modèle de Prandtl de la couche limite. Couplage régulier.

VII. Les modèles de Stokes et d'Oseen pour les fluides fortement visqueux ou les écoulements rampants.

VIII. Le modèle de Rayleigh pour les écoulements à grand nombre de Reynolds et de Strouhal.

IX. Le modèle en triple couche de Neiland et Stewartson-Williams. Couplage singulier.

X. Le modèle de Zeytounian pour les écoulements de fluides peu visqueux et faiblement compressibles.

XI. Le modèle en double couche limite de Riley et Stuart pour les écoulements oscillants à haute fréquence.

On trouvera dans la table des matières qui suit cet avertissement le détail des questions traitées dans les leçons I à V exposées dans ce présent volume 1.

Il va de soi que dans le cadre de ces onze leçons nous avons été obligé de nous limiter uniquement à un certain nombre de modèles, parmi ceux existants. Il n'est d'ailleurs pas exclu que nous mettions, après la parution du second volume, en chantier un troisième volume comprenant divers modèles locaux particuliers.

Quoiqu'il en soit, nous avons délibérément laissé de côté tout ce qui concerne les écoulements atmosphériques et océaniques. Pour ce qui concerne, plus particulièrement, les modèles d'écoulements atmosphériques on pourra consulter notre monographie : "Asymptotic modelling of Atmospheric Flows", à paraître en 1987 chez Springer-Verlag, Heidelberg.

Le but de ces leçons était de familiariser les étudiants se préparant à la recherche dans les divers domaines de la Mécanique des Fluides, aux concepts actuels de la modélisation asymptotique et à leurs applications aux écoulements de fluides newtoniens dans diverses configurations. Le point de départ de cette modélisation étant, en toute généralité, le modèle exact de Navier-Stokes, exposé à la leçon I.

A la leçon II on trouvera un court exposé synthétique sur la modélisation asymptotique, dans lequel nous avons tenté de dégager les concepts fondamentaux qui sont à la base même de cette modélisation. Il nous semble que cet exposé de la leçon II, contient "en germe" les éléments d'une nouvelle pédagogie de l'enseignement de la mécanique des fluides théorique qui devrait conduire dans un proche avenir, à une présentation "actualisée" des divers chapitres classiques de la mécanique des fluides newtoniens, comme étant issus d'un modèle unique, exact, qui est celui de Navier-Stokes et en ayant la modélisation asymptotique comme fil conducteur.

Toute la leçon III est consacrée aux méthodes des perturbations singulières et il s'agit, principalement, des méthodes des développements asymptotiques raccordées (MDAR) et des échelles multiples (MEM). L'exposé de ces méthodes est relativement classique et nous l'avons conçu de telle façon que l'étudiant trouve à cette leçon III tous les éléments qui lui sont indispensables à la bonne compréhension des leçons suivantes.

La leçon IV est entièrement consacrée aux écoulements de fluides incompressibles mais visqueux, qui sont régies par le modèle dit de Navier. A cette leçon IV le concept de fluide incompressible est un concept asymptotique issu du fluide peu compressible. On montre comment ce modèle de Navier peut se justifier (asymptotiquement) à partir du modèle exact, complet de Navier-Stokes, formulé à la leçon I.

Enfin, dans la leçon V, la plus importante en volume, nous exposons le modèle d'Euler pour les fluides parfaits (à viscosité évanescente). Cet exposé complète, dans une certaine mesure, celui qui a fait l'objet de nos Notes, publiées en 1974, chez Springer-Verlag, à Heidelberg (dont le titre était : "Notes sur les écoulements rotationnels de fluides parfaits", dans la série - Lectures Notes in Physics, volume 27).

Cela peut paraître paradoxal, mais aujourd'hui la modélisation asymptotique tend à prendre de plus en plus d'importance dans le processus global de résolution des problèmes que pose notre environnement. Cette modélisation se place juste en amont de la modélisation numérique, sur ordinateurs à partir de codes numériques, et elle devient de plus en plus nécessaire aux Numériciens-Mécaniciens pour formuler des problèmes non raides.

Car, enfin, ce qui est le plus important, au départ, pour aboutir à une résolution numérique satisfaisante, c'est d'avoir de bonnes équations ! C'est-à-dire des équations approchées qui soient bien consistantes avec les équations exactes de Navier-Stokes. A notre connaissance seules les méthodes asymptotiques, via une modélisation asymptotique, permettent d'exiber de telles équations pourvu que la formulation du problème exact, de départ, fasse intervenir un, ou plusieurs, petits (ou grands) paramètres réduits.

En fin de compte c'est là la motivation essentielle de la mise en évidence des modèles asymptotiques de la mécanique des fluides newtoniens, qui est faite au niveau de ces leçons.

Il nous reste à espérer que la publication de ces leçons sera utile à tout ceux qui veulent s'initier à la modélisation asymptotique des écoulements de fluides newtoniens. Peut être inciteront-elles certains de nos Collègues Enseignants-Chercheurs à inclure certains aspects de cette modélisation asymptotique dans leurs cours de Maîtrise ou de D.E.A. de Mécanique, à l'Université ou dans les Ecoles d'Ingénieurs. Le présent exposé de ces leçons doit beaucoup à notre Collègue J.P. GUIRAUD de l'Université Pierre et Marie Curie, Paris VI, avec lequel nous avons eu, au cours de ces dernières dix années, des contacts scientifiques permanents, en particulier au titre de nos Collaborations Scientifiques à la Direction de l'Aérodynamique de l'O.N.E.R.A.

Nous remercions Mr. Stéphane GODTS qui a relu avec attention le présent manuscrit et a relevé diverses erreurs que nous avons corrigées. Nous remercions aussi Mme PETIAUX qui s'est chargée avec compétence de la frappe de ce manuscrit, tel qu'il est présenté aux lecteurs sous la forme du présent Volume 1. Précisons encore que les formules ont été écrites à la main par nous-mêmes dans le présent manuscrit et nous demandons l'indulgence du lecteur pour les inévitables imperfections.

Laboratoire de Mécanique
de Lille
de l'Université de Lille I
Villeneuve d'Ascq, Octobre 1985.

R. Kh. ZEYTOUNIAN

TABLE DES MATIERES

I. LE MODELE EXACT DE NAVIER-STOKES

Dans tout ce qui suit le fluide est supposé être newtonien, cela veut dire que les composantes $\tau_{i,j}$, (i , j = 1 , 2 , 3) du tenseur des contraintes*) de viscosité $\mathcal{T}$, sont linéaires en d_{ij} , où les d_{ij} sont les composantes du tenseur des taux de déformations $\mathbb{D}$, qui caractérise la déformation (instantanée, pendant une durée infiniment petite) du milieu continu en mouvement considéré.

Ainsi,

(I,1)
$$\tau_{ij} = \lambda d_{kk} \delta_{ij} + 2\mu d_{ij} \quad , \quad i,j = 1,2,3 ;$$

$$\delta_{ij} = \begin{cases} 0 & i \neq j \\ 1 & i \equiv j \end{cases}$$

. Au niveau de la loi de comportement (I,1), λ et μ sont deux coefficients scalaires dits de viscosité. Dans tout ce qui suit nous supposons que le référentiel, dans lequel est observé le mouvement du fluide, est galiléen. Nous désignons par x_i (i = 1 , 2 , 3) les coordonnées cartésiennes d'un point M dans un repère cartésien orthonormé $(O, \vec{e}_i)$, lié au référentiel, et par t le temps; en fait on a :

$$\vec{OM} = \vec{x} = x_i \vec{e}_i \ , \ i = 1,2,3 .$$

Nous utilisons le symbole D/Dt pour désigner la dérivée particulaire :

(I,2)
$$\frac{D}{Dt} = \frac{\partial}{\partial t} + \vec{u} \cdot \vec{\nabla} = \frac{\partial}{\partial t} + u_j \frac{\partial}{\partial x_j} \ , \ j = 1,2,3 ,$$

où $\vec{\nabla}$, de composantes cartésiennes $\partial/\partial x_i$, désigne le vecteur gradient (opérateur "nabla") et $\vec{u}$, de composantes u_i , est le vecteur vitesse.

Pour un fluide newtonien il n'est pas nécessaire de faire appel à une thermodynamique élaborée. La connaissance de $\vec{u}(t, x_i)$ équivaut à celle du mouvement du fluide et les fonctions thermodynamiques : $\rho(t, x_i)$ (la masse volumique) et $e(t, x_i)$ (l'énergie interne spécifique), apportent un contenu d'information supplémentaire sur la nature du mouvement du fluide.

---

*) L'étudiant est supposé familier avec les concepts classiques de la mécanique des milieux continus; on pourra à ce sujet prendre comme Ouvrage de base celui de GERMAIN et MULLER (1980).

1. Les trois équations fondamentales

Les trois lois de conservation : pour la masse, la quantité de mouvement et l'énergie, conduisent à trois équations aux dérivées partielles, associées, fondamentales, qui sont :

(I,3) $$\frac{\partial \rho}{\partial t}+\frac{\partial}{\partial x_k}(\rho u_k)=0;$$

(I,4) $$\rho\left\{\frac{\partial u_i}{\partial t}+u_j\frac{\partial u_i}{\partial x_j}\right\}=\frac{\partial}{\partial x_j}(\sigma_{ij})+\rho f_i\,,\quad i=1,2,3;$$

(I,5) $$\rho\left\{\frac{\partial e}{\partial t}+u_j\frac{\partial e}{\partial x_j}\right\}=\sigma_{ij}d_{ij}-\frac{\partial q_i}{\partial x_i}+\rho r,$$

et pour le fluide newtonien, monophasique, on a :

(I,6) $$\left\{\begin{aligned}&\sigma_{ij}=-p\,\delta_{ij}+\lambda d_{kk}\delta_{ij}+2\mu d_{ij};\\&d_{ij}=\frac{1}{2}\left(\frac{\partial u_i}{\partial x_j}+\frac{\partial u_j}{\partial x_i}\right);\\&q_i=-k\frac{\partial T}{\partial x_i}\\&\sigma_{ij}d_{ij}\equiv-p\left(\frac{\partial u_k}{\partial x_k}\right)+\frac{\mu}{2}\left(\frac{\partial u_i}{\partial x_j}+\frac{\partial u_j}{\partial x_i}\right)^2\\&\qquad+\left(\mu_v-\frac{2}{3}\mu\right)\left(\frac{\partial u_k}{\partial x_k}\right)^2.\end{aligned}\right.$$

On précise que : $p(t,x_i)$ est la pression thermodynamique (en fait, thermostatique !), $T(t,x_i)$ est la température absolue, k est un scalaire, qui est le coefficient de conductivité thermique et $\mu_v\equiv\lambda+\frac{2}{3}\mu$ est le coefficient de viscosité volumique.

Dans l'équation (I,4) intervient la densité massique des forces extérieures données $\vec{f}$, de composantes f_i ; dans l'équation (I,5) apparaît la densité massique de chaleur reçue, par le milieu fluide, r.

2. Eléments de thermodynamique

En thermodynamique on admet que la connaissance de la fonction $e = e(s, \tau)$, où s est l'entropie spécifique et $\tau \equiv 1/\rho$, fournit celle de T et de p :

(I,7) $$T = \frac{\partial e}{\partial s}(s,\tau) \quad , \quad p = -\frac{\partial e}{\partial \tau}(s,\tau) .$$

Dans ce cas on postule aussi que :

(I,8) $$\frac{De}{Dt} = T\frac{Ds}{Dt} - p\frac{D\tau}{Dt} .$$

Une extension naturelle des énoncés élémentaires du second principe de la thermodynamique conduit à l'inégalité dite de CLAUSIUS-DUHEM, dont la forme locale, pour les fluides monophasiques, est :

(I,9) $$\phi \equiv \mathbb{T} : \mathbb{D} - \vec{q} \cdot \vec{\nabla} \operatorname{Log} T \geq 0 ,$$

où

(I,10) $$\mathbb{T} : \mathbb{D} \equiv \tau_{ij} d_{ij} = 2\mu \, \mathbb{D} : \mathbb{D} + \left(\mu_v - \frac{2}{3}\mu\right)\left(\vec{\nabla} \cdot \vec{u}\right)^2 .$$

Le scalaire ϕ (qui est toujours positif, ou nul) est la dissipation volumique et (I,9), avec (I,10), implique que :

(I,11) $$\mu \geq 0 \quad , \quad k \geq 0 \quad , \quad \mu_v \geq 0 .$$

Pour les gaz mono-atomiques, l'hypothèse dite de STOKES est satisfaite :

(I,12) $$\mu_v = 0 \quad \Rightarrow \quad \lambda = -\frac{2}{3}\mu ,$$

et on suppose que μ et k ne dépendent que de la température T (ce qui est bien le cas, sauf dans des conditions extrêmes de compression !).

Le cas particulier du gaz parfait à chaleurs spécifiques C_p et C_v constantes est des plus intéressant et nous le considérerons dans tout ce qui suit.

Dans ce cas on a que :

(I,13) $$e(s,\tau) \equiv \frac{1}{\gamma-1}\tau^{1-\gamma}\exp(s/c_v),$$

où $\gamma = c_p/c_v$ ($\simeq$ 1,4 pour l'air atmosphérique). Nous pouvons alors écrire la loi d'état de notre gaz parfait à c_p et c_v constants sous la forme :

(I,14) $$p = \rho^{\gamma}\exp(s/c_v),$$

ou encore

(I,15) $$p = R\rho T \quad , \text{avec } R = c_p - c_v = c_p\frac{\gamma-1}{\gamma}.$$

Précisons encore que

(I,16) $$e \equiv c_v T \quad \Rightarrow \quad s = c_v \log(p\tau^{\gamma}).$$

Enfin,

(I,17) $$a^2 = \gamma R T$$

est le carré de la célérité du son, notée a, telle qu'elle apparaît en acoustique pour les évolutions dites adiabatiques $(Ds/Dt = 0)$.

La fonction thermodynamique

(I,18) $$h = e + p/\rho$$

est dite enthalpie spécifique, tandis que

(I,19) $$H = \frac{|\vec{u}|^2}{2} + h - \mathcal{U},$$

où $f_i = \partial\mathcal{U}/\partial x_i$, est l'enthalpie totale spécifique.

Enfin,

(I,20) $$\mathcal{H} = \int_0^t \left(\frac{|\vec{u}|^2}{2} + \mathcal{U} - h\right)dt$$

est l'action mécanique pour chaque élément de trajectoire fluide :

$$\frac{DH}{Dt} = \frac{|\vec{u}|^2}{2} + \mathcal{U} - h .$$

Pour le gaz parfait à C_p et C_v constants on a :

(I,21) $$h = \frac{\gamma}{\gamma-1} p/\rho \equiv \frac{a^2}{\gamma-1} .$$

3. Les équations de Navier-Stokes proprement dites

Comme conséquence directe des résultats des paragraphes 1 et 2, pour les gaz parfaits à C_p et C_v constants, nous pouvons écrire les équations dites de Navier-Stokes, pour le cas compressible et conducteur de la chaleur,

(I,22) $$\frac{D\rho}{Dt} + \rho(\vec{\nabla}\cdot\vec{u}) = 0 ;$$

(I,23) $$\rho\frac{D\vec{u}}{Dt} + \vec{\nabla}p = \vec{\nabla}\cdot(2\mu \operatorname{dev}\mathbb{D}) + \vec{\nabla}(\mu_v \vec{\nabla}\cdot\vec{u}) + \rho\vec{f} ;$$

(I,24) $$\rho C_v \frac{DT}{Dt} + p\vec{\nabla}\cdot\vec{u} = \vec{\nabla}\cdot(k\vec{\nabla}T) + 2\mu \operatorname{dev}\mathbb{D} : \operatorname{dev}\mathbb{D} + \mu_v|\vec{\nabla}\cdot\vec{u}|^2 + \rho r ,$$

avec*)

(I,25) $$\begin{cases} p = R\rho T , \\ \operatorname{dev}\mathbb{D} \equiv \mathbb{D} - \frac{1}{3}(\vec{\nabla}\cdot\vec{u})\mathbb{1} , \\ \mathbb{D} = \frac{1}{2}\left\{\vec{\nabla}\vec{u} + (\vec{\nabla}\vec{u})^T\right\} . \end{cases}$$

---

*) Le symbole $\mathbb{1}$ désigne le tenseur unité de composantes δ_{ij} ; $\vec{\nabla}\vec{u}$ désigne le tenseur du second ordre, de composantes $\partial u_i/\partial x_j$, tandis que $(\vec{\nabla}\vec{u})^T$ est le tenseur transposé, de composantes $\partial u_j/\partial x_i$, du tenseur $\vec{\nabla}\vec{u}$. Ce qui vient d'être dit est relatif à un repère cartésien orthonormal. Enfin, on sait que $\vec{\nabla}\vec{u}$ est le résultat du produit dyadic du vecteur $\vec{\nabla}$ par le vecteur $\vec{u}$.

Le système (I,22) - (I,25) forme un système <u>fermé</u> pour ρ, $\vec{u}$, T et p.

On notera que le système des équations de Navier-Stokes (I,22) - (I,24) ne rentre pas dans le cadre de la classification habituelle qui regroupe les équations et systèmes d'équations aux dérivées partielles suivant le type elliptique, parabolique ou hyperbolique.

De plus, il ne semble pas, du moins à notre connaissance, qu'il existe à l'heure actuelle de théorie mathématique rigoureuse pour ce système (I,22)-(I,24) !

Naturellement, l'une des grosses difficultés du traitement mathématique de ce système tient au caractère quasi-linéaire de ces équations (I,22)-(I,24) et notamment au fait que les dérivées interviennent non linéairement dès que les coéfficients de dissipation μ, μ_v et k ne sont pas constants, mais fonction de T.

Mais, en fait, la difficulté la plus ardue à surmonter tient au fait que, contrairement à $\vec{u}$ et T, la masse volumique ρ n'intervient pas, au niveau de (I,22), par ses dérivées secondes spatiales.

Précisons que, du point de vue des mathématiciens, l'analyse mathématique rigoureuse des équations "de Navier-Stokes" (voir, pour exemple, le livre de TEMAM (1979)) ne concerne, en fait, que les équations dites "<u>de Stokes</u>" :

$$\frac{\partial \vec{u}}{\partial t} - \nu_0 \vec{\nabla}\vec{\nabla}\vec{u} = \vec{f} - \vec{\nabla}(p/\rho^0) \; ; \; \vec{\nabla}\cdot\vec{u} = 0, \tag{I,26}$$

où $\nu_0 = \mu_0/\rho^0 = \text{Const}$, pour un écoulement "lent" (ou fortement visqueux!) d'un fluide visqueux incompressible à $\mu \equiv \mu_0 = \text{Const}$ et $\rho \equiv \rho^0 = \text{Const}$, ou encore les équations dites "de <u>Navier</u>" :

$$\left\{ \begin{array}{l} \frac{\partial \vec{u}}{\partial t} + \vec{u}\cdot\vec{\nabla}\vec{u} + \vec{\nabla}(p/\rho^0) = \nu_0 \vec{\nabla}\vec{\nabla}\vec{u} \; ; \\ \vec{\nabla}\cdot\vec{u} = 0, \end{array} \right. \tag{I,27}$$

toujours pour un fluide visqueux et incompressible à $\mu \equiv \mu_0 = \text{Const}$, $\rho \equiv \rho_0 = \text{Const}$.*)

4. <u>Le problème de la formulation des conditions initiales et aux limites (aux frontières)</u>

Dans le but de formuler les conditions initiales et aux limites associées aux équations de Navier-Stokes (I,22) - (I,24), on doit se contenter d'arguments "plausibles" !

---

*) Nous reviendrons, au cours des leçons VII et IV aux systèmes (I,26) et (I,27) et nous donnerons une justification "asymptotique" permettant d'obtenir ces systèmes, du système général (I,22) - (I,24), par passages à la limite liés à des <u>petits</u> paramètres sans dimensions (<u>devant l'unité !</u>).

Tout d'abord, il est évident qu'il faut imposer aux équations (I,22) - (I,24) des conditions initiales sur ρ , $\vec{u}$ et T :

$$(I,28) \quad t = t^0 \; : \; \vec{u} = \vec{U}^0 , \; \rho = R^0 , \; T = T^0 ,$$

où $\vec{U}^0$, R^0 et T^0 sont des fonctions de $\vec{x}$, au plus.

En ce qui concerne les conditions aux limites sur une paroi solide délimitant l'écoulement (le mouvement du fluide), un cas simple est celui de la paroi non déformable et imperméable (pas de soufflage ni d'aspiration à travers la paroi); si de plus cette paroi est aussi immobile dans le repère cartésien orthonormal considéré, nous pouvons écrire la condition d'adhérence de la vitesse sur cette paroi. Si on note par Σ cette paroi, il vient que :

$$(I,29) \qquad \vec{u} = 0 \implies u_i = 0 , \text{ sur } \Sigma .$$

Sur cette même paroi, Σ , nous devons aussi écrire, dans le cas où $k \neq 0$ (phénomène de conduction de la chaleur), une condition à la limite pour la température T . Dans un cas simple, lorsque la paroi est imperméable, nous pouvons écrire que :

$$(I,30) \qquad T = T_0 + \Delta T_0 \, \Theta , \quad \text{sur} \quad \Sigma ,$$

où $T_0 = Const$ est une température de référence (la température moyenne ambiante, par exemple); ΔT_0 est une valeur de référence pour les écarts de température liés à la fonction donnée Θ qui est une distribution de température, fonction du temps t et des points de la paroi Σ . Un autre cas simple est celui d'une paroi dite athermane :

$$(1,31) \qquad \frac{\partial T}{\partial n} \equiv \vec{n} \cdot \vec{\nabla} T = 0 , \quad \text{sur} \quad \Sigma ,$$

où $\vec{n}$ est le vecteur unitaire de la normale à Σ dirigé vers le fluide.

Précisons que lorsque $k \equiv 0$ (pas de conduction de la chaleur) il n'y a pas lieu de s'imposer de condition sur T , sur la paroi Σ ; cela est dû au fait que l'équation (I,24) est alors une équation aux dérivées partielles du premier ordre pour T . De même, lorsque $\mu \equiv 0$ et $\mu_v \equiv 0$, à la place de (I,29) il faut écrire :

$$(I,32) \qquad \vec{n}\cdot\vec{u} = u_n = 0 \ , \quad \text{sur} \quad \Sigma \ ,$$

c'est, ce que l'on appelle, la condition de glissement.

Naturellement, la frontière du domaine d'écoulement peut-être autre chose qu'une paroi solide indéformable. Ce peut-être, par exemple, l'interface entre deux fluides non miscibles (comme, par exemple, l'eau et l'air dans les problèmes d'interaction océan-atmosphère). Dans ce cas la frontière (l'interface) n'est pas connue a priori et on a affaire à ce que l'on appelle, un problème d'écoulement avec frontière libre. En principe, le problème d'écoulement avec frontière libre, séparant deux fluides non miscibles, doit-être considéré globalement et non pas pour chaque fluide isolément - les conditions à la limite étant alors des conditions de transmission.

Le procédé conceptuellement le plus simple pour obtenir ces dernières consiste à considérer l'ensemble des deux fluides comme un fluide unique dont l'état subit une discontinuité à l'interface. Soit $\vec{N}$ le vecteur unitaire de la normale à l'interface, notée $\mathcal{F}$, et orienté dans un certain sens et W_N la vitesse normale de propagation de cette interface $\mathcal{F}$; on a donc que : $\vec{u}\cdot\vec{N} = W_N$ et cette identité doit avoir lieu de part et d'autre de $\mathcal{F}$, sur $\mathcal{F}^+$ et $\mathcal{F}^-$. Par ailleurs, les équations aux discontinuités classiques (voir, GERMAIN et MULLER (1980; §§ III, 2,4 , III, 3,2 , III, 4,4 et III, 8,4)) implique que :

$$(I,33) \qquad [\![-p\vec{N} + \mathbb{T}\cdot\vec{N}]\!] = 0 \ , \quad [\![\vec{q}\cdot\vec{N}]\!] = 0,$$

en désignant par $[\![f]\!]$ le saut de f, quand on traverse $\mathcal{F}$ dans le sens indiqué par $\vec{N}$.

Enfin, une partie de frontière d'un écoulement peut-être rejetée à l'infini; c'est le cas pour l'écoulement autour d'un obstacle de dimension finie, dans l'atmosphère infinie. Dans ce cas il y a lieu d'imposer des conditions à l'infini. Le cas le plus simple est celui d'un écoulement uniforme à l'infini, dans une certaine direction qui est dite "amont", d'où arrive l'écoulement uniforme de base non perturbé par l'obstacle autour duquel l'écoulement est considéré. Lorsque :

$$(I,34) \qquad |\vec{x}| \to \infty \quad , \ \vec{u} \to \vec{u}_\infty \ , T \to T_\infty \ , \rho \to \rho_\infty \ ,$$

où $\vec{u}_\infty$, T_∞, ρ_∞ sont des valeurs bien définies. Dans certain cas la contrainte (I,34) peut ne pas être satisfaite dans le sillage aval, attaché à l'obstacle. D'ailleurs, pour certains problèmes les conditions à l'infini traduisent des conditions de raccord et elles sont alors plus complexes.

5. Forme adimensionnelle des équations de Navier-Stokes et des conditions associées

Nous supposons que le problème physique considéré nous donne la possibilité d'avoir accès à diverses grandeurs dimensionnées de référence : L_0 (longueur), t_0 (temps), U_0 (vitesse), p_0 (pression), ρ_0 (masse volumique), $T_0 \equiv p_0/R\rho_0$, $e_0 \equiv C_v/T_0$, $s_0 \equiv C_v$, μ_0 (viscosité), k_0 (conductivité).

Nous introduisons alors les grandeurs sans dimensions correspondantes et, pour ne pas compliquer l'écriture, nous supposons que ces dernières sont notées avec les mêmes symboles que ceux qui interviennent dans les équations et conditions dimensionnées.

Dans ce cas nous obtenons les équations sans dimensions suivantes, à la place de (I,22) - (I,25), où apparaissent divers paramètres sans dimensions :

$$\text{(I,35)}\quad \left\{\begin{aligned} & S\frac{\partial \rho}{\partial t} + \vec{\nabla}\cdot(\rho\vec{u}) = 0; \\ & \rho\left\{S\frac{\partial \vec{u}}{\partial t} + (\vec{u}\cdot\vec{\nabla})\vec{u}\right\} + \frac{1}{\gamma M^2}\vec{\nabla}p = \frac{1}{Re}\vec{\nabla}\cdot\mathbb{T}; \\ & \rho\left\{S\frac{\partial T}{\partial t} + \vec{u}\cdot\vec{\nabla}T\right\} + (\gamma-1)p\,\vec{\nabla}\cdot\vec{u} \\ & \qquad = -\frac{\gamma}{Pr}\frac{1}{Re}\vec{\nabla}\cdot\vec{q} \\ & \qquad\qquad + \frac{\gamma(\gamma-1)}{Re}M^2\,\mathbb{T}:\mathbb{D}; \\ & p = \rho T, \end{aligned}\right.$$

avec

$$(I,36)\quad \begin{cases} \mathbb{T} = 2\mu\,\mathbb{D} + \left(\mu_v - \frac{2}{3}\mu\right)(\vec{\nabla}\cdot\vec{u})\mathbb{1}\,; \\ \vec{q} = -k\vec{\nabla}T\,; \\ \mathbb{T} : \mathbb{D} = 2\mu\,\mathbb{D}:\mathbb{D} + \left(\mu_v - \frac{2}{3}\mu\right)(\vec{\nabla}\cdot\vec{u})^2. \end{cases}$$

Dans ces équations adimensionnelles (I,35), de Navier-Stokes, pour l'AERODYNAMIQUE classique ($\vec{f} \equiv 0$ et $\pi \equiv 0$), interviennent les nombres sans dimensions suivants :

$$(I,37)\quad \begin{cases} S = L_0 / U_0 t_0 & \text{, nombre de STROUHAL,} \\ M = U_0 / (\gamma R T_0)^{1/2} & \text{, nombre de MACH,} \\ Re = U_0 L_0 \Big/ \dfrac{\mu_0}{\rho_0} & \text{, nombre de REYNOLDS,} \\ Pr = \dfrac{c_p \mu_0}{k_0} & \text{, nombre de PRANDTL.} \end{cases}$$

Aux équations (I,35) nous devons associer des conditions initiales et des conditions aux limites écrites aussi sous forme adimensionnelle.

Les conditions initiales, pour $\vec{u}$, ρ et T restent inchangées :

$$(I,38)\quad t = t^0 : \ \vec{u} = \vec{U}^0\ ,\ \rho = R^0\ ,\ T = \mathcal{T}^0\ ,$$

où $\vec{U}^0$, R^0 et $\mathcal{T}^0$ sont maintenant des grandeurs sans dimensions fonctions de la variable d'espace $\vec{x}$, sans dimension.

La condition d'adhérence (I,29) reste aussi inchangée :

$$(I,39)\quad \vec{u} = 0 \quad \text{, sur } \Sigma\ .$$

Si, en particulier, l'équation de la paroi Σ est donnée par :

(I,40) $$x_3 = h_0 h\left(\frac{x_1}{L_0}, \frac{x_2}{L_0}\right),$$

sous forme avec dimensions, où $h_0 \equiv \underset{x_1, x_2 \subset L_0 D_0}{\mathrm{Max}} \left| h\left(\frac{x_1}{L_0}, \frac{x_2}{L_0}\right)\right|$, alors nous écrivons, à la place de (I,39), la condition :

(I,41) $$\vec{u} = 0 \;, \quad \text{sur} \quad x_3 = \sigma_0 h(x_1, x_2) \,;\; x_1, x_2 \subset D_0,$$

sous forme adimensionnelle, où

(I,42) $$\sigma_0 = h_0 / L_0 \,,$$

est le paramètre de forme de la paroi.

Enfin, à la place de (I,30) nous pouvons écrire la condition de température suivante, sous forme adimensionnelle,

(I,43) $$\left\{ \begin{array}{l} T = 1 + \tau_0 \, \boxminus(t, x_1, x_2) \,, \\ \text{sur} \quad x_3 = \sigma_0 h(x_1, x_2) \,;\; x_1, x_2 \subset D_0 \,, \end{array} \right.$$

où

(I,44) $$\tau_0 = \frac{\Delta T_0}{T_0} \equiv \frac{\gamma - 1}{\gamma} \frac{M^2}{Ec} \;;\; Ec = U_0^2 / C_p \Delta T_0 \,,$$

est le paramètre de température de paroi et Ec le nombre d'ECKERT.

6. Autres nombres sans dimensions

Un des caractères dominants de la dynamique de l'atmosphère et des océans et l'influence essentielle de l'accélération de Coriolis; d'autre part, il faut tenir compte de l'accélération de la pesanteur $\vec{g}$, qui est l'accélération gravitationnelle, composée de la force d'attraction newtonienne et de la force centrifuge de la rotation. Le repère, dans lequel sont écrites les équations, est non galiléen en mouvement de rotation, que l'on peut supposer uniforme, à la vitesse*) :

---

*) Pour plus de précision on consultera notre travail : (ZEYTOUNIAN (1981)).

(I,45) $$\vec{\Omega} = \Omega_o \vec{e} \quad , \Omega_o \equiv |\vec{\Omega}| ,$$
$$\vec{e} = \sin\varphi \, \vec{k} + \cos\varphi \, \vec{j} ,$$

où φ est la latitude algébrique d'un point situé sur la sphère terrestre. Les vecteurs unitaires $\vec{i}$, $\vec{j}$ et $\vec{k}$ sont respectivement dirigés vers l'Est, le Nord et le Zenith dans le sens opposé à $\vec{g}$ (cas de l'atmosphère). Soit a_o le rayon moyen de la sphère terrestre ($a_o \approx$ 6367 km); on a alors un premier nombre sans dimensions qui est

(I,46) $$\delta_o = L_o / a_o$$

et lorsque $\delta_o \ll 1 \Rightarrow L_o \ll a_o$, on peut repérer avec une très bonne approximation les mouvements (atmosphériques) dans un système de coordonnées cartésiennes lié au plan normal à $\vec{g}$.

Soit φ_o une latitude constante de référence, le paramètre

(I,47) $$\ell_o = 2\Omega_o \sin\varphi_o$$

est le paramètre de Coriolis et

(I,48) $$Ro = U_o / \ell_o L_o$$

est le nombre de ROSSBY.

Aussi bien pour l'océan que pour l'atmosphère il est nécessaire de différentier les échelles de longueur selon l'horizontale L_o et la verticale H_o. De ce fait, apparaît le nombre sans dimensions

(I,49) $$\varepsilon_o = H_o / L_o$$

D'autre part, la grandeur

(I,50) $$H_\infty = R T_\infty(0) / g \quad , \quad g \equiv |\vec{g}|$$

caractérise l'altitude de l'atmosphère dite homogène et vaut approximativement 8 km; $T_\infty(0)$ désigne la valeur, au sol, de la température dite standard qui existe de jour en jour et qui n'est que "faiblement" perturbée par le temps proprement dit.

Le rapport

(I,51) $$\frac{H_0}{H_\infty} = Bo = \frac{H_0 g}{RT_\infty(0)}$$

est le <u>nombre de BOUSSINESQ</u>, tandis que

(I,52) $$Fr_{H_0} = U_0 / (gH_0)^{1/2}$$

est le <u>nombre de FROUDE</u> construit avec H_0 .

Enfin, on a la relation suivante :

(I,53) $$F^2_{r_{H_0}} = \frac{\gamma}{Bo} M^2_\infty ,$$

où $M^2_\infty = U_0^2 / \gamma R T_\infty(0)$ est le carré du nombre de Mach construit avec $T_\infty(0)$.

Dans le cas des écoulements à faibles nombres de Rossby ($L_0 \gg U_0/l_0 \simeq 10^5 m$, pour des latitudes moyennes) on remplace souvent le nombre de Reynolds par le <u>nombre d'EKMAN</u>

(I,54) $$Ek = \frac{Ro}{Re} \equiv \frac{\mu_0/\rho_0}{L_0^2 l_0} ,$$

et le nombre de Strouhal par le <u>nombre de KIBEL</u>

(I,55) $$Ki = S\,Ro = 1/t_0 l_0 .$$

Naturellement, chaque problème spécifique peut faire intervenir divers nombres sans dimensions et c'est bien souvent grâce à la présence de ces derniers, supposés petits ou grands devant l'unité, que l'on arrive à modéliser le problème considéré en appliquant des techniques asymptotiques. Mais nous reviendrons sur ce sujet au cours de la Leçon II.

<u>REFERENCES CITEES</u>

1. GERMAIN, P. et MULLER, P., (1980) : Introduction à la Mécanique des Milieux continus. Masson ed. Paris.

2. TEMAM, R., (1979) : Navier-Stokes Equations (theory and numerical analysis). North. Holland Publishing Company, Amsterdam.

3. ZEYTOUNIAN, R. Kh., (1981) : Les équations de Navier-Stokes et l'Atmosphère; 1ère Partie : Initiation.IRMA, Université de Lille I, vol. 3, Fascicule 1, 93 + VIII pages.

II. SUR UNE CONCEPTION DE LA MODELISATION EN MECANIQUE DES FLUIDES NEWTONIENS.

Dans tout ce qui suit, l'idée directrice est que :
les modèles de la mécanique des fluides newtoniens doivent être dérivés, à partir de techniques asymptotiques, du modèle exact de Navier-Stokes par des dégénérescences appropriées et significatives de ce modèle, au moyen de passages à la limite relativement à de petits, ou grands, paramètres (nombres) sans dimensions (devant l'unité) s'introduisant, soit dans les équations de Navier-Stokes ($Re, M, Ro, Bo, \varepsilon_0, \ldots$) *et les conditions initiales ou aux limites* ($\sigma_0, \tau_0, \ldots$), *de manière directe, soit dans la formulation particulière du problème physique concret considéré, de manière indirecte, en relation avec la configuration de ce problème (par exemple : écoulement à travers une roue de turbomachine axiale constituée d'un aubage comprenant* $N \gg 1$ *aubes, ou encore : écoulement avec nappes tourbillonnaires fortement enroulées, pour lequel la distance* d_0 *entre deux spires consécutives de la nappe est beaucoup plus petite que le diamètre* λ_0 *du noyau (du coeur) de cette nappe).*

Il faut bien voir que les méthodes numériques échouent bien souvent là où les méthodes asymptotiques réussissent parfaitement bien; c'est le cas, en particulier, des problèmes dits "raides", comme le calcul d'un écoulement de fluide peu visqueux $(Re \gg 1)$ et faiblement compressible $(M \ll 1)$.

D'autre part, l'analyse asymptotique débouche de plus en plus souvent sur des problèmes types (des modèles) ne contenant plus de petits (ou grands) paramètres sans dimensions, mais par contre aisément traitables par voie numérique, précisément parce qu'ils ne sont plus raides !

Ainsi, nous constatons que :

Un problème complexe raide, difficile à résoudre par voie numérique, peut grâce à l'emploi des méthodes asymptotiques être ramené à la résolution simultanée (par voie numérique) de problèmes plus simples et non raides (de modèles !) et c'est justement en ce sens que nous parlerons ici de modélisation asymptotique.

Ainsi, de notre point de vue, ici, parler de méthodes asymptotiques cela ne veut pas dire, nécessairement, que l'on a en vue la recherche d'une solution explicite (dite analytique) approchée du problème considéré, comme cela était effectivement le cas, il est vrai, il y a une vingtaine d'années et comme cela est le plus souvent exposé dans les ouvrages (même récents !) sur les méthodes asymptotiques*).

7. Modélisation asymptotique et critère de rationnalité

Le but que nous poursuivons est donc de faire usage des méthodes de l'analyse asymptotique formelle (au sens du mathématicien appliqué !) pour effectuer de la modélisation asymptotique; c'est-à-dire pour construire des modèles mathématiques approchés, issus du modèle exact de Navier-Stokes dont il a été question à la Leçon I. Une telle démarche sous-entend, avant tout, que le modèle approché ainsi obtenu est associé à un processus de développement asymptotique qui doit permettre, en principe, d'améliorer l'approximation obtenue avec le modèle approché utilisé, en avançant, pas à pas, dans la hiérarchie des approximations.

A l'heure actuelle et grâce à l'effort des Mécaniciens Théoriciens, depuis vingt cinq années, la modélisation asymptotique est devenue une science à part entière basée sur l'application des méthodes dites de perturbations singulières. Les deux plus connues étant la méthode des développements asymptotiques raccordés (MDAR) et celle des échelles multiples (MEM).

De notre point de vue, la MDAR et la MEM doivent permettre la mise en évidence, consistante, de modèles rationnels, issus, à partir de divers passages à la limite, du modèle exact de Navier-Stokes (MENS). Dans notre esprit (et c'est là peut-être une vue quelque peu "idéaliste" des choses !) la mise en évidence de modèles asymptotiques consistants, vient en première place, juste avant (en amont de) la résolution numérique de ces modèles. Dans le processus même de la Recherche, en mécanique des fluides, dont le but et l'analyse et la résolution d'un problème physique précis, la modélisation asymptotique doit tenir (à notre avis !) la première place, tout en amont de la chaîne qui doit aboutir à l'utilisateur situé, lui, en aval. S'il s'agit, avant tout, de modélisation, il s'agit surtout pour nous de modélisation rationnelle. Nous voulons dire, par là, que si nous négligeons un terme, dans les équations et les conditions du modèle exact de départ (dans le cas général le MENS), ce n'est pas simplement parce que cela est commode (!) ou parce que

---

*) L'exemple type est le livre de VAN DYKE (d'ailleurs excellent en tous points et qui est une très bonne introduction aux méthodes asymptotiques; voir l'édition annotée de 1975). Citons aussi le livre tout récent de KEVORKIAN et COLE (1981). En langue française, les livres sur ce sujet sont assez rare et citons uniquement les conférences très complètes de GERMAIN (faites à la session 1973 de l'Ecole d'Eté de Physique Théorique des Houches et publiées en 1977).

l'intuition (cette fameuse intuition dite "physique") suggère que cela pourrait être légitime, c'est surtout et avant tout, parce que cela est compatible avec un critère de rationnalité.

Notre critère de rationnalité est intimement lié à tout un mode de pensée scientifique qui prend sa source dans les premiers travaux de KAPLUN (1954) et que l'on peut caractériser par un vocable : l'ASYMPTOTOLOGIE. De manière plus précise, il s'agit de tirer profit, tout d'abord, de l'analyse dimensionnelle (très simplifiée; voir le § 5 de la Leçon I) afin de dégager les paramètres sans dimensions, petits ou grands devant l'unité, qui figurent dans l'énoncé mathématique général du problème physique considéré et qui est régi par le MENS, puis d'appliquer la MDAR ou la MEM en vue de construire des représentations approximatives - cette construction ne débouchant, la plupart du temps, que sur des modèles qui ne sont appréhendables que par des codes numériques uniquement.

8. Statut mathématique de notre modélisation asymptotique

Le procédé constructif, rationnel, asymptotique qui vise à obtenir une représentation approximative du problème physique considéré, est fabriqué à partir d'opérations mathématiques parfaitement identifiables, mais l'exigence (souhaitable en principe) qui consisterait à requérir la preuve que l'erreur commise est effectivement de l'ordre de celle qui est "naturellement suggérée" et purement et simplement abandonnée. Ceci pour répondre à un souci majeur, qui est un souci d'efficacité, ce qui permet de traiter des configurations que l'exigence de rigueur (au sens du mathématicien "pur") conduirait à exclure. Pour un Mathématicien l'analyse asymptotique du modèle exact de N-S consiste en ce qui suit : ayant montré l'existence et l'unicité de la solution $\mathcal{U} \Rightarrow (\vec{u}, p, \rho, T)$, il s'agit d'en obtenir une représentation asymptotique approchée $\mathcal{U}^*$ telle que :

$$\text{(II,1)} \qquad \frac{\|\mathcal{U} - \mathcal{U}^*\|}{\mu(\alpha)} \Rightarrow 0 \;, \quad \text{avec} \quad \alpha \to 0,$$

où $\|\cdot\|$ est une norme dans un espace fonctionnel "convenable" (on pourra à ce sujet consulter, avec profit, le livre récent de TEMAM (1983)), tandis que $\mu(\alpha)$ est une jauge, fonction du petit paramètre principal, α, du problème considéré, qui sert de mesure à l'erreur commise. De ce point de vue des Mathématiciens, la construction même de $\mathcal{U}^*$ est un problème sans intérêt ! Au contraire, pour nous, qui suivont le point de vue des Mécaniciens des fluides théoriciens, la construction de $\mathcal{U}^*$ est le problème fondamental et nous distinguons trois phases :

I) démonstration de l'existence et de l'unicité,
II) construction de l'approximation $\mathcal{U}^*$; mise en évidence du modèle asymptotique,
III) estimation de l'erreur, avec la démonstration de l'estimation (II,1).

Naturellement, nous attachons la plus grande importance à la seconde phase et ce pour deux raisons : d'une part, il n'entre pas dans nos compétences d'étudier les deux autres phases et d'autre part, dans une très large mesure, il est impossible de les mener à bien, même pour un mathématicien spécialiste des équations de Navier-Stokes et de la modélisation asymptotique, sauf dans certains cas particulier (voir, par exemple, les cas considérés dans le livre de LIONS (1973)). Il faut bien comprendre que tout phénomène d'écoulement a sa structure propre et c'est cette spécificité qui est importante et que dégage l'analyse asymptotique. Cependant, dans la seconde phase, dont nous parlions plus haut, ce n'est pas à la méthode proprement dite que nous attachons de l'importance, c'est son utilisation en tant qu'outil de découverte qui nous préoccupera au premier chef.

Ainsi, partant du MENS et en tenant compte que le paramètre principal α (qui peut être M , Re ou son inverse, ou encore un autre paramètre sans dimension du problème considéré) est beaucoup plus petit que l'unité, il s'agit de construire $\mathcal{U}^*$ en définissant les modèles qui sont eux-mêmes traductibles en termes mathématiques et qui sont plus simples que le modèle initial, exact, de N-S dont il a été question à la Leçon I. C'est le processus même d'obtention de ces modèles qui est la tâche primordiale que nous nous sommes posés ici.

Une dernière remarque : il va de soi que les écoulements que nous avons en vue ici, sont essentiellement des écoulements laminaires et il faudra bien comprendre que les tendances dégagées par la modélisation asymptotique à "grand " nombre de Reynolds sont en fait valables pour des nombres de Reynolds grands mais suffisamment modérés pour que la turbulence n'ait qu'une incidence négligeable. L'expérience montre d'ailleurs que l'on peut faire des prévisions valables et utiles en ignorant la turbulence et c'est là la meilleure justification, a posteriori, de l'étude d'une modélisation asymptotique des écoulements laminaires à $Re \gg 1$.

9. Les grands modèles

Une première vue, de la modélisation asymptotique en mécanique des fluides newtoniens consiste à rechercher les dégénérescences significatives du MENS, lorsqu'un petit, ou un grand, paramètre dans ce modèle, prend sa valeur limite (zéro ou l'infini);

les variables $\vec{x}$, t de l'espace-temps pouvant elles-mêmes prendre des valeurs petites ou grandes devant l'unité, ce qui conduit tout naturellement à considérer, conjointement avec un passage à la limite principal (effectué à $\vec{x}$ et t fixés de l'ordre de l'unité), divers passages à la limite locaux. Cette première vue, assez formelle, conduit à mettre en évidence les grands modèles de la mécanique des fluides, que l'on retrouve dans le mode d'exposé traditionnel de la mécanique des fluides sous la forme de grands chapitres :

I) $M \Rightarrow 0$, l'hydrodynamique (écoulements des fluides dits "incompressible");

II) $Re \Rightarrow \infty$, l'aérodynamique (les équations d'Euler) et la théorie de la couche limite de Prandtl;

III) $Re \Rightarrow 0$, les écoulements rampants (modèles de Stokes et d'Oseen);

IV) $M \Rightarrow 1$, les écoulements transsoniques;

V) $M \Rightarrow \infty$, les écoulements hypersoniques,

.......etc.... etc....

On arrive ainsi à l'idée que : l'on devrait repenser le mode d'exposition de la mécanique des fluides théorique , en se laissant guider par les objectifs de la modélisation asymptotique.

Il convient, bien entendu, de discuter aussi des modèles issus de passages à la limite simultanés; un cas exemplaire étant celui des écoulements peu visqueux et faiblement compressibles qui nécessitent l'analyse asymptotique du MENS, lorsque simultanément

(II,2) $Re \Rightarrow \infty \ , \ M \Rightarrow 0$ (et éventuellement $\tau_0 \Rightarrow 0$).

Dans ce cas nous devons considérer trois situations*) :

I) M fixé; $Re \Rightarrow \infty$, puis $M \Rightarrow 0$,

II) Re fixé; $M \Rightarrow 0$, puis $Re \Rightarrow \infty$,

III) $Re \Rightarrow \infty$ et $M \Rightarrow 0$ de telle façon que :

---

*) Voir la Leçon X, où un cas simple est traité en détail.

(II,3) $$\frac{1}{Re} = \Lambda_0 M^a$$

avec Λ_0 un paramètre de similitude constant de l'ordre de l'unité et $a > 0$ un exposant réel à préciser. La troisième situation (qui conduit au modèle le plus complet) doit être considérée lorsque les modèles issus des situations I) et II), respectivement, sont (à un certain niveau, dans la hiérarchie des approximations considérées) de nature différente; lorsque au niveau de la situation III)

$\Lambda_0 \Rightarrow 0$ on retrouve la situation I),

et

$\Lambda_0 \Rightarrow \infty$ on retrouve la situation II).

Le paramètre de similitude Λ_0 est une mesure de l'interaction entre les phénomènes de faible compressibilité et viscosité évanescente.

10. Les modèles locaux

A la différence des grands modèles, dont il vient d'être question au § 9, précédent, et qui sont fondamentalement liés au mode d'exposition de la mécanique des fluides (newtoniens), les modèles locaux sont plutôt liés à des problèmes de recherche. Il s'agit de problèmes où l'analyse asymptotique ne peut s'appliquer qu'à une région très localisée de l'écoulement et c'est au niveau de ces modèles locaux que l'analyse asymptotique est destinée à garder, pour longtemps encore droit de cité à côté des grands codes numériques. Il s'agit, avant tout, de repérer et de décrire les singularités qui se présentent dans un champ d'écoulement; en termes numériques cela se produit lorsqu'un problème est raide dans une région localisée. Si l'on ne dispose pas de renseignement précis sur la région singulière, le code numérique peut échouer complètement, ou perdre considérablement en précision, ou conduire à des temps de calculs prohibitifs. A cet égard nous citerons notre travail avec J.P. GUIRAUD de l'Université de Paris 6 (GUIRAUD et ZEYTOUNIAN (1977, 1979, 1980)), sur la modélisation asymptotique de l'écoulement dans le coeur d'une nappe tourbillonnaire fortement enroulée . Numériquement le problème dans le coeur est très raide mais par contre, il y a un petit paramètre : $c_0 = d_0/\lambda_0 << 1$, qui est le rapport entre la distance (normalement à la nappe) d'une spire à l'autre et le diamètre du coeur. HUBERSON (1980) a démontré que l'algorithme issu du modèle local asymptotique ainsi obtenu, s'insérait très bien dans l'ensemble d'un code numérique destiné à traiter le reste de l'écoulement, avec nappe, où le problème est non raide.

Naturellement, l'un des modèles locaux le plus important et le plus enrichissant est celui dit "en triple couche" de STEWARTSON-WILLIAMS (1969) et NEILAND (1969), qui permet de décrire ce qui survient, en retournant au MENS et sous le passage à la limite $Re \Rightarrow \infty$, lorsque au voisinage d'une ligne singulière (située sur l'obstacle, autour duquel l'écoulement peu visqueux est considéré) la couche limite classique de Prandtl d'épaisseur $O(Re^{-1/2})$, subit un accident ! Nous revenons à la Leçon IX sur ce modèle en triple couche.

11. Le concept de modèle spécifique

Partant de l'un des grands modèles, dont il a été question au § 9, il s'agit maintenant de considérer un problème spécifique et de mener à bien sa modélisation par une analyse asymptotique globale, c'est-à-dire une analyse du problème dans son ensemble tenant compte aussi bien des équations modèles de départ que des conditions aux limites et initiales associées.

L'un des grands modèles de départ que nous pouvons considérer est celui d'Euler, pour les fluides parfaits, qui s'obtient du MENS lorsque:

(II,4) $$Re \Rightarrow \infty \quad \text{à} \quad t, \vec{x} \ \text{fixés} \quad \Longleftarrow \quad \mathrm{Lim}^{\rho}_{E}.$$

Le second grand modèle de départ est celui dit de Navier qui régit les écoulements d'un fluide visqueux, incompressible et il s'obtient du MENS sous le passage à la limite:

(II,5) $$M \Rightarrow 0 \quad \text{à} \quad t, \vec{x} \ \text{fixés} \quad \Longleftarrow \quad \mathrm{Lim}^{\rho}_{N}.$$

Nous revenons aux Leçons V et IV sur ces deux passages à la limite (II,4) et (II,5).

L'analyse de l'écoulement d'un fluide visqueux incompresible autour d'une plaque plane de longueur finie, sans épaisseur, placée parallèlement à la direction d'un écoulement uniforme amont est un exemple des plus intéressants de mise en place d'un modèle spécifique, ayant comme point de départ le modèle de Navier. Si l'on suppose que l'écoulement est stationnaire $(S \equiv 0)$ il n'y a, dans l'énoncé global du problème, qu'un seul paramètre sans dimension qui est le nombre de Reynolds $Re = \frac{L_0 U_0}{\nu_0}$ calculé avec la longueur L_0 de la plaque, la vitesse $U_0 = Const$ à l'infini et la viscosité cinématique ν_0 du fluide; l'objectif est alors de décrire avec le maximum de finesse possible la structure asymptotique de cet écoulement stationnaire laminaire, lorsque $Re \Rightarrow \infty$. Nous écartons le phénomène de turbulence, ce qui veut dire que le modèle spécifique asymptotique correspondant à $Re \gg 1$ est déjà significatif, pour des nombres de Reynolds qui excluent la transition, au moins sur la plaque et dans son proche sillage. A l'heure actuelle (voir, à ce sujet le livre de VAN DYKE (1975; pages 230 à 232)) la structure asymptotique en question est assez bien élucidée qualitativement et quantitativement; elle fait intervenir huit régions d'écoulements qu'il faut raccorder entre elles.

Le fait qu'un certain nombre de régions interviennent pour décrire l'écoulement spécifique approché est une caractéristique fondamentale de la modélisation asymptotique, lorsque le petit paramètre principal est un petit paramètre de perturbation singulière. Les raccords jouant un rôle fondamental lorsque la MDAR peut être appliquée.

12. Problèmes de perturbations singulières et MDAR

Soit $\mathcal{U}(t,\vec{x};\alpha)$ la solution du problème considéré, satisfaisant au MENS, où l'on a fait le choix de $\alpha \ll 1$ comme petit paramètre principal (α peut être : Re, M, Re^{-1}, ...). Cette solution $\mathcal{U}$ doit rester valable dans un domaine $\mathcal{D}_t$ de l'espace-temps ($\vec{x}$, t); cependant lorsque l'on recherche la forme limite du MENS, à partir d'un passage à la limite, dit principal,

(II,6) $$\operatorname{Lim}_{\alpha}^{P} \Rightarrow \left\{ \alpha \to 0, \text{ à } t, \vec{x} \text{ fixés} \right\},$$

il arrive bien souvent que le domaine de validité du modèle limite ne coïncide pas entièrement avec $\mathcal{D}_t$?! Cela veut dire que la solution,

(II,7) $$\mathcal{U}_0(t,\vec{x}) = \operatorname{Lim}_{\alpha}^{P} \mathcal{U}(t,\vec{x};\alpha),$$

de ce modèle limite, n'est pas une approximation uniformément valable de $\mathcal{U}$ dans $\mathcal{D}_t$. Ceci est le cas pour les écoulements à grand et petit nombres de Reynolds, en particulier. Lorsque cela est le cas on dit que l'on a affaire à un problème de perturbations singulières. Les régions singulières sont, en général, en mécanique des fluides des voisinages qui viennent se placer près de l'instant initial (couches initiales), près des parois solides délimitant l'écoulement (couches limites), ou encore, à l'infini (couches distales).

Par exemple, si le voisinage de $t=0$ est singulier (du fait, en particulier, de la perte de dérivées partielles relativement à t dans le modèle limite issu de (II,6), dont la solution est $\mathcal{U}_0$), alors il faut considérer à la place de (II,6) un nouveau passage à la limite, dit local,

(II,8) $$\mathrm{Lim}^{\ell t}_{\alpha} \Rightarrow \left\{ \alpha \to 0 \ , \ \text{à} \ \hat{t} = t/\delta(\alpha) \ , \vec{x} \ \text{fixés} \right\},$$

où $\delta(\alpha)$ est une jauge, telle que $\lim_{\alpha \to 0} \delta(\alpha) = 0$; en règle générale on peut faire le choix de

(II,9) $$\delta(\alpha) \equiv \alpha^{p} \quad , \ p > 0,$$

avec p un scalaire réel à déterminer de telle façon que le modèle limite local, valable au voisinage de $t = 0$, soit le plus significatif possible.

Soit maintenant

(II,10) $$\hat{U}_0(\hat{t},\vec{x}) = \mathrm{Lim}^{\ell t}_{\alpha}\, U(\alpha^{p_0}\hat{t},\vec{x};\alpha),$$

la solution du modèle limite local (obtenu pour une valeur p_0 de p) issu du MENS par le passage à la limite local (II,8); précisons qu' à ce modèle limite local nous pouvons appliquer toutes les conditions initiales, en $\hat{t} \equiv t = 0$, imposées au départ au MENS.

Il peut arriver deux cas :

1)— $\lim_{\hat{t} \to \infty} \hat{U}_0(\hat{t},\vec{x})$, existe et alors, "bien souvent", nous pouvons appliquer la condition de raccord simplifiée suivante,

(II,11) $$\lim_{t \to 0} U_0(t,\vec{x}) = \hat{U}_0(\infty,\vec{x});$$

2)— $\lim_{\hat{t} \to \infty} \hat{U}_0(\hat{t},\vec{x})$, n'existe pas, dans un sens assez large; c'est-à-dire que cette limite peut, en particulier, ne tendre vers aucune valeur définie (comportement oscillatoire en $\hat{t}$, par exemple) et dans ce cas il n'y a pas de possibilité de raccord avec $U_0(0,\vec{x})$.

Ainsi, on constate que l'on est en présence de deux grands types de problèmes de perturbations singulières :

celui dit de type "cumulatif" ou "séculaire", qui correspond au second cas, et celui dit de type "couche limite", qui correspond au premier cas et qui conduit, très souvent, à écrire (II,11).

La méthode la plus indiquée pour traiter les problèmes de type couche limite (ou initiale) est la MDAR; elle prend directement en compte le fait que les solutions limites, principale $\mathcal{U}_0$ et locale $\hat{\mathcal{U}}_0$, représentant la solution exacte $\mathcal{U}$ dans des sous-domaines de $\mathcal{D}_t$ donnés, ne font intervenir que l'une des variables, lente (dans notre cas t) ou rapide (c'est-à-dire $\hat{t}$), qui apparaissent de façon essentielle dans la formulation même du problème.

La MEM est adéquate pour résoudre les problèmes du type cumulatif ou séculaire, lorsque $\hat{\mathcal{U}}_0(\hat{t},\vec{x})$ a un caractère oscillatoire en $\hat{t}$.

Quelque fois il arrive que la MDAR et la MEM doivent être utilisées simultanément : par exemple, le problème nécessite au moins deux développements qui sont en échelles multiples et le raccord se fait selon la MDAR. Pour illustrer ce qui vient d'être dit ci-dessus nous allons considérer un exemple simple qui va nous permettre de préciser quelque peu les notions exposées au début du § 12.

Nous considérons, tout d'abord, un fluide parfait; cela veut dire que au niveau des équations sans dimensions de Navier-Stokes (I,35) nous effectuons le passage à la limite principal suivant :

(II,12) $$S\ ,\ M\ ,\ Pr \quad \text{fixés}; \quad Re \Rightarrow \infty \ , \ \text{à} \ t \ \text{et} \ \vec{x} \ \text{fixés}.$$

Ensuite, nous supposons que l'écoulement instationnaire de ce fluide parfait, qui est en évolution adiabatique :

(II,13) $$S\frac{\partial s}{\partial t} + \vec{u}\cdot\vec{\nabla}s = 0,$$

avec s l'entropie spécifique, commence à partir d'un état dans lequel : $s \equiv s_0 = \text{Const}$. Dans ce cas, si l'écoulement est continu*), dans le domaine d'écoulement considéré, il reste à entropie spécifique constante partout dans ce domaine - cela veut dire, alors, que le fluide parfait subit une évolution barotrope.

*) Précisons, ici, que les équations générales (I,3)-(I,5) restent valables uniquement si les grandeurs impliquées dans ces équations sont continûment dérivables dans le domaine d'écoulement. Si ces grandeurs ne sont que continûment dérivables par morceaux, elles peuvent ainsi que leurs dérivées être discontinues à travers une surface (dite de discontinuités). Une onde de choc est assimilée à une surface de discontinuités et s subit nécessairement une discontinuité à travers le choc et celle-ci est toujours positive. En amont du choc l'évolution peut être barotrope, mais après la traversée du choc cette évolution ne pourra être que adiabatique, à l'aval du choc.

Mais le théorème classique de Lagrange dit que : un écoulement de fluide parfait en évolution barotrope (on ne tient pas compte ici des forces extérieures) est constamment irrotationnel :

(II,14) $$\vec{\nabla} \wedge \vec{u} \equiv 2\vec{\omega} = 0,$$

dans un domaine que l'on suit dans son mouvement, si à un instant (au repos, en particulier), il y est irrotationnel. Dans ce cas

(II,15) $$\vec{\nabla} \wedge \vec{u} = 0 \quad \Rightarrow \quad \vec{u} = \vec{\nabla}\varphi(t,\vec{x}),$$

avec φ , le potentiel des vitesses de l'écoulement instationnaire de fluide parfait irrotationnel.

Soit a_∞ la valeur constante de la célérité du son en un point de la trajectoire, où le module de la vitesse $|\vec{u}| \equiv U_\infty$; si l'on introduit le nombre de Mach caractéristique $M_\infty = U_\infty / a_\infty$ et le nombre de Strouhal caractéristique $S = L_0 / U_\infty t_0$, construit avec L_0 (une longueur liée à l'obstacle, autour duquel l'écoulement est considéré) et t_0 (qui peut être $L_0/U_\infty \Rightarrow S \equiv 1$), alors nous pouvons obtenir pour $\varphi(t,\vec{x})$ l'équation dite de STEICHEN :

(II,16) $$\left[1 - (\gamma-1)M_\infty^2 \left\{ S\frac{\partial\varphi}{\partial t} + \frac{1}{2}\left(\left|\frac{\partial\varphi}{\partial x_k}\right|^2 - 1\right)\right\}\right]\Delta\varphi = M_\infty^2 \left\{ S^2 \frac{\partial^2\varphi}{\partial t^2} + 2S\frac{\partial^2\varphi}{\partial t\,\partial x_k}\frac{\partial\varphi}{\partial x_k} + \frac{\partial\varphi}{\partial x_j}\frac{\partial\varphi}{\partial x_k}\frac{\partial^2\varphi}{\partial x_j\,\partial x_k}\right\},$$

où $\Delta \equiv \vec{\nabla}^2$, écrite sous forme adimensionnelle.

A l'équation (II,16) il faut associer deux conditions initiales :

(II,17) $$t = 0 \; : \; \varphi = \varphi^0(\vec{x}) \;, \; \frac{\partial\varphi}{\partial t} = \psi^0(\vec{x}),$$

ainsi qu'une condition de glissement sur la paroi de l'obstacle autour duquel l'écoulement est considéré dans un domaine d'écoulement infini (problème extérieur).

Supposons maintenant que $M_\infty \ll 1$; c'est-à-dire que nous considérons le cas des écoulements faiblement compressibles. Dans ce cas, le passage à la limite principal :

(II,18) S fixé; $M_\infty \Rightarrow 0$ à t et $\vec{x}$ fixés, conduit à l'équation limite

(II,19) $$\Delta\varphi_0 = 0 \quad , \text{où} \quad \varphi_0 = \underset{M_\infty}{\mathrm{Lim}^P}\,\varphi .$$

Nous constatons que, au niveau de l'équation limite (II,19), toutes les dérivées temporelles ont disparues et, par conséquent, le régime incompressible limite, régi par (II,19), ne peut être compatible, en toute généralité, avec les données initiales (II,17) relatives au régime compressible, régi par l'équation complète de Steichen (II,16).

Cette dernière, lorsque $S \not\equiv 0$, est une équation du type hyperbolique, tandis que l'équation limite (II,19) est une équation du type elliptique ? Ainsi, lors du passage à la limite principal (II,18) il y a changement de type au niveau de l'équation limite et de ce fait nous sommes en présence d'un problème de perturbation singulière. Ce problème de perturbation singulière est intimement lié au fait que nous ne pouvons pas permuter les passages à la limite $M_\infty \to 0$ (principal) et $t \to 0$; cela veut dire que :

(II,20) $$\underset{M_\infty}{\mathrm{Lim}^P}\Big(\underset{\substack{t\to 0\\ \vec{x}\,\text{fixé}}}{\mathrm{Lim}}\varphi(t,\vec{x})\Big) \not\equiv \underset{\substack{t\to 0\\ \vec{x}\,\text{fixé}}}{\mathrm{Lim}}\Big(\underset{M_\infty}{\mathrm{Lim}^P}\varphi(t,\vec{x})\Big),$$

lorsque $S = O(1)$.

Il nous faut donc étudier le voisinage de l'instant initial $t = 0$; pour cela on introduit un temps fin

(II,21) $$\hat{t} = t/M_\infty^p \;,\; p>0 .$$

On constate aisément que le cas $p=1$ permet de réécrire l'équation (II,16) sous la forme :

(II,22) $$S^2\frac{\partial^2\hat{\varphi}}{\partial\hat{t}^2} - \Delta\hat{\varphi} = O(M_\infty),$$

où $\hat{\varphi}(\hat{t},\vec{x}) \equiv \varphi(M_\infty\hat{t},\vec{x})$.

Ainsi, le passage à la limite local :

(II,23) $\quad S$ fixé; $M_\infty \Rightarrow 0$ à $\hat{t}$ et $\vec{x}$ fixé,

conduit à l'équation limite locale (valable au voisinage de $\hat{t} \equiv t = 0$) suivante :

(II,24) $$S^2 \frac{\partial^2 \hat{\varphi}_0}{\partial \hat{t}^2} - \Delta \hat{\varphi}_0 = 0 \ , \ \hat{\varphi}_0 = \underset{M_\infty}{\mathrm{Lim}^{\ell t}} \hat{\varphi} \ .$$

On retrouve ainsi l'équation classique de l'Acoustique linéaire, et à l'équation (II,24), hyperbolique, nous pouvons associer deux conditions initiales qui découlent de (II,17), en tenant compte de (II,21) et (II,23).

Il s'agit maintenant d'élucider le comportement de $\hat{\varphi}_0$, lorsque $\hat{t} \to \infty$; nous reviendrons sur ce problème à la Leçon V . Précisons ici seulement que dans le cas d'un écoulement dans un domaine infini, extérieur à un obstacle borné, les perturbations acoustiques, associées au problème d'adaptation des données initiales régi par l'équation (II,24), s'atténuent par dispersion de l'énergie acoustique dans un domaine dont le volume tend vers l'infini. De ce fait, on ne s'attend pas à une persistance importante de la perturbation initiale pour l'écoulement incompressible régi par (II,19) et valable lorsque $t = O(1)$, encore que l'on ne peut pas garantir a priori qu'il n'y aura pas d'influence aux ordres supérieurs tant qu'une analyse correcte n'a pas été faite.

Ainsi, si dans le cas de l'écoulement extérieur, à un obstacle borné, nous pouvons appliquer la MDAR pour résoudre le problème de perturbations singulières ci-dessus, il n'en sera plus de même pour le cas de l'écoulement à l'intérieur d'une enceinte, étant donné que les ondes acoustiques générées en phase initiale persistent sans atténuation durant toute cette phase et par conséquent pénètrent avec toute leur intensité dans la phase $t = O(1)$ qu'elles affectent profondément. Dans ce cas, pour modéliser l'écoulement à faible nombre de Mach à l'intérieur de l'enceinte bornée, il faudra utiliser la MEM, avec une infinité d'échelles, c'est-à-dire une infinité de temps lents, qui correspondent aux fréquences propres acoustiques de l'enceinte (cela a été réalisé dans le travail de ZEYTOUNIAN et GUIRAUD (1980)). L'écoulement limite incompressible s'interprète alors comme étant un écoulement moyen auquel sont superposées des oscillations acoustiques qui proviennent de la phase initiale; il n'y a pas adaptation des données initiales au sens de la MDAR.

13. La MEM

Les caractéristiques essentielles de la MEM peuvent être résumées comme suit :

Lorsque les données du problème font apparaître que le petit paramètre principal $\alpha \ll 1$, est soit le rapport de deux échelles de temps, soit le rapport de deux échelles d'espace, la méthode consiste à introduire deux variables de temps (ou d'espace) construites avec ces échelles (l'une d'entre elles étant éventuellement distordue) et à envisager le développement formel de la solution en α , chaque coefficient du développement étant fonction des deux variables temps (ou espace) ainsi introduites, considérées tout au long du calcul comme indépendantes.

Mais pour déterminer complètement un coefficient de ce développement, il ne suffit pas de résoudre l'équation où il apparaît pour la première fois. Les indéterminées qui demeurent nécessairement sont à choisir en imposant que l'équation dans laquelle apparaît le terme suivant pourra conduire à une solution qui ne détruise pas la validité de l'approximation cherchée, mais au contraire, assure au mieux cette validité.

On soupçonne, en général, à la suite d'une certaine connaissance a priori de la solution, que $\mathcal{U}_0$ dépend des variables $\vec{x}$ et t de manière à faire apparaître une variation rapide ayant un caractère répétitif, analogue à un phénomène oscillatoire; cette variation étant elle-même modulée d'un instant à l'autre et d'un point à un autre. On décrit alors une telle structure, en double échelle, en écrivant :

$$\mathcal{U}_0(t,\vec{x}) = \mathcal{U}^*(t,\vec{x};\chi(t,\vec{x})), \tag{II,25}$$

où χ est une variable intermédiaire, dite rapide, parce que la fonction $\chi(t,\vec{x})$ varie rapidement en fonction de t et de $\vec{x}$. Si l'on a utilisé uniquement des variables adimensionnelles, on peut caractériser cette dernière propriété en écrivant :

$$\frac{\partial \chi}{\partial t} = -\frac{\omega}{\alpha}, \quad \vec{\nabla}\chi = \frac{\vec{\lambda}}{\alpha} \Rightarrow \frac{\partial \vec{\lambda}}{\partial t} + \vec{\nabla}\omega = 0, \tag{II,26}$$

où ω et $|\vec{\lambda}|$ sont d'ordre unité. De (II,26) on déduit :

$$\frac{\partial \mathcal{U}_0}{\partial t} = -\frac{\omega}{\alpha}\frac{\partial \mathcal{U}_0^*}{\partial \chi} + \frac{\partial \mathcal{U}_0^*}{\partial t}, \quad \vec{\nabla}\mathcal{U}_0 = \frac{1}{\alpha}\frac{\partial \mathcal{U}_0^*}{\partial \chi}\vec{\lambda} + \vec{\nabla}\mathcal{U}_0^*, \tag{II,27}$$

avec des formules analogues pour les dérivées d'ordre supérieur.

En portant ces expressions des dérivées dans les équations "exactes" de départ on introduit dans celles-ci le petit paramètre $\alpha \ll 1$, même si celui-ci ne figurait pas dans la formulation adimensionnelle des équations exactes, et on tient compte de la spécificité "physique" du problème considéré. On est alors amené à chercher une approximation (qui doit être uniformément valable en t et $\vec{x}$) de $\mathcal{U}^*$ par un développement :

(II,28) $$\mathcal{U}^* = \mathcal{U}^*_0 + \alpha\,\mathcal{U}^*_1 + \cdots \quad , \quad \chi = \chi_0 + \alpha\,\chi_1 + \cdots .$$

En substituant dans les équations de départ (où on a porté au préalable, les expressions du type (II,27)) et en identifiant à zéro les termes proportionnels aux puissances successives de α, on obtient une <u>hiérarchie</u> de systèmes d'équations pour $\mathcal{U}^*_0$, $\mathcal{U}^*_1$, ... Il s'avère que le premier système de la hiérarchie (rang "0") détermine, au mieux, $\mathcal{U}^*_0$ dans sa dépendance (rapide) relativement à χ_0, mais laisse dans l'ombre sa dépendance relativement à t et $\vec{x}$? C'est généralement en cherchant à déterminer $\mathcal{U}^*_1$, voire d'autres termes de rang plus élevé, que la dépendance de $\mathcal{U}^*_0$ en t et $\vec{x}$ se trouve précisée par le mécanisme de <u>suppression</u> (<u>d'élimination</u>) de <u>termes</u> dits <u>séculaires</u>, c'est-à-dire de termes qui, dans $\mathcal{U}^*_1$, ne restent pas bornés lorsque χ_0 croît indéfiniment. Car il faut bien comprendre que si l'on veut que (II,28) couvre une <u>plage</u> $O(1)$ de variation de t et $\vec{x}$, en raison de (II,26) cela correspond à une variation de χ qui est $O(1/\alpha)$, c'est-à-dire <u>très grande</u>.

Un domaine privilégié d'application de la MEM est l'étude de la propagation des ondes lentement modulées. Dans ce cas $\mathcal{U}^*_0(\chi_0)$ apparaît comme une onde plane, quand on ignore la variation en t et $\vec{x}$, tandis que cette dernière donne, précisément, la modulation de l'amplitude et, éventuellement, de la phase de l'onde en question.

Comme illustration de ce qui vient d'être dit ci-dessus nous voulons considérer un exemple type.

Soit donc le problème modèle suivant :

(II,29a) $$\frac{d^2 f}{dx^2} + f + 2\alpha \frac{df}{dx} = 0 , \quad 0 < \alpha \ll 1 ;$$

(II,29b) $$x = 0 : \quad f(0) \equiv f_{00} = \text{Const} ;$$

(II,29c) $$x \to +\infty : \quad \lim_{x \to +\infty} f(x) = 0 .$$

La solution exacte de (II,29) est :

(II,30) $$f(x;\alpha) = f_{00}\exp(-\alpha x)\cos\left[\sqrt{1-\alpha^2}\,x\right]$$

et on constate bien que pour tout α fixé, si petit soit-il et différent de zéro, on a $f(x;\alpha) \to 0$, avec $x \to +\infty$. Puisque $\alpha \ll 1$, nous recherchons la solution du problème (II,29) sous la forme du développement asymptotique

(II,31) $$f = f_0(x) + \alpha f_1(x) + \alpha^2 f_2(x) + \cdots ,$$

ce qui conduit aux équations:

$$\frac{d^2 f_0}{dx^2} + f_0 = 0;$$

$$\frac{d^2 f_1}{dx^2} + f_1 = -2\frac{df_0}{dx},$$

- - - - - - - - - - - -

dont les solutions sont :

$$f_0(x) = A_0\cos(x+\varphi_0);$$

$$f_1(x) = -A_0\, x\cos(x+\varphi_0),$$

- - - - - - - - - - - - -

et il vient la solution approchée suivante :

(II,32) $$f(x;\alpha) = A\cos(x+\varphi_0)\left\{1-\alpha x + O(\alpha^2)\right\}.$$

Lorsque $x \to +\infty$, cette solution approchée (II,32) est très mauvaise, car il y a un terme lié à αx qui tend vers l'infini, avec $x \to +\infty$ — c'est un <u>terme séculaire</u>. Aussi est-il nécessaire de mettre en oeuvre une méthode de résolution sauvegardant l'amortissement vers zéro de la solution, lorsque $x \to +\infty$, et aussi permettant de faire disparaître les termes séculaires qui vont venir s'ajouter au second terme de la solution approchée (II,32), au fur et à mesure que l'on ira de plus en plus loin dans les approximations en α. Par exemple, le terme en α^2 du développement (II,31) satisfait à l'équation :

$$\frac{d^2 f_2}{dx^2} + f_2 = -2\frac{df_1}{dx} \quad ,$$

dont la solution est :

(II,33) $$f_2(x) = \frac{1}{2} A_0 x \cos(x+\varphi_0)\{x + \mathrm{tg}(x+\varphi_0)\}$$

et qui comprend deux termes séculaires !

Comme l'on veut obtenir une solution approchée valable pour les grandes valeurs de x (qui satisfasse à la condition que $f \to 0$, avec $x \to +\infty$), il peut être judicieux (d'après la MDAR) d'introduire une nouvelle variable, distale, $\tilde{x} = \alpha x$ et d'effectuer le passage à la limite distal : $\alpha \to 0$, avec $\tilde{x}$ fixé, ce qui veut dire que les comportements : $\tilde{x} \to 0$ et $x \to \infty$ doivent se raccorder ?

Soit donc : $f\left(\frac{\tilde{x}}{\alpha};\alpha\right) \equiv \tilde{f}(\tilde{x};\alpha) = \tilde{f}_0(\tilde{x}) + \alpha\,\tilde{f}_1(\tilde{x}) + \cdots;$

comme on a l'équation :

$$\alpha^2 \frac{d^2\tilde{f}}{d\tilde{x}^2} + \tilde{f} + 2\alpha^2 \frac{d\tilde{f}}{d\tilde{x}} = 0,$$

il vient aisément la solution triviale :

$$\tilde{f}_0 \equiv 0 \;,\; \tilde{f}_1 \equiv 0 \;, \ldots \;\Rightarrow \tilde{f} \equiv 0\,!$$

De toute façon la présence des termes trigonométriques dans la solution approchée (II,32) (avec éventuellement (II,33)), qui est une solution locale (proximale) au sens de la MDAR, empêche l'application d'un processus limite comme cela est nécessaire d'après la règle de raccord (restreinte); on constate que :

$$\lim_{x\to\infty} \left[A_0 \cos(x+\varphi_0)\right] \quad \text{, n'a pas de sens !}$$

Pour bien comprendre l'introduction de plusieurs échelles, selon la MEM, considérons la solution exacte (II,30) du problème (II,29). Dans cette solution exacte la variable x intervient à deux niveaux :

I) au niveau du terme d'amplitude, $\exp(-\alpha x)$ comme $\hat{x} = \alpha x$,

II) au niveau du terme "d'onde", $\cos\left[\sqrt{1-\alpha^2}\,x\right]$, comme

$$\hat{x} \equiv \sqrt{1-\alpha^2}\,x = \left(1-\frac{\alpha^2}{2}+\frac{\alpha^4}{8}-\cdots\right)x,$$

lorsque $\alpha \ll 1$.

Ainsi, lorsque $\alpha \ll 1$, on arrive à l'idée de représenter la solution de notre problème en fonction, simultanément, des deux variables

$$\xi = \alpha x \qquad \text{et} \qquad \eta = g(\alpha)x, \tag{II,34}$$

avec

$$g(\alpha) = 1 + \omega_2\alpha^2 + \omega_3\alpha^3 + \cdots, \tag{II,35}$$

où les ω_n, $n = 2, 3, \ldots$, sont des constantes à déterminer au cours de la résolution approchée de notre problème modèle (II,29).

Ainsi, <u>lorsque $\alpha \ll 1$</u>, à la solution $f(x;\alpha)$ de (II,29), fonction de la seule variable x, on fait correspondre une nouvelle fonction $f^*(\xi,\eta;\alpha)$ des deux variables introduites en (II,34); une variable <u>lente</u> ξ et une variable <u>courte</u>, <u>distordue</u>, η. Naturellement, on a que :

$$f^*(\alpha x, g(\alpha)x;\alpha) \equiv f(x;\alpha).$$

On reformule ensuite le problème de départ (II,29), pour cette nouvelle fonction $f^*(\xi,\eta;\alpha)$ et, en particulier, l'équation pour f^*, déduite de (II,29a), s'écrit sous la forme :

$$\begin{aligned}&\frac{\partial^2 f^*}{\partial\eta^2} + f^* + \alpha\left\{2\frac{\partial f^*}{\partial\eta} + 2\frac{\partial^2 f^*}{\partial\xi\partial\eta}\right\}\\ &+\alpha^2\left\{\frac{\partial^2 f^*}{\partial\xi^2} + 2\omega_2\frac{\partial^2 f^*}{\partial\eta^2} + 2\frac{\partial f^*}{\partial\xi}\right\}\\ &+\cdots = 0,\end{aligned} \tag{II,36}$$

une fois que l'on tire profit des relations :

$$(II,37)\quad \begin{cases} \dfrac{df}{dx} = \dfrac{\partial f^*}{\partial \xi}\dfrac{\partial \xi}{\partial x} + \dfrac{\partial f^*}{\partial \eta}\dfrac{\partial \eta}{\partial x} = \alpha \dfrac{\partial f^*}{\partial \xi} + g(\alpha)\dfrac{\partial f^*}{\partial \eta} ; \\ \dfrac{d^2 f}{dx^2} = \alpha^2 \dfrac{\partial^2 f^*}{\partial \xi^2} + 2\alpha\, g(\alpha)\dfrac{\partial^2 f^*}{\partial \xi \partial \eta} + g^2(\alpha)\dfrac{\partial^2 f^*}{\partial \eta^2} , \end{cases}$$

où

$$g^2(\alpha) = 1 + 2\omega_2 \alpha^2 + \cdots .$$

Maintenant, on suppose que la solution $f^*(\xi,\eta;\alpha)$, satisfaisant à l'équation aux dérivées partielles (II,36), admet, lorsque $\alpha \ll 1$, un développement asymptotique, uniformément valable, en α (développement régulier) :

$$(II,38)\quad f^*(\xi,\eta;\alpha) = f_0^*(\xi,\eta) + \alpha f_1^*(\xi,\eta) + \alpha^2 f_2^*(\xi,\eta) + \cdots .$$

Dire que le développement (II,38), de f^*, est uniformément valable, relativement à ξ et η, cela veut dire que :

Chaque approximation ne doit pas avoir de singularités plus fortes que l'approximation précédente, ou encore, ne pas tendre moins vite vers zéro que la précédente, lorsque $\alpha \to 0$, pour toutes valeurs arbitraires (grandes ou petites !) des variables indépendantes ξ et η. De plus toutes les dérivées liées aux diverses approximations doivent avoir les mêmes propriétés; cela veut dire, en particulier, que les rapports :

$$(II,39)\quad f_1^*/f_0^* \; , \; f_2^*/f_1^* \; , \cdots$$

restent uniformément bornés, lorsque $\alpha \to 0$, pour toutes valeurs de ξ et η.

Les conditions du type (II,39) doivent permettre d'éliminer les termes séculaires qui apparaissent dans la solution approchée (II,38) et qui croissent indéfiniment, avec $\eta \to \infty$, en particulier.

On pourra vérifier, à titre d'exercice, que la solution de l'équation pour $f_0^*(\xi,\eta)$, qui découle de l'équation générale (II,36), en tenant compte de (II,38), est de la forme :

(II,40) $$f_0^*(\xi,\eta) = A_0(\xi)\cos[\eta + \varphi_0(\xi)],$$

avec $A_0(0) \equiv f_{00}$ et $\varphi_0(0) \equiv 0$. Puis on montrera que l'élimination des termes séculaires, au niveau de la solution obtenue pour $f_1^*(\xi,\eta)$, conduit à :

(II,41) $$\frac{dA_0}{d\xi} + A_0 = 0 \quad , \quad \frac{d\varphi_0}{d\xi} = 0$$

Ainsi,

(II,42) $$f_0^*(\xi,\eta) = f_{00}\exp(-\xi)\cos\eta,$$

qui est une approximation fidèle, à l'ordre zéro en α , de la solution exacte (II,30); on notera que au niveau de cette approximation (II,42), d'ordre zéro, on a que : $\eta \equiv x$.

Pour préciser la forme de $\eta = g(\alpha)x$ il faut pousser jusqu'à la solution pour $f_2^*(\xi,\eta)$. L'élimination des termes séculaires au niveau de cette solution f_2^* , donne :

(II,43) $$f_1^*(\xi,\eta) \equiv 0 \quad , \quad \omega_2 \equiv -\frac{1}{2} \Rightarrow \eta = \left(1 - \frac{\alpha^2}{2}\right)x.$$

En définitive, on obtient la solution approchée suivante :

(II,44) $$f(x;\alpha) = f_{00}\, e^{-\alpha x}\cos\left[\left(1 - \frac{\alpha^2}{2}\right)x\right] + O(\alpha^2),$$

qui est une approximation fidèle de la solution exacte (II,30) jusqu'à l'ordre α^2 .

REFERENCES CITEES

1. GERMAIN, P., (1977) : Fluid Dynamics, pp. 1 à 147. Ed. Gordon and Breach, Sci., Publishers, London.

2. GUIRAUD, J.P. et ZEYTOUNIAN, R. Kh., (1977) : J.F.M., vol. 79, pt. 1, 93-112.

3. GUIRAUD, J.P. et ZEYTOUNIAN, R. Kh., (1979) : J.F.M., vol. 90, pt. 1, 197-201.

4. GUIRAUD, J.P. et ZEYTOUNIAN, R. Kh., (1980) : J.F.M., vol. 101, pt. 2, 393-401.

5. HUBERSON, S., (1980) : La Recherche Aérospatiale, n° 1980-3, pp. 197-204.

6. KAPLUN, S., (1954) : Z. Angew. Math. Phys. 5, 111-135.

7. KEVORKIAN, J. and COLE, J.D., (1981) : Perturbation Methods in Applied Mathematics. Springer-Verlag, N-Y.

8. LIONS, J.L., (1973) : Perturbations singulières dans les problèmes aux limites et en contrôle optimal. Lecture Notes in Mathematics. Springer-Verlag, N° 323.

9. NEILAND, V. Ya., (1969) : Mekh. Zhidkosti i Gaza, n° 4, 53-57.

10. STEWARTSON, K. and WILLIAMS, P.G., (1969) : Proc. Roy. Soc., série A, 312, 181-206.

11. TEMAM, R., (1983) : Navier-Stokes Equations and nonlinear functional analysis. SIAM, Philadelphia, U.S.A.

12. VAN DYKE, M.D., (1975) : Perturbation methods in Fluid Mechanics; annotated éd.; The Parabolic Press, Stanford, California, U.S.A.

13. ZEYTOUNIAN, R. Kh. et GUIRAUD, J.P.,(1980) : C.R. Acad. Sci., Paris, B, t. 290, 75-78.

III. METHODES DES PERTURBATIONS SINGULIERES

Il existe à l'heure actuelle de très bons exposés sur les méthodes des perturbations singulières. Nous en avons cités quelques uns à la Leçon II. Pour un exposé rigoureux de ces méthodes on pourra consulter le livre de ECKHAUS (1979). En ce qui concerne les Concepts on consultera les articles de LAGERSTROM et CASTEN (1972) et de CROCCO (1972). Enfin, citons aussi le dernier livre de NAYFEH (1981).

Nous présentons à cette Leçon III les premiers éléments de la MDAR (au § 14) et au § 16 nous revenons sur l'application de la MEM. Le § 15 est consacré au théorème d'extension de KAPLUN et au raccord, via une limite intermédiaire.

14. Premiers éléments de la MDAR

Une échelle $\delta(\alpha)$ est une fonction du petit paramètre α principal, à valeurs réelles et positives définies dans l'intervalle $0 < \alpha \leqslant \alpha_0$ et telle que $\lim_{\alpha \to 0} \delta(\alpha)$ existe ou soit infinie.

On notera :

1) $\mathcal{U}(t, \vec{x}; \alpha) = O(\delta)$ — "grand zéro", dans le sous-domaine fermé $\mathcal{D}_t^*$ de $\mathcal{D}_t$, s'il existe deux constantes k_0 et α_1 positives telles que :

(III,1) $$|\mathcal{U}| < k_0 \delta, \quad (\vec{x}, t) \in \mathcal{D}_t^*, \quad 0 < \alpha < \alpha_1 ;$$

2) $\mathcal{U}(t, \vec{x}; \alpha) = o(\delta)$ — "petit zéro", dans $\mathcal{D}_t^*$, si

(III,2) $$\lim_{\alpha \to 0} (\mathcal{U}/\delta) = 0 \quad \text{, en tout point de } \mathcal{D}_t^* .$$

Par définition

(III,3) $$\mathcal{U}_{as} = \sum_{n=0}^{m} \delta_n(\alpha) \mathcal{U}_n(t, \vec{x}; \alpha),$$

est une <u>série asymptotique</u> de rang $m+1$ dans $\mathcal{D}_t^*$ si :

$$\text{(III,4)} \quad \begin{cases} \delta_{n+1} = o(\delta_n), & \text{pour tout } n \leq m-1, \\ \mathcal{U}_n = O(1), & \text{pour } (t,\vec{x}) \in \mathcal{D}_t^*, \; n \leq m. \end{cases}$$

On dira que $\mathcal{U}_{as}$ est une <u>approximation asymptotique</u> de $\mathcal{U}$, de rang $m+1$, dans $\mathcal{D}_t^*$ si :

$$\text{(III,5)} \quad \mathcal{U} - \mathcal{U}_{as} = o(\delta_m) \Rightarrow \mathcal{U} = \mathcal{U}_{as} + O(\delta_{m+1}).$$

Enfin, une approximation asymptotique $\mathcal{U}_{as}$ de $\mathcal{U}$ dans $\mathcal{D}_t^*$ est dite <u>régulière</u> si les <u>$\mathcal{U}_n$ ne dépendent pas de α</u>. Alors les $\mathcal{U}_p$ $(p=0,1,\ldots,m)$ peuvent être définis par des passages à la limite successifs :

$$\text{(III,6)} \quad \overline{\mathcal{U}}_p(t,\vec{x}) = \lim_{\alpha \to 0} \left\{ \frac{\mathcal{U}(t,\vec{x};\alpha) - \sum_{n=0}^{p-1} \overline{\delta}_n(\alpha)\, \overline{\mathcal{U}}_n(t,\vec{x})}{\delta_p(\alpha)} \right\},$$

et on dit alors que : $\overline{\mathcal{U}}_{as} \equiv \sum_{n=0}^{m} \overline{\delta}_n(\alpha)\, \overline{\mathcal{U}}_n(t,\vec{x})$

est un <u>développement asymptotique régulier de $\mathcal{U}$</u>, à $m+1$ termes, dans $\mathcal{D}_t^*$; si, en particulier, $\mathcal{D}_t^* \equiv \mathcal{D}_t$, on dit que l'approximation (le développement) asymptotique $\mathcal{U}_{as}$ est <u>uniformément valable</u>.

1. Dans les problèmes de <u>type couche limite</u>, il existe des développements asymptôtiques dont le domaine de validité consiste en un voisinage d'une surface de largeur d'autant plus étroite que α est petit. Dans ce cas, pour définir un processus de limite locale et une approximation asymptotique locale il est nécessaire de réécrire les équations de Navier Stokes dans un système de coordonnées curvilignes locales, directement lié à la surface au voisinage de laquelle le processus de limite locale doit être introduit.

Soit donc l'application bijective continue :

$$\text{(III,7)} \quad (\vec{x},t) \Leftrightarrow (\xi_1, \xi_2, \zeta, \tau)$$

telle que sur la surface on ait $\zeta = 0$; (ξ_1,ξ_2) étant des coordonnées curvilignes orthogonales sur la surface $\zeta = 0$ et ζ étant mesuré le long de la normale à $\zeta = 0$, vers le fluide qui baigne cette surface. On notera que la surface peut-être elle-même en mouvement, d'où la nécessité de passer à la nouvelle variable temporelle τ. Désignons, maintenant, par $\gamma(\alpha)$

l'échelle définissant l'épaisseur du voisinage considéré; alors :

$$\left(\xi_1, \xi_2, \hat{\xi} = \xi/\gamma(\alpha)\right) \; ; \; \lim_{\alpha \to 0} \gamma(\alpha) = 0,$$

constitue un système de coordonnées curvilignes orthogonales définissant un sous-domaine fermé $\hat{\mathcal{D}}_t^*$, de $\mathcal{D}_t$, au voisinage immédiat de la surface singulière $\hat{\xi} = 0$. Soit enfin : $\hat{\mathcal{U}}_o(\xi_1, \xi_2, \hat{\xi}, \tau; \alpha)$ l'expression de $\mathcal{U}_o$ dans les variables liées à $\hat{\mathcal{D}}_t^*$. On dit que

(III,8) $$\hat{\mathcal{U}}_{as} = \sum_{n=0}^{m} \hat{\delta}_n(\alpha) \hat{\mathcal{U}}_n(\xi_1, \xi_2, \hat{\xi}, \tau)$$

est une <u>approximation asymptotique locale de $\hat{\mathcal{U}}_o$</u> (ou un développement asymptotique local à $m+1$ termes de $\hat{\mathcal{U}}_o$) dans $\hat{\mathcal{D}}_t^*$ si, dans $\hat{\mathcal{D}}_t^*$

(III,9) $$\hat{\mathcal{U}}_o - \hat{\mathcal{U}}_{as} = o(\hat{\delta}_m).$$

Nous pouvons de ce fait définir, de façon naturelle, la <u>limite</u> locale :

(III,10) $$\lim_{\alpha \to 0} \hat{\mathcal{U}}_o \equiv \widehat{\lim_{\xi}} \, \mathcal{U}_o \, ,$$

où

(III,11) $$\widehat{\lim_{\xi}} \equiv \left\{ \alpha \to 0 \, , \; \xi_1, \xi_2, \hat{\xi} = \frac{\xi}{\gamma(\alpha)}, \tau \; \text{fixées} \right\}.$$

Il faut bien comprendre que $\hat{\mathcal{U}}_o$ est tout simplement $\mathcal{U}_o$, mais réécrit dans les nouvelles variables locales.

Ainsi,

(III,12) $$\hat{\mathcal{U}}_p = \widehat{\lim_{\xi}} \left\{ \frac{\hat{\mathcal{U}}_o - \sum_{n=0}^{p-1} \hat{\delta}_n(\alpha) \hat{\mathcal{U}}_n}{\hat{\delta}_p(\alpha)} \right\}.$$

La MDAR, s'applique donc au cas où il n'existe pas de développement asymptotique de $\mathcal{U}_o$ uniformément valable dans $\mathcal{D}_t$. Il faut alors définir un voisinage lié à la surface singulière en définissant des nouvelles variables locales, puis rechercher le développement asymptotique de $\hat{\mathcal{U}}_o$ et enfin écrire la <u>condition de raccord</u> entre ces deux développements, ce qui signifie <u>qu'il existe une zone de $\mathcal{D}_t$, dépendant de α, et dans laquelle les deux développements</u> :

$$\sum_{n=0}^{m} \overline{\delta}_n(\alpha)\,\overline{U}_n(\vec{x},t) \quad \text{et} \quad \sum_{n=0}^{m} \hat{\delta}_n(\alpha)\,\hat{U}_n(\xi_1,\xi_2,\hat{\xi},t),$$

sont tous les deux simultanément valables.

Le développement asymptotique $\overline{U}_{as}$ qui est supposé régulier dans $\overline{\mathcal{D}}_t^* \subset \mathcal{D}_t$ est dit aussi principal, extérieur ou distal, tandis que $\hat{U}_{as}$ est dit local, intérieur ou proximal et il reste valable dans $\hat{\mathcal{D}}^* \subset \mathcal{D}_t$.

Par définition, une approximation asymptotique uniformément valable de U dans $\mathcal{D}_t$, notée $\overline{\overline{U}}$, qui s'exprime à l'aide d'une approximation principale $\overline{U}_{as}$ et d'une, ou plusieurs approximations locales $\hat{U}_{as}^{(k)}$, chacunes d'entre-elles étant valables dans certains sous-domaines $\hat{\mathcal{D}}_t^{*(k)}$ de $\mathcal{D}_t$, est appelée une approximation composite.

Précisons que d'une façon générale, nous ne chercherons pas, dans ce qui suit, à déterminer les $\overline{U}_n$ et $\hat{U}_n$, ainsi que les séquences asymptotiques $\overline{\delta}_n$ et $\hat{\delta}_n$. Ce qui nous interessera principalement c'est d'obtenir, au moins, les équations modèles et les conditions associées auxquelles doivent satisfaire $\overline{U}_0$ et $\hat{U}_0$!. Ces modèles (un principal et éventuellement, plusieurs locaux) étant issus à partir du MENS, à partir du passage à la limite principal et des passages à la limite locaux, lorsque le petit paramètre principal $\alpha \to 0$.

On pourra prévoir que la dégénérescence significative principale (celle qui conduit à retenir le plus de termes, consistants entre eux, dans la forme limite du MENS obtenu à partir de la limite principale) des équations de N-S pour l'approximation de rang un $\overline{U}_0$ de U n'est pas uniformément valable dans $\mathcal{D}_t$, si il y a abaissement de l'ordre des équations modèles, auxquelles doit satisfaire $\overline{U}_0$, ou changement de type (d'hyperbolique en elliptique, en particulier) de celles-ci de sorte que le problème pour $\overline{U}_0$ devienne mal posé, en ce sens qu'on ne puisse plus satisfaire toutes les conditions aux limites ou initiales imposées au MENS.

Enfin, pour que la MDAR puisse être appliquée il faut admettre que : il n'existe pour la solution $U(t,\vec{x};\alpha)$ étudiée du MENS, qu'un nombre fini d'approximations significatives et que l'on peut trouver pour chacune d'elles un domaine de validité, tel que la réunion de tous ces domaines de validité recouvre tout le domaine $\mathcal{D}_t$, où la solution U du MENS est initialement recherchée.

2. Précisons maintenant la notion d'approximation significative. Soient deux approximations locales $\widehat{\mathcal{U}}^{(1)}_{as}$ et $\widehat{\mathcal{U}}^{(2)}_{as}$ de la même fonction $\widehat{\mathcal{U}}$, construites respectivement jusqu'aux ordres $\widehat{\delta}_{m_1}(\alpha)$ et $\widehat{\delta}_{m_2}(\alpha)$ dans les sous-domaines $\widehat{\mathcal{D}}^{*(1)}_t$ et $\widehat{\mathcal{D}}^{*(2)}_t$; c'est-à-dire pour

$$\widehat{\xi}_1 = \frac{\xi}{\gamma_1(\alpha)} \quad \text{et} \quad \widehat{\xi}_2 = \frac{\xi}{\gamma_2(\alpha)} ,$$

respectivement fixés.

Introduisons les opérateurs de développements :

$$\text{(III,13)} \quad \begin{cases} \widehat{\mathcal{U}}^{(1)}_{as} = \sum\limits_{n=0}^{m_1} \widehat{\delta}_n(\alpha)\widehat{\mathcal{U}}^{(1)}_n(\xi_1,\xi_2,\widehat{\xi}_1,\tau) \equiv E^{m_1}_{\widehat{\xi}_1}\widehat{\mathcal{U}} , \\ \widehat{\mathcal{U}}^{(2)}_{as} = \sum\limits_{n=0}^{m_2} \widehat{\delta}_n(\alpha)\widehat{\mathcal{U}}^{(2)}_n(\xi_1,\xi_2,\widehat{\xi}_2,\tau) \equiv E^{m_2}_{\widehat{\xi}_2}\widehat{\mathcal{U}} . \end{cases}$$

On dit alors que l'approximation $\widehat{\mathcal{U}}^{(2)}_{as}$ <u>est contenue</u> dans $\widehat{\mathcal{U}}^{(1)}_{as}$ si, après avoir réécrit $\widehat{\mathcal{U}}^{(1)}_{as}$ en variable $\widehat{\xi}_2$. $\left(\widehat{\xi}_1 \equiv \frac{\gamma_2}{\gamma_1}\widehat{\xi}_2\right)$ on trouve :

$$\text{(III,14)} \qquad \widehat{\mathcal{U}}^{(2)}_{as} \equiv E^{m_2}_{\widehat{\xi}_2}\widehat{\mathcal{U}}^{(1)}_{as} ,$$

soit encore :

$$\text{(III,15)} \qquad E^{m_2}_{\widehat{\xi}_2}\widehat{\mathcal{U}} \equiv E^{m_2}_{\widehat{\xi}_2}\left(E^{m_1}_{\widehat{\xi}_1}\widehat{\mathcal{U}}\right).$$

On dira qu'une <u>approximation est significative si elle n'est contenue dans aucune autre</u>.

Ainsi, la MDAR consiste à rechercher toutes les approximations significatives de la solution $\mathcal{U}$, représentatives dans $\mathcal{D}_t$.

Il nous faut maintenant préciser la notion de dégénérescence significative (c'est-à-dire, de forme limite la "moins" dégénérée possible) du MENS. Notons par

$$\text{(III,16)} \qquad \mathcal{N}_\alpha \mathcal{U}(t,\vec{x};\alpha) = 0$$

notre MENS de départ, que l'on doit résoudre dans $\mathcal{D}_t$. Lorsque l'on passe aux coordonnées locales, caractérisées principalement par $\widehat{\xi} = \xi/\gamma(\alpha)$, il vient, à la la place de (III,16),

$$\text{(III,17)} \qquad \widehat{\mathcal{N}_\alpha}\,\widehat{\mathcal{U}}(\xi_1,\xi_2,\widehat{\xi},\tau;\alpha) = 0$$

et, en toute rigueur, (III,17) doit être considéré dans le sous-domaine $\mathcal{D}_t^*$ de $\mathcal{D}_t$. Par le passage à la limite local (III,11) on obtient le modèle limite local suivant :

(III,18) $$\widehat{\mathcal{N}}_0 \widehat{\mathcal{U}}_0(\xi_1, \xi_2, \hat{\xi}, \tau) = 0.$$

Le modèle limite local (III,18) a été obtenu à $\hat{\xi}$ fixé. Soit maintenant

$$\widehat{\mathcal{N}}_0^{(1)} \widehat{\mathcal{U}}_0^{(1)} \quad \text{et} \quad \widehat{\mathcal{N}}_0^{(2)} \widehat{\mathcal{U}}_0^{(2)}$$

deux dégénérescences (formes limites) du modèle (III,17) (exact) obtenues respectivement à $\hat{\xi}_1 = \xi/\gamma_1(\alpha)$ fixé, puis à $\hat{\xi}_2 = \xi/\gamma_2(\alpha)$ fixé. Soit encore $\widehat{\mathcal{N}}_0^{(1,2)} \widehat{\mathcal{U}}_0^{(1,2)}$ la dégénérescence du modèle (III,17), obtenue à partir de $\widehat{\mathcal{N}}_0^{(1)} \widehat{\mathcal{U}}_0^{(1)}$ en effectuant le changement $\hat{\xi}_1 \to \hat{\xi}_2$. On dit que $\widehat{\mathcal{N}}_0^{(2)} \widehat{\mathcal{U}}_0^{(2)}$ est <u>contenue</u> dans $\widehat{\mathcal{N}}_0^{(1)} \widehat{\mathcal{U}}_0^{(1)}$ si il existe une échelle $\delta^*(\alpha)$ telle que l'on ait :

(III,19) $$\widehat{\mathcal{N}}_0^{(2)} \widehat{\mathcal{U}}_0^{(2)} \equiv \widehat{\lim_{\hat{\xi}_2}} \left[\delta^*(\alpha)\, \widehat{\mathcal{N}}_0^{(1,2)} \widehat{\mathcal{U}}_0^{(1,2)} \right],$$

du moins dans le cas linéaire (pour le cas général, voir ECKHAUS (1979)).

De ce fait : <u>une dégénérescence est significative si elle n'est contenue dans aucune autre dégénérescence de la classe considérée</u> (liée aux variables locales introduites, conduisant à (III,17), à partir de (III,16)).

Dans les leçons qui suivent cette leçon III, notre but fondamental sera par examen du MENS, dont $\mathcal{U}$ est solution dans $\mathcal{D}_t$, de mettre en évidence les dégénérescences significatives de ce modèle, en relation avec $\alpha \to 0$!

En définitive, la MDAR se trouve justifiée si l'hypothèse de travail suivante est vérifiée :

Si $\mathcal{U}$ est une solution exacte du MENS, $\mathcal{N}_\alpha \mathcal{U} = 0$ et si $\widehat{\mathcal{N}}_0^{(1)}$ est une dégénérescence significative de $\mathcal{N}_\alpha$, liée à $\hat{\xi}_1$, dont le domaine de validité est $\hat{\Delta}_t^{*(1)}$, alors il existe au moins une approximation significative locale de rang un, $\hat{\delta}_0(\alpha)\, \hat{\mathcal{U}}_0^{(1)}$, dont le domaine de validité $\widehat{\mathcal{D}}_t^{*(1)}$ comprend le domaine de validité $\hat{\Delta}_t^{*(1)}$.

Malheureusement il n'y a pas de théorème mathématique, rigoureux, qui dit que : <u>les approximations significatives sont solutions des dégénérescences significatives de $\mathcal{N}_\alpha$</u>. Naturellement, les solutions des dégénérescences significatives ne sont pas <u>toujours</u> des approximations significatives.

Cependant, en mécanique des fluides, dans la plupart des cas, lorsque la MDAR s'applique, ce "théorème" s'avère être exact et sert de guide. C'est ce que l'on nomme habituellement : le <u>principe de moindre dégénérescence</u>. Bien entendu, c'est la cohérence interne à posteriori des résultats mis en évidence qui justifie ce principe de moindre dégénérescence - on dit alors que l'on est en présence d'une modélisation asymptotique <u>consistante</u>, à partir de développements asymptôtiques raccordés.

3. Terminons, en disant quelques mots sur la règle de raccord simplifiée de Van Dyke.

Supposons qu'il existe une approximation principale et une approximation locale permettant de construire une approximation uniformément valable de $\mathcal{U}_0$ du type*)

$$\overline{\mathcal{U}}(t,\vec{x};\alpha) = E^m_{\vec{x},t}\overline{\mathcal{U}}_0 + E^q_{\hat{\xi}}\hat{\mathcal{U}}_0 - E^q_{\hat{\xi}}\left(E^m_{\vec{x},t}\overline{\mathcal{U}}_0\right) + O(\overline{\delta}_r), \tag{III,20}$$

où $\overline{\delta}_r$, $\hat{\delta}_q$ et $\overline{\delta}_m$ sont des échelles équivalentes.

Si on considère l'expression

$$E^m_{\vec{x},t}\left(E^q_{\hat{\xi}}\hat{\mathcal{U}}_0\right) - E^q_{\hat{\xi}}\left(E^m_{\vec{x},t}\overline{\mathcal{U}}_0\right)$$

et qu'on lui applique l'opérateur $E^m_{\vec{x},t}$ on obtient identiquement zéro, ainsi qu'on le voit en appliquant cet opérateur aux deux membres de (III,20); il en sera de même si on lui applique l'opérateur $E^q_{\hat{\xi}}$. Telle est essentiellement la règle de raccord de Van Dyke justifiée dans le cas où l'approximation de $\mathcal{U}_0$ satisfait à une hypothèse de structure telle que (III,20). On dit aussi que : "le développement intérieur jusqu'à $O(\delta_q)$ du développement extérieur jusqu'à $O(\delta_m)$ est égal au développement extérieur jusqu'à $O(\delta_m)$ du développement intérieur jusqu'à $O(\delta_q)$ ". Naturellement les échelles sont les mêmes dans les deux développements et il faut exprimer les deux membres de l'égalité avec les mêmes variables $(\vec{x},t;\alpha)$ ou $(\xi_1,\xi_2,\hat{\xi},\tau;\alpha)$, afin de pouvoir écrire l'identité; enfin les nombres entiers q et m ne sont pas nécessairement égaux entre eux. Considérons, pour illustrer ce qui vient d'être dit, ci-dessus, le problème suivant :

$$\begin{cases} \varepsilon y'' + (1+\varepsilon^2)y' + (1-\varepsilon^2)y = 0, \\ y(0)=\alpha \ , \ y(1)=\beta \ ; \ \varepsilon \ll 1 . \end{cases} \tag{III,21}$$

On trouve tout d'abord un développement extérieur ($\varepsilon \to 0$, à x fixé) de la forme :

$$\overline{y} = \beta e^{1-x} + \varepsilon\beta(1-x)e^{1-x} + \cdots . \tag{III,22}$$

Puis ensuite, après avoir introduit la variable de couche limite,

*) On note : $E^m_{\vec{x},t}\overline{\mathcal{U}}_0 = \sum_{n=0}^{m}\overline{\delta}_n(\alpha)\overline{\mathcal{U}}_n(\vec{x},t) \equiv \overline{\mathcal{U}}_{as}$.

$\hat{x} = x/\varepsilon$, le développement intérieur ($\varepsilon \to 0$, à $\hat{x}$ fixé) suivant :

(III,23) $$\hat{y} = \alpha - b_0 + b_0 e^{-\hat{x}} + \varepsilon\left\{-b_1 + b_1 e^{-\hat{x}} - (\alpha - b_0)\hat{x} + b_0 \hat{x} e^{-\hat{x}}\right\} + \cdots ,$$

où les constantes b_0 et b_1 doivent être déterminées à partir du raccord. Maintenant raccordons d'après Van Dyke :

1) Dev. Ex. à 2 termes $\Rightarrow \beta e^{1-x} + \varepsilon\beta(1-x)e^{1-x}$,

en variable intérieure $\Rightarrow \beta e^{1-\varepsilon\hat{x}} + \varepsilon\beta(1-\varepsilon\hat{x})e^{1-\varepsilon\hat{x}}$,

en développant pour $\varepsilon \to 0 \Rightarrow \beta e\left[1 - \varepsilon\hat{x} + \frac{1}{2}\varepsilon^2\hat{x}^2 + \cdots\right] + \varepsilon\beta e(1-\varepsilon\hat{x})\left[1 - \varepsilon\hat{x} + \cdots\right]$,

dev. Int. à 2 termes $\Rightarrow \beta e + \varepsilon\beta e(1-\hat{x})$;

2) Dev. Int. à 2 termes $\Rightarrow \alpha - b_0 + b_0 e^{-\hat{x}} + \varepsilon\left[-b_1 + b_1 e^{-\hat{x}} - (\alpha - b_0)\hat{x} + b_0\hat{x}e^{-\hat{x}}\right]$,

en variable extérieure $\Rightarrow \alpha - b_0 + b_0 e^{-x/\varepsilon} + \varepsilon\left[-b_1 + b_1 e^{-x/\varepsilon} - (\alpha - b_0)\frac{x}{\varepsilon} + b_0\frac{x}{\varepsilon}e^{-x/\varepsilon}\right]$,

en développant pour $\varepsilon \to 0 \Rightarrow (\alpha - b_0)(1-x) - \varepsilon b_1$ + termes exponentiellement petits,

Dev. Ext. à 2 termes $\Rightarrow (\alpha - b_0) - (\alpha - b_0)x - \varepsilon b_1$.

En égalisant le résultat de 1), avec le résultat de 2) on trouve :

$$\beta e + \varepsilon\beta e\left(1 - \frac{x}{\varepsilon}\right) = (\alpha - b_0) - (\alpha - b_0)x - \varepsilon b_1 ,$$

ou encore :

termes $\varepsilon^0 \Rightarrow \beta e - \beta e x = \alpha - b_0 - (\alpha - b_0)x$;

termes $\varepsilon^1 \Rightarrow \beta e = -b_1$.

On trouve alors que :

$$b_0 = \alpha - \beta e \quad , \quad b_1 = -\beta e . \tag{III,24}$$

Dans notre cas le développement, dit composite, uniformément valable est :

$$\overline{y} = \beta e^{1-x} + (\alpha - \beta e)e^{-\hat{x}} + \varepsilon \left[\beta(1-x)e^{1-x} - \beta e^{1-\hat{x}} + (\alpha - \beta e)\hat{x} e^{-\hat{x}} \right] + \cdots , \tag{III,25}$$

c'est le résultat de la somme des développements extérieur et intérieur de laquelle on a soustrait la partie commune à ces deux développements.

15. Théorème d'extension, domaine de recouvrement et raccord des développements

Il faut bien préciser que le trait spécifique de la MDAR est l'introduction de variables locales qui décrivent le voisinage d'une surface qui est singulière pour le développement principal (qui reste régulier loin de cette surface). Le succès de la MDAR tenant évidemment au rôle que joue ce voisinage dans la structure de la solution cherchée. De ce fait, on dira qu'une solution a une structure de couche limite si, dépendant du petit paramètre principal α, elle a une structure asymptotique qui fait jouer un rôle privilégié aux variables locales ξ_1, ξ_2 et $\hat{\zeta}$, liées intrinsèquement à la surface singulière pour le développement principal "naif". Cette structure est appréhendable par la MDAR si le développement asymptotique de la solution cherchée peut être construit par l'application répétée des deux passages à la limite principal et local dont il a été question au début du § 14.

Il existe, en fait, une dualité entre les développements principal et local, dualité qui traduit une complémentarité et qui trouve sa racine profonde dans le concept de domaine de validité de chacun des développements. L'un des développements cesse d'être valable, lorsque l'autre devient adéquat et le domaine de recouvrement joue à ce titre un rôle capital puisque c'est dans ce domaine de recouvrement (dont l'existence découle du théorème dit "d'extension de Kaplun") que l'un des développements prend le relai de l'autre, lorsque l'on parcourt le domaine de recouvrement dans un certain sens et vice-versa.

Les conditions de raccord expriment précisément cette prise de relai. Ainsi, les concepts de passage à la limite principal et local et le concept de raccord étant à la base conceptuelle même de la MDAR; on pourra à ce sujet consulter avec profit l'article de LAGERSTROM et CASTEN (1972).

En un certain sens, les conditions de raccord constituent l'unique trace laissée par l'un des développements dans l'autre. Cette trace est à la fois faible, car elle contribue seulement en partie à déterminer le second développement, et à la fois locale, car elle n'intervient qu'au titre de condition à la limite ou de condition de cohérence interne automatiquement satisfaite. On notera que le raccord ne fait intervenir que des comportements asymptotiques et surtout le comportement asymptotique du développement local; aussi, on comprendra que de nombreuses situations singulières peuvent échapper totalement à la MDAR du fait même du "mauvais" comportement du développement local*).

Dans ce qui suit pour simplifier l'écriture nous raisonnerons avec un développement principal et un seul développement local. Nous noterons $\mathcal{U}_0(\zeta;\alpha)$ notre solution, en supposant que la singularité vient se placer au voisinage de $\zeta = 0$. Raccorder deux approximations (une principale et une locale) de $\mathcal{U}_0$ c'est écrire qu'elles ont un domaine commun de validité, c'est-à-dire qu'il existe un domaine dans lequel leur différence tend vers zéro, lorsque $\alpha \to 0$, le point (ζ,α) restant dans ce domaine commun. L'existence même de ce domaine commun découle du théorème d'extension de Kaplun :

Si un développement asymptotique de $\mathcal{U}_0(\zeta;\alpha)$ est uniformément valable dans un domaine fermé $\overline{\mathcal{D}}\,([\eta_1(\alpha), \eta_2(\alpha)])$, alors il reste uniformément valable dans un domaine ouvert $\mathcal{D}\,(]\eta_1^*(\alpha), \eta_2^*(\alpha)[)$ contenant le domaine fermé $\overline{\mathcal{D}}$ **).

On notera que ce théorème d'extension n'indique pas les limites $\eta_1^*(\alpha)$ et $\eta_2^*(\alpha)$ d'extension où le développement reste uniformément valable !

---

*) L'exemple présenté à la fin de la Leçon II illustre bien une situation de ce genre.

**) Précisons que : $\overline{\mathcal{D}}([\eta_1(\alpha), \eta_2(\alpha)])$ est l'ensemble des valeurs de ζ telles que, $\eta_1 = O(\zeta)$ et $\zeta = O(\eta_2)$; $\eta_1(\alpha)$ et $\eta_2(\alpha)$ sont les bornes de $\overline{\mathcal{D}}$ et sont deux fonctions de jauges données. $\mathcal{D}(]\eta_1^*(\alpha), \eta_2^*(\alpha)[)$ est l'ensemble des valeurs de ζ telles que : $\eta_1^* = \sigma(\zeta)$ et $\zeta = \sigma(\eta_2^*)$.

1. Précisons maintenant quelque peu la notion de domaine de recouvrement et celle de condition de recouvrement qui en découle. Cette dernière joue en fait le rôle de règle de raccord, dans un sens très large, qui peut souvent, mais pas toujours, être remplacée par la règle de raccord restreinte de Van Dyke.

Soit donc $\mathcal{U}_0(\zeta;\alpha)$ notre solution définie au départ pour $0<\zeta\leq\zeta_0$ et $0<\alpha\leq\alpha_0$. Nous avons construit pour cette solution $\mathcal{U}_0(\zeta;\alpha)$ deux représentations asymptotiques :

1) l'une dite principale :

$$\mathcal{U}_0=\sum_{p=0}^{n}\bar{\delta}_p(\alpha)\,\bar{\mathcal{U}}_{0p}(\zeta)+O(\bar{\delta}_{n+1})\equiv\mathcal{P}_n\mathcal{U}_0+O(\bar{\delta}_{n+1}),\tag{III,26a}$$

valable pour $0<\zeta_1\leq\zeta\leq\zeta_0$,

et 2) l'autre dite locale, construite au voisinage de $\zeta=0$:

$$\mathcal{U}_0=\sum_{p=0}^{m}\hat{\delta}_p(\alpha)\,\hat{\mathcal{U}}_{0p}\left(\frac{\zeta}{\gamma(\alpha)}\right)+O(\hat{\delta}_{m+1})\equiv\mathcal{L}_m\mathcal{U}_0+O(\hat{\delta}_{m+1})\tag{III,26b}$$

valable pour $0\leq\zeta_2\leq\frac{\zeta}{\gamma(\alpha)}\equiv\zeta_\gamma\leq\zeta_3<+\infty$,

où $\lim_{\alpha\to0}\gamma(\alpha)=0$.

Soit alors $\mu(\alpha)$ une échelle, telle que $\lim_{\alpha\to0}\mu(\alpha)=0$; on dira que pour deux entiers p et q donnés, $\mathcal{P}_p\mathcal{U}_0$ et $\mathcal{L}_q\mathcal{U}_0$ se recouvrent à l'ordre $\mu(\alpha)$, dans le domaine de recouvrement :

$$\lambda_1(\alpha)\leq\zeta\leq\lambda_2(\alpha),\qquad\text{avec*)}\quad\gamma(\alpha)\prec\lambda_1(\alpha)\prec\lambda_2(\alpha)\prec1,$$

Si l'on a :

$$\mathcal{P}_p\mathcal{U}_0-\mathcal{L}_q\mathcal{U}_0=o(\mu).\tag{III,27}$$

---

*) $f\prec g$ (f inférieur en ordre à g) veut dire : $f=o(g)$;
$f\preccurlyeq g$ (f inférieur ou égal en ordre à g) veut dire : $f=O(g)$.

Ainsi,

$$\mathcal{U}_0 = \mathcal{P}_p \mathcal{U} + o(\mu)$$

et

$$\mathcal{U} = \mathcal{L}_q \mathcal{U}_0 + o(\mu) \ , \quad \lambda_1(\alpha) \leqslant \zeta \leqslant \lambda_2(\alpha),$$

sont des représentations asymptotiques de $\mathcal{U}$, à l'ordre μ, dans le domaine de recouvrement.

Soit maintenant l'échelle $\lambda(\alpha)$, telle que $\lim_{\alpha \to 0} \lambda(\alpha) = 0$; introduisons la variable intermédiaire associée :

(III,28) $$\zeta_\lambda = \frac{\zeta}{\lambda(\alpha)} \ , \quad \lambda_1 \leqslant \lambda \leqslant \lambda_2 \ ,$$

et la limite intermédiaire correspondante :

(III,29) $$\lim_{\substack{\alpha \to 0 \\ \text{à } \zeta_\lambda \text{ fixé}}} \mathcal{U}(\lambda(\alpha)\zeta_\lambda ; \alpha) \equiv \lim_\lambda \mathcal{U} .$$

Dans ce cas, nous pouvons écrire la condition de recouvrement suivante :

(III,30) $$\lim_\lambda \left\{ \frac{\mathcal{P}_p \mathcal{U} - \mathcal{L}_q \mathcal{U}_0}{\mu} \right\} = 0 \ , \quad \lambda_1 \leqslant \lambda \leqslant \lambda_2 .$$

Si l'on choisit a priori p, q, μ, λ_1 et λ_2 la relation (III,30) de recouvrement peut ne pas avoir lieu. Mais il existe au moins une combinaison (en fait, une infinité) pour laquelle elle sera satisfaite, lorsque la MDAR est effectivement applicable.

En particulier, lorsque l'on peut former :

$$\mathcal{L}_q \mathcal{P}_p \mathcal{U} \quad \text{et} \quad \mathcal{P}_p \mathcal{L}_q \mathcal{U}_0 ,$$

alors souvent, mais pas toujours, on peut remplacer (III,30) par la condition de raccord restreinte :

(III,31) $$\mathcal{L}_q \mathcal{P}_p \mathcal{U} \equiv \mathcal{P}_p \mathcal{L}_q \mathcal{U} ,$$

qui est la règle de raccord simplifiée de Van Dyke qui conduit à l'existence d'un développement, limité, composite du type de celui écrit en (III,20).

La condition (III,30) est la condition dite de raccord entre les développements principal (extérieur) et local (intérieur) dans le domaine de recouvrement commun de validité, qui est défini à partir de la classe de fonctions $\lambda(\alpha)$, satisfaisant à la condition $\lambda_1 \lessapprox \lambda \lessapprox \lambda_2$. Une dernière précision qui concerne le raccord : ce sont les développements qui se raccordent, à l'ordre considéré, et non les termes des développements entre eux. Lorsque cet ordre augmente, alors le domaine de recouvrement a tendance à rétrécir. Sur la figure ci-dessous nous avons représenté schématiquement, dans le plan (ζ, α), les divers domaines:

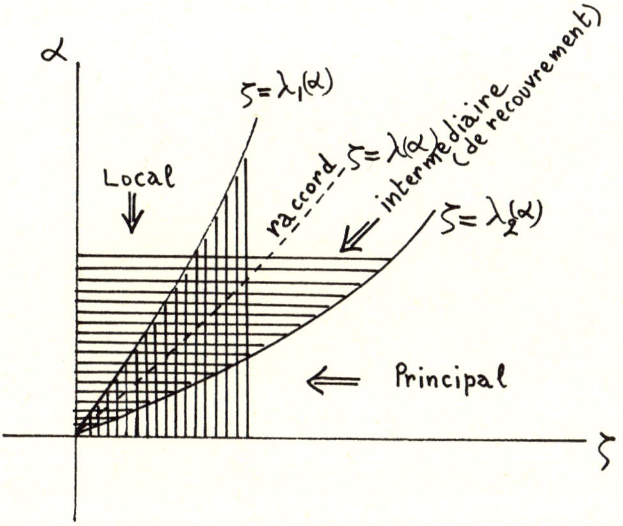

2. Considérons maintenant un exemple très simple pour illustrer l'application de la condition de raccord (III,30).

Il s'agit du problème suivant :

(III,32) $$\varepsilon y'' + y' - a = 0 \quad , \ y(0) = 0 \ , \ y(1) = 1 ,$$

avec $\varepsilon \to 0$.

Le développement principal est

(III,33) $$y = \sum_{n \geq 0} \varepsilon^n \bar{y}_n(x)$$

et on a

$$\frac{d\bar{y}_0}{dx} - a = 0 \, , \quad \frac{d\bar{y}_1}{dx} = -\frac{d^2 y_0}{dx^2} \, , \ldots \, .$$

Donc on en déduit :

(III,34) $$\bar{y}_0(x) = \alpha_0 + a x \, , \quad \bar{y}_1(x) = \alpha_1 \, , \cdots \, ,$$

où α_0 et α_1 sont des constantes arbitraires à déterminer. Pour les déterminer on pourrait songer à faire appel aux conditions en $x = 0$ et $x = 1$. Mais, comme, à chaque niveau, on ne dispose que d'un seul arbitraire on ne peut utiliser ces deux conditions à la fois, ce qui est le signe d'une inadéquation du développement principal pour tout l'intervalle $[0,1]$. Cherchons donc un développement local au voisinage d'un point $x_0 \in [0,1]$, en posant :

(III,35) $$x = x_0 + \varepsilon \hat{x} \, , \quad y(x;\varepsilon) \equiv \hat{y}(\hat{x};\varepsilon),$$

et

(III,36) $$\hat{y} = \sum_{n \geq 0} \varepsilon^n \hat{y}_n(\hat{x}) \, .$$

On trouve

$$\frac{d^2\hat{y}_0}{d\hat{x}^2} + \frac{d\hat{y}_0}{d\hat{x}} = 0 \, , \quad \frac{d^2\hat{y}_1}{d\hat{x}^2} + \frac{d\hat{y}_1}{d\hat{x}} = a \, , \ldots \, ,$$

d'où l'on déduit

(III,37) $$\hat{y}_0(\hat{x}) = k_0 + l_0 e^{-\hat{x}} \, , \quad \hat{y}_1(\hat{x}) = a\hat{x} + k_1 + l_1 e^{-\hat{x}} , \ldots \, ,$$

et, cette fois, à chaque niveau, on a deux constantes à déterminer. Maintenant il nous faut faire usage de (III,30).

Choisissons $p = q = 0$, il vient :

(III,38) $$\lim_{\substack{\varepsilon \to 0 \\ x_\lambda \equiv \frac{x}{\lambda(\varepsilon)} \text{ fixé}}} \left\{ \frac{\alpha_0 + \lambda a x_\lambda - k_0 - l_0 e^{-\frac{\lambda}{\varepsilon} x_\lambda}}{\mu} \right\} = 0 \, ,$$

ce qui définit globalement l'ensemble des conditions de raccord à vérifier pour les développements à un terme chacun. Ici trois cas peuvent se présenter :

I) $x_0 = 0$, II) $x_0 = 1$, III) $0 < x_0 < 1$,

et dans le troisième on a une couche limite libre. Dans les deux derniers cas il faut prévoir un raccord avec $x_\lambda < 0$ et on voit tout de suite que cela exige $\ell_0 \equiv 0$ $(\varepsilon < \lambda(\varepsilon) < 1)$. Voyons donc le premier cas; pour assurer le raccord avec le meilleur μ possible, c'est-à-dire tel que : $\lambda < \mu < 1$, on voit qu'il suffit de prendre : $\alpha_0 \equiv k_0$. Dans ce cas la couche limite se place au voisinage de $x = 0$ et on peut utiliser le développement local pour traduire la condition en $x = 0$; cela donne

$$\hat{y}_0(0) = 0 \Rightarrow k_0 + \ell_0 = 0 .$$

Par ailleurs en appliquant au développement principal la condition en $x = 1$, on a :

$$\bar{y}_0(1) = 1 \Rightarrow a + \alpha_0 = 1 .$$

Ainsi :

$$\bar{y}_0(x) = ax + 1 - a \quad , \hat{y}_0(\hat{x}) = (1-a)\left[1 - e^{-\hat{x}}\right],$$

et le premier terme de chacun des développements se trouve alors parfaitement déterminé.

Revenons aux options II) et III), concernant la localisation de la couche singulière (couche limite) associée au développement local. Comme nous l'avons vu, ces deux options conduisent à imposer $\ell_0 \equiv 0$. Supposons qu'il s'agisse d'une couche libre placée entre $x = 0$ et $x = 1$; alors on doit envisager deux développements principaux de part et d'autre de $0 < x_0 < 1$, avec deux constantes α_0^+ et α_0^- respectivement à droite et à gauche de x_0. Il faut appliquer (III,38), avec $x_\lambda < 0$ et $\ell_0 \equiv 0$, ce qui donne $\alpha_0^- = k_0$, puis avec $x_\lambda > 0$, ce qui donne $\alpha_0^+ = k_0$. Donc les deux développements principaux sont identiques et la couche libre est sans objet. La même conclusion subsiste aux ordres supérieurs. Il nous reste à envisager l'option II). Dans ce cas on doit appliquer la condition en $x = 1$ au développement local correspondant à la couche limite au voisinage de $x_0 = 1$; cela donne, compte tenu de $\ell_0 \equiv 0$, $k_0 = 1$. Ensuite, le raccord avec le développement principal donne $\alpha_0 + a = k_0$ ce qui revient à appliquer la condition en $x = 1$ directement au développement principal ! Ainsi, il n'y a lieu de considérer, uniquement: un développement principal pour $0 < x \leq 1$ et un développement local au voisinage de $x = 0$.

On pourrait croire que les conditions de raccord sont toutes utilisées pour lever les indéterminations présentées par les divers développements. Il n'en est rien comme on peut le voir en considérant le cas $p=0$ et $q=1$, on a alors, par application de (III,30),

$$\text{(III,39)} \quad \lim_{\substack{\varepsilon\to 0 \\ x_\lambda \text{ fixé}}} \left\{ \frac{1}{\mu}\left[\alpha_0 + \lambda a x_\lambda - k_0 - \ell_0 e^{-\frac{\lambda}{\varepsilon}x_\lambda} - a\lambda x_\lambda - \varepsilon k_1 - \varepsilon \ell_1 e^{-\frac{\lambda}{\varepsilon}x_\lambda}\right]\right\} = 0 .$$

On constate que les deux termes en $a\lambda x_\lambda$ se détruisent de sorte que si l'on fait en outre $\alpha_0 = k_0$ et $k_1 \equiv 0$, le raccord a lieu à tout ordre μ de la forme ε^n.

Il s'avère que cette règle est générale. Dans l'application de (III,30) il y a des termes dont la disparition automatique permet d'assurer la validité de la condition de raccord avec des jauges $\mu(\varepsilon)$ qui sont meilleures que celles que l'on aurait pu obtenir si cette disparition n'avait pas lieu. On remarque aussi que celles des conditions de raccord qui servent à préciser les développements apparaissent comme provenant de l'annulation, dans le numérateur de (III,38), des termes qui permettent de réaliser de meilleures jauges μ. Ainsi, on aurait très bien pu vérifier (III,38) en prenant $\mu > 1$, sans imposer la condition $\alpha_0 = k_0$, qui permet de réaliser le meilleur choix possible de μ. Dans la mesure ou $\bar{y}_0$ et $\hat{y}_0$ sont a priori des approximations à l'ordre $O(1)$, on peut admettre que ces approximations se détériorent dans la zone de recouvrement ce qui correspondrait à $\mu > 1$. Supposons un moment qu'il en soit ainsi, la condition (III,38) vaut encore pour $p=q=1$, puisque la condition en $x=1$, implique d'après (III,34) que $\alpha_1 \equiv 0$. Cette fois on serait fondé à croire que les développements principal et local sont valables à mieux que $O(\varepsilon)$ et le raccord ne serait valable encore qu'à l'ordre μ, avec $\mu > 1$. La situation ne s'améliorerait pas en poussant plus loin les développements. Telle est la raison pour laquelle, dans l'application de la condition globale de raccord (III,30), on doit réaliser le meilleur choix possible de μ à chaque niveau d'application (pour chaque choix de p et q). On notera que certaines conditions de raccord peuvent imposer des jauges dont la présence serait insoupçonnée si l'on restait au seul niveau des équations. On en sera, en général, averti étant donné que lors de l'application de (III,30) il sera impossible d'améliorer μ en augmentant p et q ! Dans ce cas, pour améliorer μ il faut ajouter une jauge, dans l'un des développements raccordés, qui permette de faire disparaître le ou les termes qui bloquent le processus d'amélioration de μ

quand on accroît p et q .

Terminons ce § 15 en précisant qu'il existe une règle de raccord "hybride" proposée par SHIVAMOGGI (1978) qui s'avère efficace dans de nombreuses applications à la mécanique des fluides. Nous allons raisonner sur une solution $f(x;\varepsilon)$ d'une équation différentielle ordinaire, avec un petit paramètre $\varepsilon \ll 1$, qui vient se placer devant la dérivée de plus haut degré. Supposons que au voisinage de $x=0$ il existe une singularité de telle façon que l'on doit introduire une variable locale $\hat{x} = x/\varepsilon$. Nous avons ainsi un développement extérieur :

$$f(x;\varepsilon) = \bar{f}_0(x) + \varepsilon f_1(x) + O(\varepsilon^2),$$

et un développement intérieur :

$$f(\varepsilon\hat{x};\varepsilon) \equiv \hat{f}(\hat{x};\varepsilon) = \hat{f}_0(\hat{x}) + \varepsilon \hat{f}_1(\hat{x}) + O(\varepsilon^2).$$

Il est clair que si la MDAR est applicable alors les grandeurs $\hat{f}_0(\infty)$ et $\hat{f}_1(\infty)$ existent. Maintenant, pour faire le raccord on doit supposer que le développement extérieur de f est valable au voisinage de $x=0$, de telle façon que :

$$f(x,\varepsilon) = \bar{f}_0(0) + x\,\bar{f}_0'(0) + \varepsilon \bar{f}_1(0) + O(\varepsilon^2) + O(x^2) + O(\varepsilon x).$$

Dans ce cas la règle de raccord s'exprime par l'égalité suivante (on tire profit du fait que $x \equiv \varepsilon\hat{x}$) :

$$\bar{f}_0(0) + \varepsilon\left[\hat{x}\,\bar{f}_0'(0) + \bar{f}_1(0)\right] + O(\varepsilon^2) \equiv \hat{f}_0(\infty) + \varepsilon \hat{f}_1(\infty) + O(\varepsilon^2). \qquad \text{(III,40)}$$

On pourra aisément se convaincre que si l'on applique cette règle de raccord (III,40) à l'exemple type (III,32), alors on retrouve automatiquement les bonnes conditions de raccord : $\alpha_0 = k_0$ et $\alpha_1 = k_1$.

De même en appliquant cette même règle de raccord au problème type (III,21) on trouve, en tirant profit de (III,22) et (III,23),

$$\beta e\left(1-\varepsilon\hat{x}\right)+\varepsilon\beta e = \alpha-b_0 + \varepsilon\left[-b_1-(\alpha-b_0)\hat{x}\right],$$

ou encore

$$\beta e = \alpha - b_0 \quad , \quad -b_1 = \beta e \, ,$$

c'est-à-dire que l'on retrouve automatiquement (III,24).

16. Sur l'application de la MEM

En complément de ce qui a déjà été dit au § 13 nous allons tout d'abord considérer deux exemples .

1. Considérons tout d'abord le système*)

(III,41)
$$\begin{cases} \dfrac{dX(t)}{dt} = \alpha F(X, t, \alpha t; \alpha), \\ X(0) = X^0. \end{cases}$$

Il nous faut manifestement introduire le temps lent : $\tau = \alpha t$ et considérer t et τ comme deux variables indépendantes. Dans ce cas, nous sommes conduit à rechercher une solution $X^*(t, \tau; \alpha)$ de l'équation aux dérivées partielles :

(III,42)
$$\begin{cases} \alpha \dfrac{\partial X^*}{\partial \tau} + \dfrac{\partial X^*}{\partial t} = \alpha F^*(X^*, t, \tau; \alpha), \\ X^*(0,0;\alpha) = X^0. \end{cases}$$

Admettant qu'on peut représenter $F^*(X^*, t, \tau; \alpha)$, pour α voisin de zéro, par le développement asymptotique :

(III,43)
$$F^*(X^*, t, \tau; \alpha) = F_0^*(X^*, t, \tau) + \alpha F_1^*(X^*, t, \tau) + \cdots,$$

---

*) Exemple tiré du livre de ROSEAU (1976; page 54).

on cherche une solution de(III,42) sous la forme d'un développement asymptotique (régulier !):

(III,44) $$X^*(t,\tau;\alpha) = X_0^*(t,\tau) + \alpha X_1^*(t,\tau) + \alpha^2 X_2^*(t,\tau) + \cdots .$$

Par substitution dans (III,42) on trouve, à l'ordre α^0 :

(III,45) $$\frac{\partial X_0^*}{\partial t} = 0 \quad \Rightarrow \quad X_0^* \equiv X_0^*(\tau),$$

puis, à l'ordre α^1 ,

$$\frac{dX_0^*}{d\tau} + \frac{\partial X_1^*}{\partial t} = F_0^*(X_0^*(\tau), t, \tau),$$

d'où :

(III,46) $$X_1^*(t,\tau) = \int_0^t F_0^*(X_0^*(\tau), t_1, \tau)\, dt_1 - t\frac{dX_0^*}{d\tau} + Y_1(\tau).$$

Admettant que les développements asymptotiques qui précèdent sont valables pour $\tau \in [0,T]$ et $t \in [0, T/\alpha]$, l'on voit par (III,46) que le terme $\alpha X_1^*(t,\tau)$ du développement (III,44) ne peut tendre vers zéro <u>uniformément</u> par rapport à $(\tau, t) \in [0,T] \times [0, T/\alpha]$, lorsque $\alpha \to 0$ (condition nécessaire pour légitimer le développement (III,44)), que si :

(III,47) $$\frac{dX_0^*}{d\tau} = \lim_{t \to \infty} \frac{1}{t} \int_0^t F_0^*(X_0^*(\tau), t_1, \tau)\, dt_1 .$$

Ainsi, il convient d'identifier le premier terme du développement uniformément valable (III,44), $X_0^*(\tau)$, à une solution $\xi(\tau)$ du système "<u>homogénéisé</u>" (ou encore "<u>moyenné</u>") :

(III,48) $$\begin{cases} \dfrac{d\xi(\tau)}{d\tau} = G(\xi,\tau); \\ \xi(0) = X^0, \end{cases}$$

avec

(III,49) $$G(\xi,\tau) \equiv \lim_{t\to\infty} \frac{1}{t}\int_0^t F_0^*(\xi(\tau),t_1,\tau)\,dt_1 .$$

On dit aussi que le second membre de l'équation (III,48) est un "terme de mémoire" qui est la "trace" du second membre de l'équation du problème (III,41), lorsque $\alpha \to 0$. Mais pour achever la détermination de $X_1^*(t,\tau)$ nous devons calculer $Y_1(\tau)$. Dans ce but il nous faut écrire l'équation qui définit le terme d'ordre α^2 dans (III,44), soit

(III,50) $$\frac{\partial X_2^*}{\partial t} + \frac{\partial X_1^*}{\partial \tau} = \frac{\partial F_0^*}{\partial X^*}(X_0^*(\tau),t,\tau)X_1^* + F_1^*(X_0^*(\tau),t,\tau),$$

en supposant que F_0^* soit pourvue de dérivée partielle première continue.

Introduisons la fonction

(III,51) $$R_1(X^*,t,\tau) \equiv \int_0^t \left[F_0^*(X^*,t_1,\tau) - G(X^*,\tau)\right] dt_1 .$$

Nous pouvons alors écrire, pour $X_1^*(t,\tau)$,

(III,52) $$X_1^*(t,\tau) = R_1(X_0^*(\tau),t,\tau) + Y_1(\tau),$$

et de ce fait de (III,50) l'on déduit

(III,53) $$\begin{aligned} X_2^*(t,\tau) = \int_0^t \Big\{ & \frac{\partial F_0^*}{\partial X^*}(X_0^*(\tau),t_1,\tau)Y_1(\tau) \\ & - \frac{dY_1}{d\tau} + \frac{\partial F_0^*}{\partial X^*}(X_0^*(\tau),t_1,\tau)R_1(X_0^*(\tau),t_1,\tau) \\ & - \frac{\partial R_1}{\partial \tau}(X_0^*(\tau),t_1,\tau) + F_1^*(X_0^*(\tau),t_1,\tau)\Big\}\,dt_1 \\ & + Y_2(\tau), \end{aligned}$$

où $Y_2(\tau)$ est une fonction inconnue. On admet implicitement l'existence et la régularité des dérivées partielles de F_0^* et de R_1.

Puisque $X^*(t,\tau;\alpha) \sim X_0^*(\tau) + \alpha X_1^*(t,\tau) + \alpha^2 X_2^*(t,\tau)$, il est nécessaire que $\alpha^2 X_2^*(t,\tau) \to 0$, avec $\alpha \to 0$, uniformément par rapport à $(t,\tau) \in [0,T/\alpha] \times [0,T]$, car $\alpha^2 X_2^*$ est dans le développement (III,44) une correction de αX_1^*. Ceci entraîne que $Y_1(\tau)$ doit satisfaire à :

(III,54)
$$\frac{dY_1(\tau)}{d\tau} = \left\{ \lim_{t\to\infty} \frac{1}{t} \int_0^t \frac{\partial F_0^*}{\partial X^*}\left(X_0^*(\tau), t_1, \tau\right) dt_1 \right\} Y_1(\tau) + H_1(\tau),$$

avec

(III,55)
$$H_1(\tau) = \lim_{t\to\infty} \frac{1}{t} \int_0^t \left\{ \frac{\partial F_0^*}{\partial X^*}\left(X_0^*(\tau), t_1, \tau\right) R_1\left(X_0^*(\tau), t_1, \tau\right) - \frac{\partial R_1}{\partial \tau}\left(X_0^*(\tau), t_1, \tau\right) + F_1^*\left(X_0^*(\tau), t_1, \tau\right) \right\} dt_1,$$

sous l'hypothèse que toutes ces limites existent. A l'équation (III,54), pour $Y_1(\tau)$, il faut associer la condition :

(III,56)
$$Y_1(0) = 0,$$

qui résulte de la condition initiale de départ écrite en (III,42).

En définitive, le problème (III,54), (III,56) permet d'atteindre $Y_1(\tau)$ et par suite d'expliciter complètement $X_1^*(t,\tau)$. On observera que dans le cas où la fonction F, au niveau de l'équation du problème (III,41), est périodique en t, ou presque périodique en t, toutes les limites introduites ci-dessus existent.

Avant de considérer le second exemple, faisons remarquer que l'élimination des termes séculaires conduit ici à introduire des moyennes; cela conduit à une comparaison instructive entre la MEM et la méthode des "moyennes" de BOGOLIUBOV (on pourra à ce sujet consulter le livre de MITROPOLSKI (1966)).

2. Le second exemple est tiré des Conférences de GERMAIN (1977; déjà cité à la leçon II).

Soit la fonction $u(x,t)$, nous considérons pour u un phénomène gouverné par une équation de la forme :

$$\frac{\partial^2 u}{\partial t^2} - \frac{\partial^2 u}{\partial x^2} + \varepsilon \mathcal{H}\left(\frac{\partial u}{\partial t}, \frac{\partial u}{\partial x}\right) = 0 \ ; \ \varepsilon \ll 1 . \tag{III,57}$$

Le problème est de trouver $u(x,t)$ dans le domaine $-\infty < x < +\infty$, $t \geq 0$, connaissant les conditions initiales :

$$u(x,0) = \varphi_0(x) \ , \ \left.\frac{\partial u}{\partial t}\right|_{t=0} = \varphi_1(x). \tag{III,58}$$

Le problème non perturbé, correspondant à $\varepsilon \equiv 0$, est celui de la propagation des ondes acoustiques planes, dans le plan (t,x). Comme $\varepsilon \ll 1$, les termes non linéaires $\varepsilon\mathcal{H}$ peuvent être supposés petits en chaque point. Néanmoins, on doit s'attendre, pour les temps assez grands, à un effet cumulatif de ces petites perturbations qui vont se propager avec l'onde et qui par suite peuvent affecter son mouvement. Le problème, lorsque $\varepsilon \to 0$, est donc un problème de perturbation singulière de type cumulatif et il faut le traiter avec la MEM. En toute généralité, pour effectuer une analyse complète, il faut introduire un <u>temps lent</u> τ et aussi une <u>distorsion</u> du temps rapide t, en posant :

$$\tau = \varepsilon t \quad \text{et} \quad \frac{dt^*}{dt} = 1 + \omega_2(\tau)\varepsilon^2 + \cdots ; \tag{III,59}$$

c'est là, en fait, l'idée de base de la <u>méthode dite "de Poincaré"</u>, qui est discutée dans son volume II (publié en 1892) de son traité de Mécanique Céleste (voir POINCARE (1957)). Les fonctions $\omega_2(\tau)$, ... doivent permettre l'élimination des termes séculaires.

Comme il est nécessaire de procéder au développement de Taylor de la fonction $\mathcal{H}$, cette dernière doit être analytique par rapport à ses arguments.

Nous cherchons $u(t,x;\varepsilon)$ sous la forme :

(III,60) $$u = u_0(x,t,\tau) + \varepsilon u_1(x,t,\tau) + \cdots,$$

et nous nous limitons au cas où u et ses dérivées premières, restent partout et toujours bornées; ceci impose naturellement à la fonction $\mathcal{H}$ et aux conditions initiales φ_0 et φ_1 certaines conditions restrictives.

Nous obtenons ainsi, la hiérarchie d'équations suivante :

(III,61a) $$\frac{\partial^2 u_0}{\partial t^2} - \frac{\partial^2 u_0}{\partial x^2} = 0;$$

(III,61b) $$\frac{\partial^2 u_1}{\partial t^2} - \frac{\partial^2 u_1}{\partial x^2} = -2\frac{\partial^2 u_0}{\partial t\,\partial \tau} - \mathcal{H}\left(\frac{\partial u_0}{\partial t}, \frac{\partial u_0}{\partial x}\right);$$

\- - - - - - - - - - - - - - - .

La solution pour $u_0(x,t,\tau)$ est :

(III,62) $$u_0(x,t,\tau) = f_0(\sigma,\tau) + g_0(\gamma,\tau),$$

où

$$\sigma = x - t \quad , \quad \gamma = x + t,$$

les fonctions f_0 et g_0 étant des fonctions arbitraires pour le moment.
Soit, maintenant,

$$\mathcal{H}_0^*(\sigma,\gamma,\tau) \equiv \mathcal{H}\left(\frac{\partial g_0}{\partial \gamma} - \frac{\partial f_0}{\partial \sigma}, \frac{\partial g_0}{\partial \gamma} + \frac{\partial f_0}{\partial \sigma}\right);$$

cette fonction $\mathcal{H}_0^*$ est déterminée dès que l'on connait u_0. L'équation pour $u_1(x,t,\tau)$ prend donc la forme :

$$-4\frac{\partial^2 u_1}{\partial \sigma\,\partial \gamma} = 2\frac{\partial^2 f_0}{\partial \sigma\,\partial \tau} - 2\frac{\partial^2 g_0}{\partial \gamma\,\partial \tau} - \mathcal{H}_0^*(\sigma,\gamma,\tau)$$

et en intégrant il vient :

(III,63a) $$-4\frac{\partial u_1}{\partial\sigma} = -2\frac{\partial g_0}{\partial\tau} + 2\gamma\frac{\partial^2 f_0}{\partial\sigma\,\partial\tau} - \int^{\gamma}\mathcal{H}_0^*(\sigma,s,\tau)\,ds\,;$$

(III,63b) $$-4\frac{\partial u_1}{\partial\gamma} = 2\frac{\partial f_0}{\partial\tau} - 2\sigma\frac{\partial^2 g_0}{\partial\gamma\,\partial\tau} - \int^{\sigma}\mathcal{H}_0^*(s,\gamma,\tau)\,ds\,.$$

Pour assurer l'<u>uniformité</u> de l'approximation (III,60) et éviter que u_1 et ses dérivées premières ne deviennent infinies pour les grandes valeurs de t, il faut que :

$$2\frac{\partial^2 f_0}{\partial\sigma\,\partial\tau} - \frac{1}{\gamma}\int^{\gamma}\mathcal{H}_0^*(\sigma,s,\tau)\,ds$$

reste borné, lorsque $\gamma\to\infty$, et de même :

$$2\frac{\partial^2 g_0}{\partial\gamma\,\partial\tau} + \frac{1}{\sigma}\int^{\sigma}\mathcal{H}_0(s,\gamma,\tau)\,ds$$

reste borné, lorsque $\sigma\to\infty$.

Ceci conduit à choisir les fonctions f_0 et g_0 de manière à ce qu'elles vérifient les équations aux dérivées partielles suivantes :

(III,64) $$\left\{\begin{aligned} 2\frac{\partial^2 f_0}{\partial\sigma\,\partial\tau} &= \lim_{\gamma\to\infty}\frac{1}{\gamma}\int^{\gamma}\mathcal{H}\left(\frac{\partial g_0}{\partial s}-\frac{\partial f_0}{\partial\sigma},\frac{\partial g_0}{\partial s}+\frac{\partial f_0}{\partial\sigma}\right)ds\,;\\ 2\frac{\partial^2 g_0}{\partial\gamma\,\partial\tau} &= -\lim_{\sigma\to\infty}\frac{1}{\sigma}\int^{\sigma}\mathcal{H}\left(\frac{\partial g_0}{\partial\gamma}-\frac{\partial f_0}{\partial s},\frac{\partial g_0}{\partial\gamma}+\frac{\partial f_0}{\partial s}\right)ds\,.\end{aligned}\right.$$

Ces équations (III,64), compte tenu des conditions initiales :

$$f_0(x,0)+g_0(x,0)=\varphi_0(x)\,;$$

$$-\frac{\partial f_0}{\partial \sigma}(x,0)+\frac{\partial g_0}{\partial \gamma}(x,0)=\varphi_1(x),$$

qui découlent de (III,58) et de (III,62) et (III,63), doivent permettre la détermination des fonctions $f_0(\sigma,\tau)$ et $g_0(\gamma,\tau)$. En règle générale, ces deux équations (III,64) sont couplées. On notera, une fois de plus, que les seconds membres, dans (III,64), sont des opérateurs de moyenne portant sur les valeurs de la contribution des termes non linéaires, dans l'équation de départ, évaluées pour la solution linéaire; cette moyenne étant prise le long d'une ligne caractéristique $\sigma = \text{Const}$ ou $\gamma = \text{Const}$. Terminons ce second exemple en précisant qu'une application intéressante est liée aux écoulements potentiels instationnaires à faible nombre de Mach, $M_\infty \ll 1$ (on peut alors tirer profit de l'équation de Steichen (II,16)), qui conduisent à formuler au voisinage de $t = 0$ un problème dit d'adaptation et d'élucider le comportement de sa solution pour les grands temps d'adaptation; il faut alors en toute rigueur considérer l'équation (II,22).

3. Revenons maintenant à la description en double échelle caractérisée d'une manière générale par les relations (II,25) - (II,28) du § 13. Mais avant cela disons que parmi les phénomènes de propagation auxquels on s'accorde a reconnaître un caractère ondulatoire, on peut distinguer deux grandes classes, qui ne sont d'ailleurs pas exclusives l'une de l'autre. La première comprend des modes de propagation mettant en jeu des profils d'ondes qui peuvent être assez généraux, mais qui s'organisent au voisinage d'une hypersurface, ou sur la base d'une famille d'hypersurfaces de l'espace-temps, à 4 dimensions, bien déterminées. Ces modes de propagation sont caractéristiques des milieux régis par des équations de type <u>hyperbolique</u>; ce sont, par exemple, les ondes acoustiques, les ondes d'accélération, les phénomènes de choc. A la deuxième classe appartiennent des modes de propagation pour lesquels les profils d'ondes sont, au moins <u>localement</u>, bien déterminés, mais dont les hypersurfaces d'ondes et en particulier les vitesses de propagation, ont une définition beaucoup plus générale que pour la classe précédente. Alors que les ondes de la première classe sont souvent confinées dans une étroite région de l'espace-temps, à la limite sur une hypersurface, celles de deuxième classe intéressent en général de grandes régions de l'espace-temps. Ces seconds modes de propagation sont caractéristiques des milieux dispersifs; phénomènes de propagation d'ondes de gravité à la surface des liquides, par exemple. Dans chacune des deux classes se trouvent des types d'ondes particuliers correspondant à des solutions exactes connues. Tel est le cas, pour la première classe, des ondes simples solutions d'un système d'équations quasilinéaires de type hyperbolique. A la deuxième classe appartiennent les solutions d'ondes planes périodiques pour une équation, possédant le caractère dispersif. L'intérêt majeur de ces solutions particulières réside dans le fait qu'elles permettent de décrire des solutions plus générales dont la forme exacte n'est pas connue, en dehors du cas linéaire, mais qui peuvent être considérées, d'une certain point de vue asymptôtique, comme représentées localement par une solution exacte du type envisagé. Le caractère asymptotique de cette description apparaît de la manière suivante : si ℓ_0 représente l'échelle d'espace-temps caractéristique des dimensions dans lesquelles cette représentation locale peut-être considérée comme acceptable, les paramètres qui définissent ces solutions locales exactes varient lentement, c'est à dire sur une échelle d'espace-temps L_0 grande par rapport à ℓ_0. Dans ce cas l'outil mathématique, au sens du Mathématicien Appliqué, le mieux adapté à la description asymptôtique de telles solutions est la MEM. D'une façon générale les développements utilisés pour la représentation asymptotique de la solution $\mathcal{U}$ cherchée se présentent sous la forme suivante :

(III,65) $$\mathcal{U} = \mathcal{U}_0(\theta, \xi_\alpha) + \varepsilon\, \mathcal{U}_1(\theta, \xi_\alpha) + \cdots,$$

où le paramètre $\varepsilon = \ell_0 / L_0 \ll 1$. Les variables d'espace - temps $\xi_\alpha \quad (\alpha = 0, 1, 2, 3;\ \xi_0 \equiv t)$ traduisent l'évolution lente, c'est-à-dire à l'échelle L_0, des solutions locales, tandis que la variable θ, supposée de la forme

(III,66) $$\theta = \frac{1}{\varepsilon} \mathcal{S}(\xi_\alpha),$$

est une variable rapide dont les variations, à l'échelle ℓ_0, correspondent à la structure de l'onde locale. Du point de vue technique de la mise en oeuvre, le trait essentiel de la MEM est qu'en raison du nombre surabondant des variables indépendantes, il subsiste à chaque ordre d'approximation un certain arbitraire sur un terme du développement. Cet arbitraire est ensuite levé par l'écriture de conditions de résolubilité qui apparaissent aux ordres suivants. Dans les cas les plus simples, la structure des solutions approchées met en jeu une famille de rayons auxquels sont associées et couplées, dans le cas non-linéaire, un certain nombre d'équations de transport, différentielles ou aux dérivées partielles, faisant intervenir la dérivation le long de ces rayons, et traduisant parfois la conservation de certaines caractéristiques des ondes locales. C'est en ce sens qu'on peut dire que ces méthodes approchées généralisent la théorie de l'optique géométrique linéaire*).

Dans le cas où les équations du phénomène sont non-linéaires, la méthode est grandement simplifiée si le premier terme $\mathcal{U}_0$, supposé indépendant de θ , est une solution connue des équations. La solution modulée se présente alors comme une perturbation de faible amplitude de la solution $\mathcal{U}_0$.

Montrons maintenant, sur le simple exemple d'un système linéaire, comment la recherche de solution sous la forme (III,65) peut conduire à des résultats de natures totalement différentes : selon les hypothèses faites relativement aux échelles d'espace-temps, la solution obtenue peut appartenir soit à la classe des ondes de type hyperbolique, soit à la classe des ondes dispersives.

Considérons donc le système linéaire suivant

$$A_\alpha \frac{\partial \mathcal{U}}{\partial x_\alpha} + B\mathcal{U} = 0, \tag{III,67}$$

où les $x_\alpha \; (\alpha = 0,1,2,3)$ désignent des variables d'espace-temps sans dimension, avec la convention de sommation sur les indices répétés ($x_0 \equiv t$, $x_i \; (i = 1,2,3)$ pour l'espace physique). L'inconnue $\mathcal{U}$ est une fonction des x_α à valeurs vectorielles de dimension n ; A_j et B sont des matrices ($n \times n$). On suppose que A_0 est égale à la matrice unité I . Les matrices A_i et B peuvent dépendre des variables d'espace-temps, mais on suppose alors que l'échelle caractéristique de leurs variations est égale à L_0 . Par ailleurs, les équations de propagation (III,67), non-homogènes par rapport aux dérivées de $\mathcal{U}$ font apparaître une échelle h_0 caractéristique du phénomène observé. Ainsi, en fonction de variables d'espace-temps dimensionnées x_α^* , il convient d'écrire le système (III,67) sous la forme :

$$h_0\left(\frac{\partial \mathcal{U}}{\partial t^*} + A_i\left(\frac{x_\alpha^*}{L_0}\right)\frac{\partial \mathcal{U}}{\partial x_i^*}\right) + B\left(\frac{x_\alpha^*}{L_0}\right)\mathcal{U} = 0. \tag{III,68}$$

Il est clair que les solutions cherchées sous la forme (III,65) seront de nature différentes selon que l'échelle h_0 du phénomène est comparable à

---

*) On pourra consulter à ce sujet, en première lecture, le chapitre VIII du livre de LANDAU et LIFSHITZ (1959); on dit aussi "acoustique géométrique". L'exposé qui suit est fortement inspiré de l'Introduction de la Thèse de GATIGNOL (1978).

l'échelle L_0 ou à l'échelle courte ℓ_0. Dans le premier cas, lorsque $h_0 \sim L_0$, les variables lentes ξ_α s'identifient aux variables de départ x_α; elles traduisent, à l'échelle d'observation, les variations d'une solution qui possède par ailleurs une structure fine décrite par la variation de θ à l'échelle ℓ_0. On donne alors à la MEM le nom de méthode des ondes courtes, et, avec GERMAIN (1971), nous appellerons "ondes progressives" les solutions ainsi obtenues.

Lorsque ce sont les échelles h_0 et ℓ_0 qui sont comparables les variables de départ x_α, par l'intermédiaire de θ, représentent à l'échelle d'observation la structure locale de la solution, tandis que les variables ξ_α, qui leur sont liées par $\xi_\alpha = \varepsilon x_\alpha$, traduisent les variations lentes de cette solution. Nous donnerons aux solutions ainsi construites le nom de "train d'ondes modulées".

*. La recherche des ondes progressives se fera donc sous la forme (III,65), (III,66), à partir du système (III,67) et avec $\xi_\alpha \equiv x_\alpha$. Nous renvoyons à l'article de synthèse de GERMAIN (1971) pour le détail de cette étude et nous nous limitons ici à la détermination du premier terme $\mathcal{U}_0$. L'identification par rapport au paramètre ε, après substitution, conduit à une infinité d'équations dont les deux premières s'écrivent :

(III,69a) $$A_j \frac{\partial \mathcal{S}}{\partial \xi_j} \frac{\partial \mathcal{U}_0}{\partial \theta} = 0,$$

(III,69b) $$A_j \frac{\partial \mathcal{S}}{\partial \xi_j} \frac{\partial \mathcal{U}_1}{\partial \theta} + A_j \frac{\partial \mathcal{U}_0}{\partial \xi_j} + B\,\mathcal{U}_0 = 0.$$

Le premier terme $\mathcal{U}_0$ étant supposé dépendre effectivement de θ, l'équation homogène (III,69a) implique que la fonction $\mathcal{S}$ satisfait à l'équation

(III,70) $$\det\left(A_j \frac{\partial \mathcal{S}}{\partial \xi_j}\right) = 0,$$

équation caractéristique associée au système (III,67)*). La détermination des solutions d'ondes progressives est ainsi liée au caractère hyperbolique de ce système (III,67). Plus généralement, il est nécessaire que l'équation (III,70) admette au moins une famille de solutions réelles $\mathcal{S}(\xi_\alpha) = \text{Const}$, qui représentera la famille des hypersurfaces d'ondes. On suppose maintenant que la matrice $A_j\,\partial\mathcal{S}/\partial\xi_j$ n'admet qu'une seule direction propre à droite et à gauche (la famille des hypersurfaces correspond

---

*) Nous reviendrons sur ces notions à la Leçon V consacrée au modèle d'Euler pour les fluides parfaits.

à une nappe simple du cône des normales). Nous désignerons par $\mathbb{R}(\xi_\alpha)$ et $\mathbb{L}(\xi_\alpha)$ deux tels vecteurs, assujettis à une normalisation partielle comme indiquée ci-dessous :

(III,71) $$A_j \frac{\partial \mathcal{G}}{\partial \xi_j} \mathbb{R} = \mathbb{L} A_j \frac{\partial \mathcal{G}}{\partial \xi_j} = 0 \; ; \; \mathbb{L}\mathbb{R} \equiv 1 .$$

Bien noter que $\mathbb{R}$ et $\mathbb{L}$ (qui sont des <u>annulateurs</u>, respectivement à droite et à gauche, de la matrice $A_j \partial \mathcal{G} / \partial \xi_j$, normalisés) ne sont fonctions que des ξ_α (et non de θ). Donc d'après (III,69a) le vecteur $\partial \mathcal{U}_0 / \partial \theta$ est colinéaire à $\mathbb{R}$. Par intégration, en prenant nulle la constante d'intégration, on obtient ainsi

(III,72) $$\mathcal{U}_0 = \alpha_0 (\theta, \xi_\alpha) \mathbb{R}(\xi_\alpha)$$

où α_0 est un facteur de forme qui demeure arbitraire à ce stade, tandis que la structure de $\mathcal{U}_0$ est bien déterminée par la connaissance de $\mathbb{R}$. L'information nécessaire sur $\alpha_0(\theta, \xi_\alpha)$ proviendra de l'examen de l'équation (III,69b). L'équation (III,69b) se présente comme une équation algébrique pour le vecteur $\partial \mathcal{U}_1 / \partial \theta$ et cette équation est singulière en raison de (III,69a). Donc, d'après (III,70), on ne pourra calculer $\partial \mathcal{U}_1 / \partial \theta$ que si*) :

(III,73) $$\mathbb{L} \left(A_j \frac{\partial \mathcal{U}_0}{\partial \xi_j} + B \mathcal{U}_0 \right) = 0 .$$

Ainsi la détermination du terme $\mathcal{U}_1$ du développement (III,65) implique donc la condition de résolubilité suivante :

(III,74) $$\mathbb{L} A_j \mathbb{R} \frac{\partial \alpha_0}{\partial \xi_j} + \alpha_0 \mathbb{L} \left(A_j \frac{\partial \mathbb{R}}{\partial \xi_j} + B \mathbb{R} \right) = 0 .$$

Posons :

(III,75) $$\mathbb{L} A_j \mathbb{R} \equiv \mathbf{V}_j(\xi_\alpha) \quad \text{et} \quad \mathbb{K}(\xi_\alpha) = \mathbb{L} \left(A_j \frac{\partial \mathbb{R}}{\partial \xi_j} + B \mathbb{R} \right) ;$$

nous pouvons alors écrire la condition (III,74) sous la forme <u>d'une équation de transport pour</u> α_0 :

---

*) Nous revenons, à la section 4 de ce §16, aux conditions de <u>résolubilité</u>, dans un contexte assez général.

(III,76) $$\frac{\partial \alpha_0}{\partial t} + V_j \frac{\partial \alpha_0}{\partial \xi_j} + K \alpha_0 = 0 .$$

L'équation (III,76) est une équation linéaire et elle apparaît en fait comme une équation différentielle ordinaire le long des rayons pour le facteur inconnu α_0 ; les rayons étant les intégrales du système :

(III,77) $$\frac{d\xi_k}{dt} = V_k ,$$

et la dérivée le long d'un rayon est l'opérateur :

(III,78) $$\frac{\delta}{\delta t} = \frac{\partial}{\partial t} + V_k \frac{\partial}{\partial \xi_k} .$$

On appelle parfois vitesse de groupe le vecteur $V_j(\xi_\alpha)$ défini par (III,75) (on dit aussi que V_j , au niveau de (III,77), est la vitesse de rayon); en effet, si l'on pose :

(III,79) $$\Omega = -\frac{\partial \varphi}{\partial t} , \quad K_j = \frac{\partial \varphi}{\partial \xi_j} \Rightarrow V_j = \frac{\partial \Omega}{\partial K_j} ,$$

étant donné que Ω et K_j sont liés par la relation homogène (III,70) (les rayons sont les caractéristiques de l'équation (III,70)).

On notera que la relation (III,70) n'est pas une relation de dispersion associée au système (III,67). Elle n'en est que l'expression limite dans l'hypothèse des ondes courtes et la vitesse V_k est la limite correspondante de la notion classique de vitesse de groupe. En fait, on a :

(III,80) $$\mathbb{L}\left(A_j \frac{\partial \varphi}{\partial \xi_j}\right)\mathbb{R} \equiv \frac{\partial \varphi}{\partial t} + V_j \frac{\partial \varphi}{\partial \xi_j} = 0$$

et, par suite, les rayons définis par les équations (III,77) sont situés sur les surfaces caractéristiques $\varphi = \text{Const}$. Ces rayons apparaissent comme les courbes bicaractéristiques du système (III,67) et le vecteur $V_j(\xi_\alpha)$ en est la vitesse caractéristique associée.

La vitesse de propagation des ondes progressives est ainsi limitée à l'ensemble des vitesses caractéristiques du système (III,67) associé à la nappe caractéristique considérée. Le profil local de ces ondes, défini par leur dépendance en θ demeure par contre arbitraire et ne sera précisé que par des conditions initiales appropriées. En effet, la variable θ ne figurant pas dans l'équation linéaire homogène (III,76), la solution de cette équation de transport peut s'écrire*)

(III,81) $$\alpha_0 = \mathcal{F}_0(\theta)\, a_0(\xi_\alpha),$$

où le "facteur de modulation" $a_0(\xi_\alpha)$ est solution de l'équation de transport, tandis que la "fonction de phase" $\mathcal{F}_0(\theta)$ est une fonction arbitraire de θ et elle décrit le profil de l'onde.

**. Pour la construction des trains d'ondes modulées, dans l'hypothèse $h_0 \sim l_0$, nous avons vu que les variables lentes ξ_α sont liées aux variables de départ par : $\xi_\alpha = \varepsilon x_\alpha$. En fonction de ces variables le système (III,67) peut s'écrire :

(III,82) $$\varepsilon A_j(\xi_\alpha) \frac{\partial U}{\partial \xi_j} + B(\xi_\alpha) U = 0 .$$

Nous en recherchons les solutions de la forme (III,65), (III,66). Nous désignerons ici par $\sigma(\xi_\alpha)$ la fonction d'onde. Les deux premières équations obtenues après substitution s'écrivent à présent :

(III,83a) $$A_j \frac{\partial \sigma}{\partial \xi_j} \frac{\partial U_0}{\partial \theta} + B U_0 = 0;$$

(III,83b) $$A_j \frac{\partial \sigma}{\partial \xi_j} \frac{\partial U_1}{\partial \theta} + B U_1 + A_j \frac{\partial U_0}{\partial \xi_j} = 0 .$$

L'équation (III,83a) se présente ici comme un système différentiel du premier ordre pour les composantes de U_0 considérées comme fonction de θ , et ses solutions auront par conséquent la forme exponentielle. Cependant, afin d'obtenir une solution de la forme (III,65) qui représente effectivement un train d'ondes lentement variables sur une échelle de l'ordre de L_0 , il faut permettre aux variables lentes ξ_α de varier sur un intervalle d'amplitude $O(1)$. La phase θ varie alors sur un intervalle d'amplitude $O(\varepsilon^{-1})$ et le développement (III,65) sera valable, dans ces conditions, si les fonctions de θ qui y figurent sont bornées pour $|\theta| \to \infty$. Ainsi, on constate que l'on ne peut donc retenir, des solutions de l'équation (III,83a), que les exponentielles à coefficients imaginaires purs . Nous limitant ici à l'une d'entre elles et profitant du fait que θ

---

*) Mais en règle générale la fonction $\mathcal{F}_0$ dépend aussi du rayon.

est défini à un facteur multiplicatif près, nous écrivons que l'équation (III,83a) admet une solution de la forme :

(III,84) $$\mathcal{U}_o = U_o(\xi_\alpha) e^{i\theta} .$$

Le vecteur U_o est alors solution du système homogène

$$\left(i A_j \frac{\partial \sigma}{\partial \xi_j} + B \right) U_o = 0 ,$$

et l'on est conduit à écrire que la fonction d'onde $\sigma(\xi_\alpha)$ vérifie l'équation

(III,85) $$\det \left(i A_j \frac{\partial \sigma}{\partial \xi_j} + B \right) = 0 .$$

L'existence de solutions $\mathcal{U}_o$ de la forme (III,84), et par suite la construction de solution $\mathcal{U}$ de la forme (III,65), est donc liée à l'hypothèse que l'équation (III,85) admette des solutions réelles $\sigma(\xi_\alpha) = \text{Const},$ définissant les surfaces d'ondes. Cette hypothèse définit le caractère dispersif*) du système (III,67); l'équation (III,85) peut s'interpréter comme une équation d'Hamilton-Jacobi et avec

(III,86) $$\omega = -\frac{\partial \sigma}{\partial t} , \quad k_j = \frac{\partial \sigma}{\partial \xi_j} \Rightarrow \frac{\partial k_j}{\partial t} + \frac{\partial \omega}{\partial \xi_j} = 0 ,$$

elle s'identifie à la relation de dispersion du système (III,67).

Supposons maintenant choisie une fonction $\sigma(\xi_\alpha)$ vérifiant l'équation (III,85) et supposons encore que la matrice $\left(i A_j \frac{\partial \sigma}{\partial \xi_j} + B \right)$ correspondante soit de rang $n-1$. Désignons par $r(\xi_\alpha)$ et $\ell(\xi_\alpha)$ des annulateurs à droite et à gauche, normalisés par la condition $\ell r = 1$; le vecteur $U_o(\xi_\alpha)$ figurant dans l'expression (III,84) de $\mathcal{U}_o$ est de la forme :

(III,87) $$U_o = b_o r$$

où le facteur $b_o(\xi_\alpha)$ est arbitraire à ce stade.

L'équation (III,83b), écrite sous la forme :

(III,88) $$A_j \frac{\partial \sigma}{\partial \xi_j} \frac{\partial \mathcal{U}_1}{\partial \theta} + B \mathcal{U}_1 = - A_j \frac{\partial b_o r}{\partial \xi_j} e^{i\theta} ,$$

*) Pour les ondes dispersives le vecteur vitesse de groupe est différent du vecteur vitesse de phase (vitesse de propagation de la phase dans la direction du vecteur d'onde).

se présente comme un système différentiel pour u_1 , comme fonction de θ , dans lequel le terme non-homogène, en $e^{i\theta}$, est solution de l'équation homogène associée. La solution u_1 , comme fonction de θ , comportera donc a priori des termes séculaires, c'est-à-dire de la forme : $\theta e^{i\theta}$. Pour les raisons invoquées plus haut, u_1 doit être borné lorsque $|\theta| \to +\infty$ et ces termes séculaires doivent donc être éliminés. Cette condition s'exprime en écrivant que la solution u_1 , en θ , est simplement de la forme

(III,89) $$u_1 = U_1(\xi_\alpha)\, e^{i\theta},$$

où l'on a laissé de côté, là aussi, les termes pouvant provenir des autres solutions propres du système (III,83a). Ainsi, le vecteur U_1 est solution du système linéaire :

(III,90) $$\left(i A_j \frac{\partial \sigma}{\partial \xi_j} + B\right) U_1 + A_j \frac{\partial b_0 r}{\partial \xi_j} = 0 .$$

Ce système de rang $n-1$, est résoluble si la condition de compatibilité, obtenue en multipliant à gauche par $\ell(\xi_\alpha)$, est vérifiée; cette condition de résolubilité peut s'écrire :

(III,91) $$\ell A_j r \frac{\partial b_0}{\partial \xi_j} + \ell A_j \frac{\partial r}{\partial \xi_j} b_0 = 0 .$$

Une fois de plus, définissant le vecteur vitesse : $V_j(\xi_\alpha) = \ell A_j r$ ainsi que la fonction $e(\xi_\alpha) = \ell A_j \partial r / \partial \xi_j$, on peut écrire (III,91) sous la forme :

(III,92) $$\frac{\partial b_0}{\partial t} + V_j \frac{\partial b_0}{\partial \xi_j} + e\, b_0 = 0 .$$

L'équation de transport (III,92) a une forme tout à fait comparable à l'équation (III,76) obtenue pour les ondes progressives. Cependant, le vecteur vitesse V_j et les rayons correspondants ont une définition différente. La vitesse V_j qui intervient ici n'est plus vitesse caractéristique pour le système (III,67). C'est la vitesse de groupe associée à la fréquence locale ω . En effet, de (III,86) et avec (III,85) on montre que :

(III,93) $$V_j = \frac{\partial \omega}{\partial k_j} .$$

Ces vitesses de groupe constituent un ensemble beaucoup plus large que celui des vitesses caractéristiques V_j définies par (III,75). De même les hypersurfaces d'onde $\sigma(\xi_\alpha) = \text{Const}$, définies par l'équation (III,85), ne sont pas surfaces caractéristiques pour le système (III,67). Les rayons ne sont pas non plus tracés sur ces hypersurfaces; pour un espace-temps convenablement structuré, ils en constituent une congruence de lignes conjuguées. On a ici

(III,94) $$\frac{\partial\sigma}{\partial t} + V_j \frac{\partial\sigma}{\partial\xi_j} = i\, \ell\, B n ,$$

et le caractère dispersif du système (III,67) implique que V_j, e et le second membre de (III,94) sont réels. La structure géométrique des ondes progressives apparaît, dans ce cadre, comme cas limite des hautes fréquences pour lequel "l'angle" entre les hypersurfaces d'onde et les rayons devient nul, ces hypersurfaces devenant alors caractéristiques pour le système (III,67) (on pourra en particulier, consulter LEWIS (1965) pour une étude détaillée de la théorie géométrique des rayons).

La famille des hypersurfaces d'onde est ainsi beaucoup plus vaste dans le cas des trains d'ondes modulées que pour les ondes progressives. Par contre, alors que le profil des ondes progressives, défini par la fonction de phase $f_0(\theta)$, pouvait prendre des formes très générales, la représentation locale des ondes modulées est harmonique en θ.

Une autre différence entre les deux théories, qu'on retrouve également dans leur extension au cas non-linéaire, réside dans la nature de la condition de résolubilité pour u_1, conduisant à l'équation de transport. Dans le cas des ondes progressives, il s'agit d'une condition de compatibilité algébrique, tandis que pour les trains d'ondes modulés la condition est, à l'origine, une condition de non sécularité.

Lorsque les équations de propagation sont non-linéaires, la recherche de solutions sous la forme asymptotique (III,65), (III,66) conduit à la même distinction entre ondes progressives et ondes dispersives modulées. Les ondes progressives non-linéaires font intervenir essentiellement la nature hyperbolique des équations. La propagation se fait encore le long de surfaces caractéristiques, mais celles-ci dépendent alors de la solution et les rayons ne peuvent être construits à priori. La théorie devient fort compliquée dans le cas général, et la plupart des travaux qui existent sur la question concernent le cas particulier où l'amplitude de l'onde est faible, de l'ordre de ε. Dans cette dernière hypothèse, la propagation se fait le long des rayons des équations linéarisées, mais la factorisation (III,81) n'est plus possible. L'équation de transport prend alors la forme d'une équation aux dérivées partielles dans laquelle les variables indépendantes sont θ et l'abscisse curviligne le long des rayons. Dans le cas typique, elle se présente sous la forme d'une équation dite de Burgers*) (avec viscosité variable) en présence de termes convectifs et de termes dissipatifs, ou d'une équation de Korteweg-de Vries**) en présence de termes convectifs et de termes de nature dispersive. On trouvera dans l'article de GERMAIN (1971) une présentation de ces résultats et de nombreuses références. Précisons que les idées essentielles de ces techniques ont été élaborées lors de nombreuses études consacrées au phénomène du "Bang sonique" et la remarque selon laquelle les méthodes mise en oeuvre avaient une portée générale est due à GUIRAUD (1969).

4. Considérons le système linéaire d'équations algébriques suivant :

$$\mathcal{A}\vec{x} = \vec{b}, \tag{III,95}$$

où $\mathcal{A}$ est une matrice carrée $n \times n$ et $\vec{x}$ et $\vec{b}$ deux vecteurs colonnes à n composantes. On sait que ce système (III,95) a une solution unique pour $\vec{b}$ arbitraire lorsque le système homogène associé,

$$\mathcal{A}\vec{x} = 0 \tag{III,96}$$

a uniquement une solution triviale nulle.

Ce qui nous intéresse ici, c'est le cas où (III,96) a une solution non triviale et de trouver, alors, à quelle condition de résolubilité doit satisfaire $\vec{b}$?

Considérons à cette fin l'équation transposée de (III,95) et multiplions là à droite par le vecteur colonne $\overline{\vec{u}}$, qui est le conjugué de $\vec{u}$:

$$(\mathcal{A}\vec{x})^T \overline{\vec{u}} = \vec{b}^T \cdot \overline{\vec{u}} \Rightarrow \vec{x}^T \overline{\mathcal{A}^* \vec{u}} = \vec{b}^T \cdot \overline{\vec{u}}, \tag{III,97}$$

où $\mathcal{A}^* = \overline{\mathcal{A}}^T$ est la matrice adjointe de $\mathcal{A}$. On sait que $\mathcal{A}$ est autoadjointe si $\mathcal{A}^* = \mathcal{A}$ (elle est alors soit hermitique, soit symétrique

---

(*) L'équation de BURGERS, dans un cas simple est de la forme :

$$\frac{\partial u}{\partial t} + u\frac{\partial u}{\partial x} = \nu_0 \frac{\partial^2 u}{\partial x^2}, \text{ avec } \nu_0 = \text{Const} > 0 .$$

(**) L'équation : $\partial\varphi/\partial t + \varphi\,\partial\varphi/\partial x + \partial^3\varphi/\partial x^3 = 0$, fut mise en évidence pour la première fois par KORTEWEG et de VRIES (1895) au cours de leur étude sur les ondes de gravité de grande longueur d'onde à la surface d'un canal de faible profondeur.

en fonction du fait que A est complexe ou réelle). Si le système homogène a une solution non triviale $\vec{x}$, alors $|A| = |A^*| = 0$; cela veut dire que le système homogène $A^*\vec{u} = 0$ a aussi une solution non triviale. Nous pouvons alors définir le vecteur $\vec{u}$ comme étant solution du système adjoint $A^*\vec{u} = 0$ et alors de (III,97) nous obtenons que

(III,98) $$\vec{b}^T.\overline{\vec{u}} = 0,$$

qui est la condition de résolubilité recherchée.

Si l'on définit le produit intérieur de $\vec{u}$ et $\vec{v}$ sous la forme

$$(\vec{u},\vec{v}) = \vec{u}^T.\overline{\vec{v}},$$

alors nous pouvons écrire (III,97) sous la forme :

$$(A\vec{x},\vec{u}) = (\vec{x}, A^*\vec{u}) = (\vec{b},\vec{u})$$

et de ce fait il vient, à la place de (III,98), la condition de résolubilité suivante :

(III,98) $$(\vec{b},\vec{u}) = 0,$$

qui est nécessaire et suffisante pour la résolubilité de (III,95).

Exemple

$$\left.\begin{array}{l} x_1 + 2x_2 - 3x_3 = b_1 \\ -2x_1 + x_2 + x_3 = b_2 \\ 3x_1 + x_2 - 4x_3 = b_3 \end{array}\right\} \Rightarrow A = \begin{pmatrix} 1 & 2 & -3 \\ -2 & 1 & 1 \\ 3 & 1 & -4 \end{pmatrix}.$$

Donc

$$A^T = \begin{pmatrix} 1 & -2 & 3 \\ 2 & 1 & 1 \\ -3 & 1 & -4 \end{pmatrix}.$$

Mais comme A est réelle on a $A^* = A^T$ et le système adjoint est :

$$\begin{pmatrix} 1 & -2 & 3 \\ 2 & 1 & 1 \\ -3 & 1 & -4 \end{pmatrix}\begin{pmatrix} u_1 \\ u_2 \\ u_3 \end{pmatrix} = 0 \Rightarrow \begin{cases} u_1 - 2u_2 + 3u_3 = 0, \\ 2u_1 + u_2 + u_3 = 0, \\ -3u_1 + u_2 - 4u_3 = 0. \end{cases}$$

De ce système adjoint on trouve, en multipliant la deuxième équation par 2 et en additionnant à la première, que

$$5u_1 + 5u_3 = 0,$$

et on trouve le même résultat en soustrayant de la seconde la troisième des équations de ce même système adjoint. Donc $u_3 = -u_1$ et alors de la seconde des équations il découle que $u_2 = -u_1$. Ainsi le système adjoint a comme solution :

$$\vec{u} = C_0 \begin{pmatrix} 1 \\ -1 \\ -1 \end{pmatrix},$$

et la condition (III,98) donne que

$$b_1 1 + b_2(-1) + b_3(-1) = 0$$

c'est-à-dire que : $b_1 = b_2 + b_3$, qui est la condition de résolubilité.

Considérons maintenant le problème suivant :

$$\text{(III,99)} \quad \begin{cases} \dfrac{d\varphi}{dx} - A(x)\varphi = f(x); \\ \varphi(0) = B_0\varphi(1) + \beta_0 \quad , x \in [0,1], \end{cases}$$

où φ et f sont des vecteurs colonnes avec n composantes, A une matrice carrée $n \times n$, B_0 une matrice carrée $n \times n$ avec des éléments constants et β_0 un vecteur colonne avec n composantes constantes. Soit ψ^T le vecteur colonne transposé du vecteur colonne adjoint ψ avec n composantes; formons :

$$\psi^T \frac{d\varphi}{dx} - \psi^T A \varphi = \psi^T f$$

et intégrons de 0 à 1 :

$$\int_0^1 \psi^T \frac{d\varphi}{dx} dx - \int_0^1 \psi^T A \varphi \, dx = \int_0^1 \psi^T f \, dx .$$

Après intégration par parties il vient :

$$\psi^T \varphi \Big|_0^1 - \int_0^1 \frac{d\psi^T}{dx} \varphi \, dx - \int_0^1 \psi^T A \varphi \, dx = \int_0^1 \psi^T f \, dx ,$$

ou encore :

$$\psi^T \varphi \Big|_0^1 - \int_0^1 \left(\frac{d\psi^T}{dx} + \psi^T A \right) \varphi \, dx = \int_0^1 \psi^T f \, dx .$$

En annulant le coefficient de φ dans l'intégrale du premier membre, on trouve

(III,100) $$\frac{d\psi^T}{dx} + \psi^T A = 0 \implies \frac{d\psi}{dx} + A^T \psi = 0 .$$

Ainsi, si $A = -A^T$ les équations pour ψ et φ (homogènes) seront adjointes. Pour trouver les conditions aux limites pour ψ, faisons $f = 0$; on trouve alors que

(III,101) $$\psi^T \varphi \Big|_0^1 = 0 ,$$

ou encore, en faisant $\beta_0 = 0$,

$$\left(\psi^T(1) - \psi^T(0) B_0 \right) \varphi(1) = 0$$

ou encore

(III,102) $$\psi(1) = B_0^T \psi(0) ,$$

qui est la condition à imposer à ψ .

Ainsi, lorsque $f \neq 0$ et $\beta_0 \neq 0$, on aura que

$$\psi^T(1)\varphi(1) - \psi^T(0)\varphi(0) = \int_0^1 \psi^T f\, dx ,$$

ou encore

$$\psi^T(1)\varphi(1) - \psi^T(0) B_0 \varphi(1) - \psi^T(0)\beta_0 = \int_0^1 \psi^T f\, dx ,$$

c'est-à-dire :

(III,103) $$- \psi^T(0)\beta_0 = \int_0^1 \psi^T f\, dx ,$$

puisque $\psi^T(1) = \psi^T(0) B_0$.

La condition (III,103) est la condition de résolubilité recherchée pour le problème (III,99).

Exemple :

(III,104) $$\begin{cases} y'' + [\lambda + \varepsilon g(x)] y = 0 , & \varepsilon \ll 1 ; \\ y(0) = 0 , \quad y(\pi) = 0 , \end{cases}$$

où λ est une valeur propre.

On recherche la solution sous la forme :

$$y = y_0(x) + \varepsilon y_1(x) + \cdots \quad , \lambda = \lambda_0 + \varepsilon \lambda_1 + \cdots ,$$

et on trouve

$$y_0'' + \lambda_0 y_0 = 0 \ , \ y_0(0) = 0 \ , \ y_0(\pi) = 0 ;$$

$$y_1'' + \lambda_0 y_1 = - g y_0 - \lambda_1 y_0 \ , \ y_1(0) = y_1(\pi) = 0 .$$

On a tout d'abord que :

$$y_0 = \sin nx \quad , \lambda_0 = n^2 .$$

Puis ensuite :

$$y_1'' + n^2 y_1 = - g(x) \sin nx - \lambda_1 \sin nx .$$

Le problème homogène, pour y_0 étant autoadjoint on peut prendre comme solution du problème adjoint $y_0 = \sin nx$ et la condition de résolubilité donne

$$\int_0^\pi g(x) \sin^2 nx\, dx + \lambda_1 \int_0^\pi \sin^2 nx\, dx = 0 ,$$

ou encore

$$\lambda_1 = -\frac{2}{\pi}\int_0^{\pi} g(x)\sin^2 nx\,dx . \tag{III,105}$$

Ainsi, on trouve que

$$\begin{cases} y = \sin nx + O(\varepsilon); \\ \lambda = n^2 - \frac{2}{\pi}\varepsilon\int_0^{\pi} g(x)\sin^2 nx\,dx + O(\varepsilon^2). \end{cases} \tag{III,106}$$

REFERENCES CITEES

1. CROCCO , L., (1975) : Philosophical Transactions of the Royal Society, A 272, pp. 272-301.

2. ECKHAUS, W., (1979) : Asymptotic Analysis of Singular Perturbations. North-Holland, Amsterdam.

3. GATIGNOL, Ph., (1978) : Contribution à la théorie asymptotique de la modulation des ondes dispersives non-linéaires. Thèse, Université de Paris VI.

4. GERMAIN, P., (1971) : Progressives waves. The 14th Ludwig Prandtl Memorial Lecture. Mannheim.

5. GUIRAUD, J.P., (1969) : Focalisation dans les ondes courtes non-linéaires. Application au bruit balistique de focalisation. Colloque AGARD. O.N.E.R.A., T.P. 686.

6. KORTEWEG, D.J. and VRIES, G., (1895) : Phil. Mag. 39, 422-443.

7. LAGERSTROM, P.A. and CASTEN, R.G., (1972) : S.I.A.M. Review, 14, 63.

8. LANDAU, L.D. and LIFSHITZ, E.M., (1959) : Fluid Mechanics. Pergamon Press.

9. LEWIS, R.M., (1965) : Arch. Rat. Mech. Anal., 20, 3, 191-250.

10. MITROPOLSKI, Y.A., (1966) : Problèmes de la Théorie asymptotique des oscillations non stationnaires. Gauthier-Villars, Paris.

11. NAYFEH, A.H., (1981) : Introduction to Perturbation Techniques. Wiley, New-York.

12. ROSEAU, M., (1976) : Equations différentielles. Masson ed. Paris.

13. POINCARE, H., (1957) : Les Méthodes Nouvelles de la Mécanique Céleste, vol. II. Dover, New York.

14. SHIVAMOGGI, B.K., (1978) : ZAMM, 58, 354-356.

REFERENCES COMPLEMENTAIRES

1. BOUTHIER, M., (1980) : The two-variable technique for singular partial differential problems and its justification. Quart. Appl. Math. 38, n° 3, 263-276.

2. BOUTHIER, M., (1984) : Comparaison of the matched asymptotic expansions method and the two variable technique. Quart. Appl. Math. January, 497-422.

3. CHIKWENDU, S.C., (1984) : Multiple-scale solution of weakly nonlinear elliptic equations on the upper half-plane. SIAM J. Appl. Math., vol. 44, n° 2, 221-230.

4. FEUILLEBOIS, F. and LASEK, A., (1977) : Computer aided application of the Principle of Least degeneracy. ZAMP, vol. 28/6, 1141-1146.

5. FOREST, M.G. and Mc LAUGHLIN, D.W., (1984) : SIAM J. Appl. Math., vol. 44, n° 2, 287-300.

6. FRENZEN, C.L. and KEVORKIAN, J., (1985) : A Review of the multiple scale and reductive perturbation methods for deriving uncoupled nonlinear evolution equations. Wave Motion, 7, 25-42.

7. FREEMAN, N.C., (1984) : Soliton solutions of non-linear evolution equations. IMA J. of Appl. Maths. 32, 125-145.

8. JAGER, E.M., (1983) : Introduction to the theory of singular perturbations. Soc. Math. de France. Astérisque 109-110, pp. 67-100.

9. LAMB (Jr), G.L., (1980) : Elements of soliton Theory. Wiley New York.

10. LIGHTHILL, M.J., (1967) : A discussion on nonlinear theory of wave propagation in dispersive systems. Proc. Roy. Soc. A 299, 1-145.

11. MASON, D.P., (1984) : On the method of Strained parameters and the method of averaging. Quart. Appl. Maths., April, 77-85.

12. VERONIS, G., (1980) : A note on the method of multiple scales. Quart. of Appl. Math., 38, 363-368.

13. WHITHAM, G.B., (1974) : Linear and Nonlinear waves. John Wiley.

IV. LE MODELE DE NAVIER POUR LES FLUIDES INCOMPRESSIBLES ET VISQUEUX

Notre point de départ est ici le modèle exact de Navier-Stokes gouverné par les équations adimensionnelles (I,35), avec (I,36) et les conditions adimensionnelles (I,38), (I,39) et (I,43). L'hypothèse fondamentale est que : le nombre de Mach caractéristique M est toujours très petit devant l'unité. En fait, on suppose que la vitesse de l'écoulement considéré, en tout point et à tout instant, est très petite devant la célérité locale du son.

On s'intéresse principalement à l'écoulement extérieur autour d'un obstacle de dimensions finies, dont la paroi solide est imperméable. Si l'obstacle est immobile dans le repère cartésien orthonormé considéré, alors à de grandes distances de l'obstacle on suppose qu'il existe un écoulement uniforme de vitesse (dimensionnée) $U_0 \vec{u}_\infty$, dans lequel la pression, la masse volumique et la température sont constantes et sont notées : $p_\infty = R\rho_\infty T_\infty$, ρ_∞ et T_∞ . Cela veut dire que l'on a, sous forme adimensionnelle : $\vec{u} \to \vec{u}_\infty$, $p \to 1$, $\rho \to 1$ et $T \to 1$, à l'infini.

17. Le passage à la limite principal lié à $M \to 0$

Nous considérons tout d'abord le passage à la limite principal suivant :

$$\lim_{N}{}^{P} = \left\{ M \to 0,\ \vec{x}, t \text{ fixés} \right\}, \tag{IV,1}$$

qui est dit passage à la limite de Navier. Associons à (IV,1) les développements asymptotiques :

$$\left\{ \begin{aligned} \vec{u} &= \vec{u}_0 + M^a \vec{u}_a + \cdots, \\ p &= p_0 + M^b p_b + \cdots, \\ \rho &= \rho_0 + M^c \rho_c + \cdots, \\ T &= T_0 + M^d T_d + \cdots, \end{aligned} \right. \tag{IV,2}$$

où a, b, c et d sont des scalaires réels, positifs, pour l'instant indéterminés.

La seconde des équations (I,35) implique nécessairement que :

$$\vec{\nabla} p_0 = 0 \implies b \equiv 2,$$

c'est-à-dire, en tenant compte des conditions à l'infini : $p_0 \equiv 1$. Ainsi, à l'ordre zéro en M, nous voyons que $\vec{u}_0$, p_2, ρ_0 et T_0 doivent satisfaire aux équations limites

$$\text{(IV,3)} \quad \begin{cases} S \dfrac{\partial \rho_0}{\partial t} + \vec{\nabla}\cdot(\rho_0 \vec{u}_0) = 0; \\ \rho_0 \left\{ S \dfrac{\partial \vec{u}_0}{\partial t} + (\vec{u}_0 \cdot \vec{\nabla})\vec{u}_0 \right\} + \vec{\nabla}\left(\dfrac{p_2}{\gamma}\right) = \dfrac{1}{Re} \vec{\nabla}\cdot \pi_0; \\ \rho_0 \left\{ S \dfrac{\partial T_0}{\partial t} + \vec{u}_0 \cdot \vec{\nabla} T_0 \right\} + (\gamma - 1) \vec{\nabla}\cdot\vec{u}_0 \\ \qquad = -\dfrac{\gamma}{Pr} \dfrac{1}{Re} \vec{\nabla}\cdot \vec{q}_0; \\ \rho_0 T_0 = 1, \end{cases}$$

où

$$\text{(IV,4)} \quad \begin{cases} \pi_0 = 2\mu(T_0)\mathbb{D}_0 + \left[\mu_v(T_0) - \dfrac{2}{3}\mu(T_0)\right](\vec{\nabla}\cdot\vec{u}_0)\mathbb{1}; \\ \vec{q}_0 = -k(T_0)\vec{\nabla} T_0, \end{cases}$$

les composantes du tenseur $\mathbb{D}_0$ étant : $1/2\left(\dfrac{\partial u_{i,0}}{\partial x_j} + \dfrac{\partial u_{j,0}}{\partial x_i}\right)$, où $u_{k,0}$ sont les composantes de $\vec{u}_0$ (dans un système de coordonnées cartésiennes orthonormé).

Naturellement, au niveau de (IV,3), avec (IV,4) on doit appliquer les conditions :

$$\text{(IV,5)} \qquad \vec{u}_0 = 0 \quad \text{et} \quad T_0 = 1 + \tau_0 \Theta, \text{ sur } \Sigma$$

$$\text{(IV,6)} \qquad \vec{u}_0 \to \vec{u}_\infty, T_0 \to 1, \rho_0 \to 1, p_2 \to 0, \text{ à l'infini.}$$

Laissons de côté, pour l'instant, le problème des conditions initiales. Pour simplifier, le problème (IV,3) - (IV,6) il faut maintenant admettre que dans la condition (IV,5), le paramètre de température de paroi $\tau_0 \to 0$, avec $M \to 0$; de manière plus précise nous supposerons que :

(IV,7) $\tau_0 \to 0$, $M \to 0$, de telle façon que : $\tau_0 = \Lambda_0 M^{\omega}$, où $\Lambda = O(1)$ est un paramètre de similitude constant pour l'écoulement limite et $\omega > 0$ un scalaire réel supposé donné, ou encore qui doit être choisi de telle façon que le système limite correspondant soit le moins dégénéré possible.

En fait, pour T_0 , nous avons le problème suivant, lorsque $\tau_0 \to 0$, avec $M \to 0$,

(IV,8) $$\begin{cases} \rho_0 \left(S \dfrac{\partial T_0}{\partial t} + \vec{u}_0 \cdot \vec{\nabla} T_0 \right) = \dfrac{1}{Pr} \dfrac{1}{Re} \vec{\nabla} \cdot \{ k(T_0) \vec{\nabla} T_0 \} ; \\ T_0 = 1, \text{ sur } \Sigma \quad \text{et} \quad T_0 \to 1 \text{, à l'infini.} \end{cases}$$

Donc, à condition que l'on ne tienne pas compte de la condition initiale sur T_0 (qui doit découler de celle imposée sur T , au départ), c'est-à-dire à condition de se placer en dehors du voisinage de $t = 0$ (on supposera toujours que $t^0 \equiv 0$), où les développements (IV,2) liés au passage à la limite principal (à t fixé !) peuvent ne plus être valables, nous pouvons postuler la solution triviale :

(IV,9) $$T_0 \equiv 1,$$

pour le problème (IV,8), et alors $\rho_0 \equiv 1$ aussi.

Ainsi, dans ce cas nous obtenons pour $\vec{u}_0$ et p_2/γ le système des équations de Navier :

(IV,10) $$S \frac{\partial \vec{u}_0}{\partial t} + (\vec{u}_0 \cdot \vec{\nabla}) \vec{u}_0 + \vec{\nabla} \left(\frac{p_2}{\gamma} \right) = \frac{1}{Re} \vec{\nabla}^2 \vec{u}_0 \quad ; \vec{\nabla} \cdot \vec{u}_0 = 0,$$

une fois que l'on a admis que $\mu(1)$ pouvait être pris égal à l'unité, puisque nous travaillons avec des grandeurs sans dimensions. A (IV,10) il faut associer les conditions aux limites :

(IV,11) $$\vec{u}_0 = 0, \text{ sur } \Sigma \quad ; \vec{u}_0 \to \vec{u}_\infty , p_2 \to 0, \text{ à l'infini} ,$$

et aussi une condition initiale pour $\vec{u}_0$.

Pour l'instant nous perdons toute information concernant la thermodynamique de notre écoulement limite, à faible nombre de Mach; "faiblement compressible", voulant dire, au niveau de (IV,10) et (IV,11), tout simplement, incompressible (visqueux).

Il reste deux questions à résoudre pour valider le modèle de Navier :

a) se convaincre que les comportements de $\vec{u}_0$ et p_2 à l'infini sont bien ceux imposés au niveau de (IV,11),

b) élucider quelle condition initiale, pour $\vec{u}_0$, il faut imposer aux équations de Navier (IV,10) .

18. Formes prises par l'équation de l'énergie

Revenons à nos développements principaux (IV,2), où $p_0 = 1$, $\rho_0 = 1$, $T_0 = 1$ et $b = 2$. Considérons une fois de plus l'équation de continuité du système de Navier-Stokes (I,35); en tenant compte que :

$$\rho_0 = 1 \quad \text{et} \quad \vec{\nabla}.\vec{u}_0 = 0 ,$$

il vient pour ρ_c l'équation :

$$S\frac{\partial \rho_c}{\partial t} + \vec{u}_0.\vec{\nabla}\rho_c + M^{a-c}\vec{\nabla}.\vec{u}_a = 0$$

et seul le cas de $a = c$ conduit à une dégénérescence significative :

$$S\frac{\partial \rho_c}{\partial t} + \vec{u}.\vec{\nabla}\rho_c + \vec{\nabla}.\vec{u}_c = 0, \tag{IV,12}$$

$c > 0$ restant à ce stade indéterminé. Afin de préciser la valeur de c considérons la loi d'état :

$$M^2 p_2 + \cdots = M^c \rho_c + M^d T_d + M^{c+d}\rho_c T_d + \cdots, \tag{IV,13}$$

et il peut se présenter trois cas :

$$c = d = 2, \quad c = d < 2, \quad c = 2.$$

Enfin, l'équation de l'énergie du système de Navier-Stokes (I,35) peut s'écrire sous la forme suivante :

(IV,14)
$$S\frac{\partial T_d}{\partial t}+\vec{u}_0\cdot\vec{\nabla}T_d-\frac{\gamma-1}{\gamma}M^{2-d}\left(S\frac{\partial p_2}{\partial t}+\vec{u}_0\cdot\vec{\nabla}p_2\right)$$
$$=\frac{k(1)}{Pr}\frac{1}{Re}\vec{\nabla}^2T_d+2\frac{\gamma-1}{Re}M^{2-d}\,\mathbb{D}_0:\mathbb{D}_0\,,$$

et on prendra, par la suite, $k(1)\equiv 1$, puisque nous travaillons toujours avec des grandeurs sans dimensions. A (IV,14), sous l'hypothèse (IV,7), nous devons associer la condition :

(IV,15)
$$T_d = M^{\omega-d}\Lambda_0\,\Theta\,,\ \text{sur}\ \Sigma\,,$$

et afin de ne pas perdre cette condition (IV,15), il semble judicieux de prendre $\omega = d$! Mais cela est une vue trop naïve des choses et il faut, en fait, considérer encore trois situations, en fonction de la valeur (donnée) de ω :

1) $0<\omega<2$; 2) $\omega\equiv 2$; 3) $2<\omega<4$.

1. Cas de : $0<\omega<2$

Pour conserver (IV,15) il faut que :

$$2>\omega=d \Rightarrow a=c=d<2\,,$$

et alors les fonctions ρ_ω , $\vec{u}_\omega$ et T_ω satisfont aux équations suivantes :

(IV,16)
$$\begin{cases}\vec{\nabla}\cdot\vec{u}_\omega = -S\left(\frac{\partial\rho_\omega}{\partial t}+\vec{u}_0\cdot\vec{\nabla}\rho_\omega\right);\\ \rho_\omega = -T_\omega\,;\\ S\frac{\partial T_\omega}{\partial t}+\vec{u}_0\cdot\vec{\nabla}T_\omega = \frac{1}{Pr}\frac{1}{Re}\vec{\nabla}^2T_\omega\,.\end{cases}$$

Dans ce cas, pour obtenir l'équation de la quantité de mouvement associée au système (IV,16), il faut que le développement asymptotique principal de la pression p soit de la forme :

(IV,17)
$$p = 1+M^2p_2+M^{2+\omega}p_{2+\omega}+\cdots\,,$$

ce qui nous donne l'équation suivante pour $\vec{u}_\omega$:

$$(IV,18)\quad \begin{aligned} S\frac{\partial \vec{u}_\omega}{\partial t} + (\vec{u}_0\cdot\vec{\nabla})\vec{u}_\omega + (\vec{u}_\omega\cdot\vec{\nabla})\vec{u}_0 + \vec{\nabla}\left(\frac{p_{2+\omega}}{\gamma}\right) \\ = \frac{1}{Re}\left\{\vec{\nabla}^2\vec{u}_\omega + \frac{1}{3}\vec{\nabla}(\vec{\nabla}\cdot\vec{u}_\omega)\right\} \\ + T_\omega\left\{S\frac{\partial \vec{u}_0}{\partial t} + (\vec{u}_0\cdot\vec{\nabla})\vec{u}_0 \right. \\ \left. + \frac{1}{Re}\frac{d\mu}{dT}\Big|_{T=1}\left[\vec{\nabla}^2\vec{u}_0 + 2\vec{\nabla}\operatorname{Log}T_\omega\cdot\mathbb{D}_0\right]\right\}. \end{aligned}$$

On constate donc qu'il faut, tout d'abord, déterminer T_ω à partir du problème (linéaire) suivant :

$$(IV,19)\quad \begin{cases} S\dfrac{\partial T_\omega}{\partial t} + \vec{u}_0\cdot\vec{\nabla}T_\omega = \dfrac{1}{Pr}\dfrac{1}{Re}\vec{\nabla}^2 T_\omega, \\ T_\omega = \Lambda_0\,\Theta, \quad \text{sur } \Sigma\,; \\ T_\omega \to 0, \quad \text{à l'infini}\,; \\ T_\omega = T_\omega^0, \quad \text{pour } t=0, \end{cases}$$

mais on ne sait pas, pour l'instant, comment trouver la donnée initiale $T_\omega^0(\vec{x})$ et comment cette donnée est liée avec la donnée initiale de T, c'est-à-dire T^0 d'après (I,38) .

Ensuite, on a :

$$\rho_\omega = -T_\omega$$

puis $\vec{u}_\omega$ et $p_{2+\omega}$ qui satisfont au système constitué par la première des équations (IV,16) et l'équation (IV,18), auquel il faut associer les conditions aux limites :

$$
(\text{IV},20) \quad \begin{cases} \vec{u}_\omega = 0, & \text{sur } \Sigma ; \\ \vec{u}_\omega \to 0 \text{ et } p_{2+\omega} \to 0, & \text{à l'infini,} \end{cases}
$$

et la condition initiale

$$
(\text{IV},21) \qquad \vec{u}_\omega = 0 \quad , \text{pour } t = 0 ,
$$

une fois que l'on suppose que la donnée initiale issue de (I,38) a été complètement reportée sur $\vec{u}_0$ ($\vec{V}^0$ est donc supposé ne pas contenir de petit paramètre susceptible d'être relié par une relation de similitude avec M). Naturellement, en écrivant (IV, 19) nous avons implicitement supposé que T^0 pouvait se décomposer sous la forme : $1 + M^\omega T^0$! En particulier, il se peut très bien que $T^0_\omega \equiv 0$.

2. Cas de : $\omega \equiv 2$

Dans ce cas, de manière évidente, il faut que :

$$
(\text{IV},22) \qquad 0 < a = c = d = \omega = 2 .
$$

Les fonctions $\vec{u}_2$, p_4 , ρ_2 et T_2 satisfont alors aux équations suivantes :

$$
(\text{IV},23\text{a}) \qquad \rho_2 = p_2 - T_2 ;
$$

$$
(\text{IV},23\text{b}) \qquad \begin{aligned} S \frac{\partial T_2}{\partial t} + \vec{u}_0 . \vec{\nabla} T_2 &= \frac{1}{Pr} \frac{1}{Re} \vec{\nabla}^2 T_2 \\ &+ 2 \frac{\gamma - 1}{Re} D_0 : D_0 \\ &+ \frac{\gamma - 1}{\gamma} \left(S \frac{\partial p_2}{\partial t} + \vec{u}_0 . \vec{\nabla} p_2 \right) ; \end{aligned}
$$

(IV,23c) $$\vec{\nabla}\cdot\vec{u}_2 = -\left(S\frac{\partial\rho_2}{\partial t} + \vec{u}_0\cdot\vec{\nabla}\rho_2\right);$$

(IV,23d)
$$S\frac{\partial\vec{u}_2}{\partial t} + (\vec{u}_0\cdot\vec{\nabla})\vec{u}_2 + (\vec{u}_2\cdot\vec{\nabla})\vec{u}_0 + \vec{\nabla}\left(\frac{p_4}{\gamma}\right)$$
$$= \frac{1}{Re}\left\{\vec{\nabla}\vec{u}_2 + \frac{1}{3}\vec{\nabla}(\vec{\nabla}\cdot\vec{u}_2)\right\}$$
$$-\rho_2\left(S\frac{\partial\vec{u}_0}{\partial t} + (\vec{u}_0\cdot\vec{\nabla})\vec{u}_0\right)$$
$$+\frac{1}{Re}T_2\left.\frac{d\mu}{dT}\right|_{T=1}\left[\vec{\nabla}^2\vec{u}_0 + 2\vec{\nabla}\,\mathrm{Log}\,T_2\cdot\mathbb{D}_0\right],$$

et une fois de plus il faut déterminer T_2 à partir de l'équation linéaire (IV,23b), avec des conditions analogues à celles du problème (IV,19), où $\omega \equiv 2$. Ensuite on détermine ρ_2 (puisque p_2 est connu à partir du modèle de Navier, dont il a été question au § 17); puis $\vec{u}_2$, p_4 , avec des conditions analogues à (IV,20) et (IV,21), où de même $\omega \equiv 2$.

Lorsque $S \equiv 0$ et $Re \equiv \infty$ on retombe dans le cas classique dit de JANZEN (1913) et RAYLEIGH (1916); on peut à ce sujet consulter le travail très complet de IMAI (1957).

3. Cas de: $4 > \omega > 2$

Ce cas est intéressant, en ce sens que l'on ne peut plus supposer que $d = \omega$, comme précédemment. Il faut alors, pour obtenir une dégénérescence significative que :

$$d = 2,$$

et il vient pour T_2 l'équation linéaire non homogène (IV,23b) qui doit être résolue avec des conditions aux limites nulles :

(IV,24) $T_2 = 0$, sur Σ et à l'infini.

Pour récupérer la condition à la limite pour la température sur Σ , il faut faire intervenir un terme de la forme $M^{\omega} T_{\omega}$ $(\omega > 2)$ dans le développement asymptotique de T . Cette fonction T_{ω} satisfaisant au problème (IV,19). Ainsi, dans ce cas, lorsque $\omega > 2$ (mais $\omega < 4$) il nous faut postuler les développements asymptotiques principaux (à la place de (IV,2)) suivants :

$$
\text{(IV,25)} \quad \left\{ \begin{aligned}
\vec{u} &= \vec{u}_0 + M^2 \vec{u}_2 + M^{\omega} \vec{u}_{\omega} + \cdots , \\
p &= 1 + M^2 p_2 + M^4 p_4 + M^{2+\omega} p_{2+\omega} + \cdots , \\
\rho &= 1 + M^2 \rho_2 + M^{\omega} \rho_{\omega} + \cdots , \\
T &= 1 + M^2 T_2 + M^{\omega} T_{\omega} + \cdots .
\end{aligned} \right.
$$

Les fonctions $\vec{u}_0$ et p_2 satisfont au modèle de Navier du § 17. Les fonctions $\vec{u}_2$, p_4 , ρ_2 et T_2 satisfont aux équations (IV,23) auxquelles il faut associer les conditions (IV,24), (IV,20) et (IV,21), où $\omega \equiv 2$. On a $\rho_{\omega} = -T_{\omega}$ et $\vec{u}_{\omega}$ et $p_{2+\omega}$ satisfont au problème constitué par la première des équations (IV,16) et l'équation (IV,18), avec les conditions (IV,20) et (IV,21).

En conclusion, on constate que : <u>à chaque solution "incompressible visqueuse" du modèle de Navier, nous pouvons associer une solution "faiblement compressible visqueuse" qui tienne compte du champ de la température induit par le champ thermique donné sur la paroi de l'obstacle, autour duquel on recherche l'écoulement faiblement compressible de Navier-Stokes</u>.

Il semble que ce soit LAGERSTROM (1964; page 187) qui ait le premier fait attention au rôle du paramètre de température de paroi τ_0 , lors du passage au cas incompressible; ce rôle a été complètement élucidé dans notre travail, ZEYTOUNIAN (1977).

19. Le problème dit "de Rayleigh" en fluide faiblement compressible visqueux

Une illustration intéressante de la théorie des écoulements visqueux d'un fluide faiblement compressible est donnée par l'analyse asymptôtique du problème de Rayleigh; elle permet, en particulier, de mettre en évidence le caractère singulier du passage à la limite principal (IV,1).

1. Formulation physique

Nous raisonnons, tout d'abord, avec des grandeurs dimensionnées. Pour $t<0$ le fluide faiblement compressible visqueux et conducteur de la chaleur est au repos dans tout le demi-espace $y>0$, en contact avec la plaque plane rigide horizontale non poreuse, doublement infinie et confondue avec tout le plan $y=0$. L'état thermodynamique du fluide faiblement compressible au repos est caractérisé par les valeurs constantes p_0 , ρ_0 et T_0 de la pression, de la masse volumique et de la température absolue. On considère le cas de l'aérodynamique. A l'instant $t=0$, la plaque plane est mise impulsivement dans un état de mouvement uniforme de vitesse constante $U_0 \vec{\imath}$, portée par l'axe $Ox>0$ et sa température est instantanément portée à : $T_0+\Delta T_0$, avec $\Delta T_0>0$ un accroissement de température constant. On se propose d'étudier le mouvement ultérieur pour $t>0$, sous l'hypothèse que ce mouvement n'est fonction que de t et de y ; l'axe Oy étant perpendiculaire à l'axe Ox et $(O,\vec{\imath},\vec{\jmath})$ étant un repère cartésien orthonormé. On notera que: aucune donnée du problème n'est fonction de x et que de ce fait cette dernière variable ne peut que s'introduire que comme un paramètre que nous omettrons de faire figurer explicitement dans l'analyse qui suit.

On admettra l'hypothèse de Stokes et on supposera que le coefficient de viscosité dynamique μ est fonction de la température de telle façon que :

(IV,26) $$\mu(T)=\mu_0\, T/T_0 ,$$

où $\mu_0=\text{Const}$; lorsque $T\equiv T_0$ on a donc $\mu\equiv\mu_0$. Comme toujours le fluide faiblement compressible visqueux et conducteur de la chaleur est assimilé à un gaz parfait à C_p et C_v constants.

Comme :

(IV,27) $$k(T)=\frac{C_p}{Pr}\mu(T) \quad , \quad Pr\equiv\frac{C_p\mu_0}{k_0} ,$$

on a $k\equiv k_0$, lorsque $\mu\equiv\mu_0$ (c'est-à-dire lorsque $T\equiv T_0$).

2. Formulation mathématique

Si l'on fait le choix de $L_0 = V_0 t_0$ comme longueur de référence (alors $S \equiv 1$) on obtient à partir des équations exactes de Navier-Stokes (I,35), avec (I,36), les équations adimensionnelles monodimensionnelles instationnaires suivantes :

$$
\text{(IV,28)} \quad \left\{
\begin{aligned}
&\frac{\partial \rho}{\partial t} + \frac{\partial \rho v}{\partial y} = 0; \\
&\rho\left(\frac{\partial u}{\partial t} + v\frac{\partial u}{\partial y}\right) = \frac{1}{Re}\frac{\partial}{\partial y}\left(T\frac{\partial u}{\partial y}\right); \\
&\rho\left(\frac{\partial v}{\partial t} + v\frac{\partial v}{\partial y}\right) + \frac{1}{\gamma M^2}\frac{\partial p}{\partial y} = \frac{4}{3}\frac{1}{Re}\frac{\partial}{\partial y}\left(T\frac{\partial v}{\partial y}\right); \\
&p = \rho T; \\
&\rho\left(\frac{\partial T}{\partial t} + v\frac{\partial T}{\partial y}\right) - \frac{\gamma-1}{\gamma}\left(\frac{\partial p}{\partial t} + v\frac{\partial p}{\partial y}\right) \\
&\quad = \frac{1}{Pr}\frac{1}{Re}\frac{\partial}{\partial y}\left(T\frac{\partial T}{\partial y}\right) \\
&\qquad + \frac{\gamma-1}{Re}M^2 T\left[\left(\frac{\partial u}{\partial y}\right)^2 + \frac{4}{3}\left(\frac{\partial v}{\partial y}\right)^2\right].
\end{aligned}
\right.
$$

Au système (IV,28) il nous faut associer les conditions suivantes, en accord avec la physique du problème de Rayleigh dont il a été question à la section 1 de ce § 19,

$$
\text{(IV,29)} \quad \left\{
\begin{aligned}
&t \leq 0 : \quad u = v = 0 \;, \; p = \rho = T = 1; \\
&t > 0, y = 0 : \quad u = 1 \;, \; v = 0 \;, \; T = 1 + \tau_0; \\
&t \geq 0, y \to +\infty : \quad u = v \to 0 \;, \; p = \rho = T \to 1.
\end{aligned}
\right.
$$

La première équation du système (IV,28) incite à introduire la fonction de courant $\eta(t,y)$, telle que :

$$\rho = \frac{\partial \eta}{\partial y} \quad , \; v = -\frac{1}{\rho}\frac{\partial \eta}{\partial t} \Rightarrow \eta = \int_0^y \rho \, dy .$$

Posons encore $\theta \equiv t$ et passons des variables (t,y) aux variables (θ,η). Il vient, tout d'abord, que :

$$\frac{\partial}{\partial t} = \frac{\partial}{\partial \theta} + \frac{\partial \eta}{\partial t}\frac{\partial}{\partial \eta} \quad , \; \frac{\partial}{\partial y} = \rho \frac{\partial}{\partial \eta} \; ,$$

ce qui fait que :

$$\frac{\partial}{\partial t} + v\frac{\partial}{\partial y} \equiv \frac{\partial}{\partial \theta} + \left(\frac{\partial \eta}{\partial t} + \rho v\right)\frac{\partial}{\partial \eta} \equiv \frac{\partial}{\partial \theta} ,$$

puisque $\partial\eta/\partial t = \int_0^y \partial\rho/\partial t \, dy = -\int_0^y \partial \rho v/\partial y \, dy = -\rho v$, étant donné que $v = 0$, pour $y = 0$. En définitive, dans les nouvelles variables (θ,η), il vient, à la place de (IV,28), le système :

(IV,30)

$$\begin{cases} \dfrac{\partial \rho}{\partial \theta} + \rho^2 \dfrac{\partial v}{\partial y} = 0 \Rightarrow \dfrac{\partial}{\partial \theta}\left(\dfrac{1}{\rho}\right) = \dfrac{\partial v}{\partial y} \Rightarrow v = \dfrac{\partial}{\partial \theta}\displaystyle\int_0^\eta \dfrac{1}{\rho} d\eta \\[2ex] \rho = \dfrac{\partial \eta}{\partial y} \Rightarrow y = \displaystyle\int_0^\eta \dfrac{1}{\rho} d\eta \Rightarrow v \equiv \dfrac{\partial y}{\partial \theta} \Longleftarrow \\[2ex] \dfrac{\partial u}{\partial \theta} = \dfrac{1}{Re}\dfrac{\partial}{\partial \eta}\left(p \dfrac{\partial u}{\partial \eta}\right); \\[2ex] \dfrac{\partial p}{\partial \eta} = \gamma M^2 \left\{ \dfrac{4}{3}\dfrac{1}{Re}\dfrac{\partial}{\partial \eta}\left(p\dfrac{\partial v}{\partial \eta}\right) - \dfrac{\partial v}{\partial \theta} \right\}; \\[2ex] \dfrac{\partial T}{\partial \theta} = \dfrac{1}{Pr}\dfrac{1}{Re}\dfrac{\partial}{\partial \eta}\left(p\dfrac{\partial T}{\partial \eta}\right) + \dfrac{\gamma-1}{\gamma}\dfrac{\partial p}{\partial \theta} \\[1ex] \qquad + \dfrac{\gamma-1}{Re} M^2 p \left[\left(\dfrac{\partial u}{\partial \eta}\right)^2 + \dfrac{4}{3}\left(\dfrac{\partial v}{\partial \eta}\right)^2\right]; \\[2ex] \rho = \dfrac{p}{T} , \end{cases}$$

et les conditions :

$$
(IV,31)\quad \begin{cases} \theta=0\ ,\ \eta\to+\infty: & u=v=0\ ,\ p=T=1\,; \\ \theta>0\ ,\ \eta=0: & u=1,\ v=0\ ,\ T=1+\tau_0\ , \end{cases}
$$

puisque lorsque $y\to+\infty$, on a que $\rho\to 1$ et de ce fait $\eta\to y\to+\infty$.

Dans ce qui suit nous supposerons que $Re = O(1)$, tandis que :

$$
(IV,32)\qquad M\to 0 \text{ et } \tau_0\to 0 \qquad \text{avec } \tau_0=\Lambda_0 M^2,\ \Lambda_0=O(1)\ .
$$

3. Analyse asymptôtique, pour $M\to 0$

Lorsque $M\to 0$, à η , θ , γ , Re , Λ_0 , Pr fixés nous pouvons rechercher la solution approchée du problème (IV,30), (IV,31) sous la forme des développements asymptotiques (proximaux) suivants :

$$
(IV,33)\quad \begin{cases} u=u_0+M^2u'+\cdots\ ; \\ v=\quad M^2v'+\cdots\ ; \\ p=1\qquad +M^4p'+\cdots\ ; \\ T=1+M^2T'+\cdots\ ; \\ \rho=1+M^2\rho'+\cdots\ ; \\ \eta=y+M^2y'+\cdots\ , \end{cases}
$$

$$
\begin{pmatrix} u' \\ v' \\ p' \\ T' \\ \rho' \end{pmatrix} = \begin{pmatrix} u' \\ v' \\ p' \\ T' \\ \rho' \end{pmatrix}(\theta,\eta).
$$

Les fonctions u_0 , $v_0\equiv 0$ et $p_0\equiv 1$ nous donnent la solution du problème de Rayleigh classique en fluide visqueux incompressible, qui correspond au modèle de Navier du § 17. Ainsi, on a :

$$\text{(IV,34)}\quad \begin{cases} \dfrac{\partial u_0}{\partial \theta} = \dfrac{1}{Re}\dfrac{\partial^2 u_0}{\partial \eta^2}\ , \ u_0(\theta,0) = 1\ ; \\ \lim\limits_{\eta \to \infty} u_0 = 0 \iff u_0(0,\eta) = 0. \end{cases}$$

Pour résoudre (IV,34) il est classique d'introduire la nouvelle variable de similitude : $\zeta = \eta / 2\varepsilon\sqrt{\theta}$, avec $\varepsilon \equiv Re^{-1/2}$.

Dans ce cas $\bar{u}_0(\zeta)$ satisfait au problème :

$$\frac{d^2\bar{u}_0}{d\zeta^2} + 2\zeta\frac{d\bar{u}_0}{d\zeta} = 0\ ;\ \bar{u}_0(0) = 1\ ,\ \bar{u}_0(\infty) = 0,$$

dont la solution est :

$$\text{(IV,35)}\quad \bar{u}_0(\zeta) = 1 - \frac{2}{\sqrt{\pi}}\int_0^\zeta \exp(-s^2)\,ds \equiv \mathcal{L}_0(\zeta).$$

Précisons, tout de suite, que au niveau de la solution (IV,35) pour $\bar{u}_0(\zeta)$ il faut supposer que ζ est construit à partir de la variable y , puisque $\rho \equiv \rho_0 = 1$ implique que $\eta \equiv y = \eta_0$, avec $\eta_0 = \lim\limits_{\rho \to \rho_0 = 1} \eta$.

Pour obtenir les "faibles" perturbations liées à la faible compressibilité du fluide il faut résoudre, tout d'abord, le problème suivant, pour $T'(\theta,\eta)$:

$$\text{(IV,36)}\quad \begin{cases} \dfrac{\partial T'}{\partial \theta} = \varepsilon^2\left\{\dfrac{\partial^2 T}{\partial \eta^2} + (\gamma-1)\left(\dfrac{\partial u_0}{\partial \eta}\right)^2\right\}; \\ T' = \Lambda_0\ , \ \text{sur}\ \ \eta = 0, \\ T' = 0\ , \ \text{pour}\ \ \theta = 0, \\ T' \to 0\ , \ \text{pour}\ \ \eta \to +\infty\ , \end{cases}$$

une fois que l'on suppose que $P_r \equiv 1$.

La solution de (IV,36) est

(IV,37) $$T' \equiv \bar{T}(\zeta) = \left(\Lambda_0 + \frac{\gamma-1}{2}\right)\mathcal{L}_0(\zeta) - \frac{\gamma-1}{2}\mathcal{L}_0^2(\zeta),$$

avec $\zeta = y/2\varepsilon\sqrt{\theta}$, $y \equiv \eta_0$.

Pour $\Lambda_0 = \frac{\gamma-1}{2}$, on retrouve la solution obtenue par Van DYKE (1952).

Comme $p_0 \equiv 1$, il vient, à l'ordre M^2 ,

$$\frac{1}{\rho} = T = 1 + M^2\mathcal{L}_0(\zeta)\left\{\Lambda_0 + \frac{\gamma-1}{2} - \frac{\gamma-1}{2}\mathcal{L}_0(\zeta)\right\} + \cdots ,$$

et nous pouvons expliciter la relation liant y et η ; à l'ordre M^2 on a :

(IV,38) $$y = \int_0^\eta \frac{1}{\rho}\,d\eta = 2\varepsilon\sqrt{\theta}\int_0^\zeta \frac{1}{\rho}\,d\zeta = \underbrace{2\varepsilon\sqrt{\theta}\,\zeta}_{y} + M^2 y' + \cdots ,$$

où

(IV,39) $$y' = 2\varepsilon\sqrt{\theta}\left\{\frac{\Lambda_0 + \frac{\gamma-1}{2}}{\sqrt{\pi}}\left(\zeta\sqrt{\pi}\,\mathcal{L}_0(\zeta) - e^{-\zeta^2} + 1\right)\right.$$
$$+ \frac{\gamma-1}{\gamma}\left[\sqrt{\frac{2}{\pi}}\left(1 - \mathcal{L}_0\left(\sqrt{2}\,\zeta\right)\right) - \frac{2}{\sqrt{\pi}}\left(1 - e^{-\zeta^2}\mathcal{L}_0(\zeta)\right)\right.$$
$$\left.\left. - \zeta\mathcal{L}_0^2(\zeta)\right]\right\}.$$

Naturellement, lorsque $\Lambda_0 = \frac{\gamma-1}{2}$ on retrouve le résultat de Van DYKE :

(IV,40) $$y = 2\varepsilon\sqrt{\theta}\left\{\zeta + (\gamma-1)M^2\left[\zeta\,\mathcal{L}_0(\zeta)\left(1 - \frac{1}{2}\mathcal{L}_0(\zeta)\right)\right.\right.$$
$$\left.\left. + \frac{1}{\sqrt{2\pi}}\,\mathrm{ERF}\left(\sqrt{2}\,\zeta\right) - \frac{1}{\sqrt{\pi}}\,e^{-\zeta^2}\mathrm{ERF}(\zeta)\right] + \cdots\right\},$$

puisque $\mathrm{ERF}(\alpha) \equiv 1 - \mathcal{L}_0(\alpha)$ et $\mathcal{L}_0(\alpha) \equiv \mathrm{erf}(\alpha)$,

avec $\mathrm{ERF}(\alpha) = \frac{2}{\sqrt{\pi}}\int_0^\alpha e^{-t^2}dt$; $\mathrm{erf}(\alpha) = \frac{2}{\sqrt{\pi}}\int_\alpha^\infty e^{-t^2}dt$.

Comme : $v = \partial y/\partial\theta$ on peut faire le calcul de :

(IV,41)
$$v' = \frac{\partial \eta'}{\partial \theta} = \frac{\varepsilon}{\sqrt{\pi}} \frac{1}{\sqrt{\theta}} \left\{ \left(\Lambda_0 + \frac{\gamma-1}{2}\right)\left(1 - e^{-\zeta^2}\right) + (\gamma-1)\left[\frac{1}{\sqrt{2}}\left(1 - \mathcal{L}_0(\sqrt{2}\,\zeta)\right) - \left(1 - e^{-\zeta^2}\mathcal{L}_0(\zeta)\right)\right]\right\}.$$

Lorsque $\zeta \to +\infty$ (ce qui est équivalent à $y \to +\infty$, avec $\theta \equiv t$ fixé, ou encore à $\theta \equiv t = 0$, avec y fixé) on trouve que :

(IV,42)
$$\lim_{\zeta \to +\infty} v' = \frac{\varepsilon}{\sqrt{\pi}} \left(\Lambda_0 + \frac{\gamma-1}{2} \frac{2-\sqrt{2}}{\sqrt{2}}\right) \frac{1}{\sqrt{\theta}} \neq 0,$$

et, en particulier, lorsque $\Lambda_0 = \frac{\gamma-1}{2}$, on retrouve le résultat de Van DYKE :

$$\lim_{\zeta \to +\infty} v' = \frac{\gamma-1}{\sqrt{2\pi}} \frac{\varepsilon}{\sqrt{\theta}} \neq 0 .$$

Ainsi, sauf le cas très particulier de $\Lambda_0 = -\frac{\gamma-1}{2}\frac{2-\sqrt{2}}{\sqrt{2}}$, on constate que v' ne tend pas vers zéro lorsque $\zeta \to +\infty$. Cela veut dire que : <u>à l'infini, loin de la plaque plane, et aussi au voisinage de $t = 0$, nous sommes en présence d'un problème de perturbation singulière, lorsque $M \to 0$</u> .

Les développements asymptôtiques (IV,33), à η et θ fixés, sont donc bien des développements proximaux valables uniquement au voisinage de la plaque plane et "loin" de l'origine des temps. Il faut donc, conjointement avec (IV,33), considérer des développements asymptôtiques distaux et initiaux.

Mais avant cela, afin de préciser plus le caractère singulier des écoulements instationnaires à faible nombre de Mach, poursuivons notre calcul.

Pour $p'(\theta,\eta)$ il vient à l'ordre M^4 l'équation suivante :

(IV,43)
$$\frac{1}{\gamma}\frac{\partial p'}{\partial \eta} = \frac{4}{3}\varepsilon^2 \frac{\partial^2 v'}{\partial \eta^2} - \frac{\partial v'}{\partial \theta},$$

et en tirant profit de l'expression (IV,41), de v' , on intègre (IV,43) sous la forme suivante :

$$p' = \frac{\varepsilon^2\gamma}{\sqrt{\pi}\,\theta}\left\{\left(\Lambda_0 - \frac{\gamma-1}{2}\right)\left[\zeta\left(1+\frac{e^{-\zeta^2}}{3}\right)\right]\right. \tag{IV,44}$$
$$\left. +(\gamma-1)\left[\frac{1}{3}\zeta e^{-\zeta^2}\mathrm{ERF}(\zeta) + \frac{1}{\sqrt{2}}\zeta\,\mathrm{ERF}(\sqrt{2}\,\zeta)\right]\right\} + f'(\theta),$$

où $f'(\theta)$ est une fonction arbitraire de θ qui reste à déterminer. Naturellement, lorsque $\Lambda_0 = \frac{\gamma-1}{2}$, on retrouve le résultat de Van DYKE et pour $\zeta \to +\infty$ il vient :

$$p' \sim \frac{\varepsilon^2\gamma}{\sqrt{\pi}}\left\{\Lambda_0 + \frac{\sqrt{2}-1}{2}(\gamma-1)\right\}\frac{\zeta}{\theta} + f'(\theta), \tag{IV,45}$$

au lieu de $p' \to 0$.

Ensuite, à l'ordre M^2, pour déterminer $u'(\theta,\eta)$ nous avons l'équation

$$\frac{\partial u'}{\partial \theta} = \varepsilon^2 \frac{\partial^2 u'}{\partial \eta^2}, \tag{IV,46a}$$

avec les conditions :

$$\begin{cases} u' = 0, & \text{pour } \theta = 0 \text{ et } \eta \to +\infty, \\ u' = 0, & \text{pour } \eta = 0 \ (\theta > 0), \end{cases} \tag{IV,46b}$$

ce qui conduit à $u' \equiv 0$.

Mais il faut tout de suite préciser que cette solution nulle pour u' est la conséquence directe du développement asymptôtique (proximal) de p, où il n'y a pas de terme en M^2 et en M^3. En fait, il s'avère (voir la section 4 de ce § 19) que le raccord avec la solution distale, valable pour les grandes valeurs de ζ, impose un développement proximal de p (à la place du développement (IV,33) pour p) de la forme suivante :

$$p = 1 + M^3 F(\theta) + M^4 p' + \cdots, \tag{IV,47}$$

où $F(\theta)$ est une fonction arbitraire de θ que l'on déterminera à la section 4 suivante de ce § 19. De ce fait, le développement proximal de u est de la forme (à la place de (IV,37), pour u) :

$$u = u_0 + M^3 u'' + \cdots,$$

et $u''(\theta,\eta)$ satisfait à l'équation non homogène :

(IV,48a) $$\frac{\partial u''}{\partial \theta} - \varepsilon^2 \frac{\partial^2 u''}{\partial \eta^2} = \varepsilon^2 F(\theta) \frac{\partial^2 u_0}{\partial \eta^2},$$

avec les conditions

(IV,48b) $$\begin{cases} u''=0, \text{ pour } \theta=0 \text{ et } \eta \to +\infty, \\ u''=0, \text{ pour } \eta=0, \end{cases}$$

où la condition $u'' \to 0$, avec $\eta \to +\infty$ peut ne pas être satisfaite et devra alors être remplacée par une condition de raccord et il peut alors en être de même avec la condition $u'' \to 0$, avec $\theta \to 0$. Mais pour intégrer le problème (IV,48) il faut connaitre $F(\theta)$.

4. Détermination de l'écoulement distal et raccords

On retourne aux équations de départ (IV,28) et on introduit une variable verticale distale

(IV,49) $$\tilde{y} = My,$$

qui reste de l'ordre de l'unité, lorsque simultanément : $M \to 0$ et $y \to +\infty$. Si nous voulons que l'équation de continuité ne soit pas trop dégénérée, il faut que l'on introduise aussi une nouvelle vitesse verticale :

(IV,50) $$\tilde{v} = Mv.$$

Dans ce cas, à la place de (IV,28), il vient le système des équations distales suivant :

(IV,51a) $$\frac{\partial \rho}{\partial t} + \frac{\partial \rho \tilde{v}}{\partial \tilde{y}} = 0 ;$$

(IV,51b) $$\rho\left(\frac{\partial u}{\partial t} + \tilde{v}\frac{\partial u}{\partial \tilde{y}}\right) = \frac{M^2}{Re}\frac{\partial}{\partial \tilde{y}}\left(T\frac{\partial u}{\partial \tilde{y}}\right);$$

(IV,51c) $$\rho\left(\frac{\partial \tilde{v}}{\partial t}+\tilde{v}\frac{\partial \tilde{v}}{\partial \tilde{y}}\right)+\frac{1}{\gamma}\frac{\partial p}{\partial \tilde{y}}=\frac{4}{3}\frac{M^2}{Re}\frac{\partial}{\partial \tilde{y}}\left(T\frac{\partial \tilde{v}}{\partial \tilde{y}}\right);$$

(IV,51d) $$p=\rho T;$$

(IV,51e) $$\rho\left(\frac{\partial T}{\partial t}+\tilde{v}\frac{\partial T}{\partial \tilde{y}}\right)-\frac{\gamma-1}{\gamma}\left(\frac{\partial p}{\partial t}+\tilde{v}\frac{\partial p}{\partial \tilde{y}}\right)$$
$$=\frac{1}{Pr}\frac{M^2}{Re}\left\{\frac{\partial}{\partial \tilde{y}}\left(T\frac{\partial T}{\partial \tilde{y}}\right)+Pr(\gamma-1)M^2 T\left[\left(\frac{\partial u}{\partial \tilde{y}}\right)^2+\frac{4}{3}\frac{1}{M^2}\left(\frac{\partial \tilde{v}}{\partial \tilde{y}}\right)^2\right]\right\}.$$

On peut aisément se convaincre*) que (IV,49) et (IV,50) conduisent, par la suite, à la dégénérescence minimale du système (IV,51), lorsque $M \to 0$ et avec les développements asymptôtiques distaux :

(IV,52) $$\begin{cases} u = M^3\tilde{u}''+\cdots; \\ \hat{v} = M^3\tilde{v}'+\cdots; \\ p = 1+M^3\tilde{p}''+\cdots; \\ \rho = 1+M^3\tilde{\rho}''+\cdots; \\ T = 1+M^3\tilde{T}''+\cdots, \end{cases}$$

$$(\tilde{u}'',\tilde{v}',\tilde{p}'',\tilde{\rho}'',\tilde{T}'')^T=(\tilde{u}'',\tilde{v}',\tilde{p}'',\tilde{\rho}'',\tilde{T}'')^T(t,\tilde{y}).$$

---

*) Nous avons vu que les termes successifs : $F(\theta)$, p', ... du développement proximal (IV,47) de la pression se comportent, pour $y \to +\infty$, respectivement comme : y^0, y, ... et de ce fait le rapport de deux termes successifs : $M^4 p'/M^3 F(\theta)$ se comporte comme My et tend vers l'infini avec y. Ce résultat montre bien que les développements proximaux ne sont certainement plus valables à des distances y de l'ordre de $1/M$, ce qui suggère pour la variable distale $\tilde{y}$ la forme choisie (IV,49).

On notera qu'il est facile de voir que l'ordre de grandeur de $(p-1)$ est bien en M^3 ; en effet, puisque nous avons un terme $M^3 F(\Theta)$ pour $(p-1)$ au niveau de (IV,47) il faut bien qu'il y ait un terme analogue au niveau de (IV,52) pour $(p-1)$. De même, comme v' se comporte comme y^0 , pour $y \to +\infty$, il faut que le premier terme du développement distal de $v = \tilde{v}/M = M^2 \tilde{v}' + \ldots$ se comporte comme $M^2 y^0$, pour $\tilde{y} \to 0$. Enfin, comme nous l'avons vu, il faut que le développement distal de u comporte un terme en M^3 (le terme proximal u_0 , de u , satisfait à la condition à l'infini : $\lim_{\eta \to \infty} u_0 \equiv 0$).

On notera que dans la région distale la solution est <u>une petite perturbation</u> (en M^3) relativement au repos.

Lorsque l'on porte (IV,52) dans les équations (IV,51), on obtient pour $\tilde{u}''$, $\tilde{v}'$, $\tilde{p}''$, $\tilde{\rho}''$ et $\tilde{T}''$ les équations de l'Acoustique sans termes de sources :

(IV,53)
$$\begin{cases} \dfrac{\partial \tilde{\rho}''}{\partial t} + \dfrac{\partial \tilde{v}'}{\partial \tilde{y}} = 0 ; \\[2mm] \dfrac{\partial \tilde{v}'}{\partial t} + \dfrac{1}{\gamma} \dfrac{\partial \tilde{p}''}{\partial \tilde{y}} = 0 ; \\[2mm] \dfrac{\partial \tilde{T}''}{\partial t} - \dfrac{\gamma - 1}{\gamma} \dfrac{\partial \tilde{p}''}{\partial t} = 0 ; \\[2mm] \tilde{p}'' = \tilde{\rho}'' + \tilde{T}'' , \end{cases}$$

et aussi

(IV,54)
$$\frac{\partial \tilde{u}''}{\partial t} = 0 \quad \Rightarrow \quad \tilde{u}'' \equiv \tilde{u}''(\tilde{y}) .$$

De (IV,53) on déduit, en particulier, que $\tilde{v}'$ satisfait à l'équation des ondes monodimensionnelles :

(IV,55)
$$\frac{\partial^2 \tilde{v}'}{\partial \tilde{y}^2} - \frac{\partial^2 \tilde{v}'}{\partial t^2} = 0 .$$

Cette équation (IV,55) doit-être résolue avec les conditions initiales :

(IV,56a) $$\hat{v}'(0,\hat{y}) = 0 , \quad \frac{\partial \hat{v}'}{\partial t}\Big|_{t=0} = 0 ,$$

et la condition à la limite :

(IV,56b) $$\hat{v}'(t,0) = \frac{\varepsilon}{\sqrt{\pi}}\left(\Lambda_0 + \frac{\gamma-1}{2}\,\frac{2-\sqrt{2}}{\sqrt{2}}\right)\frac{1}{\sqrt{t}} , \quad t>0 ,$$

qui est une condition de raccord, avec le v' proximal correspondant (d'ordre M^2), pour $y \to \infty$ (c'est-à-dire avec (IV,42)). De plus, la solution $\hat{v}'$ de (IV,55) doit aussi satisfaire à une condition de rayonnement à l'infini, lorsque $\hat{y} \to +\infty$. On peut alors vérifier que la solution du problème ainsi posé est :

(IV,57a) $$\hat{v}'(t,\hat{y}) = \frac{\varepsilon}{\sqrt{\pi}}\left[\Lambda_0 + \frac{\gamma-1}{2}(\sqrt{2}-1)\right]\frac{1}{\sqrt{t-\hat{y}}} ,$$

lorsque $\hat{y} < t$;

(IV,57b) $$\hat{v}'(t,\hat{y}) \equiv 0 , \text{ lorsque } \hat{y} \geqslant t .$$

Dans ce cas la seconde des équations du système (IV,53) détermine $\hat{p}''(t,\hat{y})$:

(IV,58) $$\begin{cases} \hat{p}''(t,\hat{y}) = \dfrac{\gamma\varepsilon}{\sqrt{\pi}}\left[\Lambda_0 + \dfrac{\gamma-1}{2}(\sqrt{2}-1)\right]\dfrac{1}{\sqrt{t-\hat{y}}} , & \text{lorsque } \hat{y} < t ; \\ \hat{p}''(t,\hat{y}) \equiv 0 , & \text{lorsque } \hat{y} \geqslant t . \end{cases}$$

Lorsque $\hat{y} \to 0$, il vient de (IV,58), pour $\hat{y} < t$:

(IV,59) $$\hat{p}''(t,\hat{y}) \sim \frac{\gamma\varepsilon}{\sqrt{\pi}}\left[\Lambda_0 + \frac{\gamma-1}{2}(\sqrt{2}-1)\right]\frac{1}{\sqrt{t}}\left(1 + \frac{1}{2}\frac{\hat{y}}{t} + \cdots\right) ,$$

et le raccord avec (IV,47) implique que :

(IV,60) $$F(\theta) \equiv \frac{\gamma\varepsilon}{\sqrt{\pi}}\left[\Lambda_0 + \frac{\gamma-1}{2}\left(\sqrt{2}-1\right)\right]\frac{1}{\sqrt{\theta}} \;,\; \theta>0 .$$

Pour déterminer la fonction inconnue $f'(\theta)$ qui intervient au niveau de la relation (IV,45) il faudrait pousser les développements distaux (IV,52) jusqu'aux termes en M^4.

Mais revenons à (4,60); nous pouvons maintenant expliciter le second membre de l'équation (IV,48a) pour $u''(\theta,\eta)$ et sous les conditions :

$$u''(0,\eta)=0 \;,\; u''(\theta,0)=0,$$

nous obtenons aisément la solution suivante, écrite dans les variables θ, ζ :

(IV,61) $$u''(\theta,\zeta)=\frac{2\gamma\varepsilon}{\pi}\left[\Lambda_0 + \frac{\gamma-1}{2}\left(\sqrt{2}-1\right)\right]\frac{\zeta}{\sqrt{\theta}}\, e^{-\zeta^2} .$$

Cette dernière tend vers zéro, avec $y \to +\infty$ (θ fixé).

De ce fait, on constate que (IV,54) conduit à : $\hat{u}'' \equiv 0$. Maintenant, comme le terme en M^3 du développement proximal de p est connu, d'après (IV,60), nous pouvons aussi calculer les termes en M^3 des développements proximaux de T, ρ et v . On obtient aisément que :

(IV,62) $$\begin{cases} T = 1 + M^2 T' + M^3 T'' + \cdots \;; & T'' = \frac{\gamma-1}{\sqrt{\pi}}\varepsilon\lambda_0\frac{1}{\sqrt{\theta}} ; \\ \rho = 1 + M^2\rho' + M^3\rho'' + \cdots \;; & \rho'' = \frac{\varepsilon}{\sqrt{\pi}}\lambda_0\frac{1}{\sqrt{\theta}} ; \\ v = \quad M^2 v' + M^3 v'' + \cdots \;; & v'' = \frac{\varepsilon^2}{\sqrt{\pi}}\lambda_0\, \zeta/\sqrt{\theta} . \end{cases}$$

On peut ensuite remonter dans la région distale et faire le calcul des termes en M^4, au niveau des développements distaux (IV,52), mais nous n'irons pas plus loin dans cette voie ici. Précisons encore que :

$$\lambda_0 \equiv \Lambda_0 + \frac{\gamma-1}{2}\left(\sqrt{2}-1\right).$$

5. Le problème du voisinage de $t=0$

Nous avons déjà indiqué que le voisinage de $t=0$ était aussi singulier pour les développements proximaux (IV,33) et qu'il fallait donc, en toute généralité, considérer au voisinage de l'origine des temps des développements initiaux en introduisant une variable de temps "courte" :

$$\hat{t} = t/M^{\alpha} \quad , \text{ avec } \alpha > 0 \text{ à déterminer.}$$

Mais comme nous l'avons vu, au niveau du problème de Rayleigh considéré à ce § 19, la solution proximale est essentiellement fonction de la variable de similitude $\zeta = y/2\varepsilon\sqrt{t}$. De ce fait, la région distale, caractérisée par $y \sim \infty$ et la région initiale caractérisée par $t \sim 0$ sont liées toutes les deux au comportement de la solution proximale lorsque $\zeta \to +\infty$. Ainsi, l'analyse effectuée à la section 4 précédente devrait rester valable pour le voisinage de $t = 0$ *).

Dans la région proximale nous avons vu que v' (terme d'ordre M^2) et les termes d'ordre M^3 pour p, ρ et T étaient singuliers. Aussi, il est naturel de rechercher, au voisinage de $t = 0$, lorsque :

(IV,63) $$M \to 0 \quad , \text{ à } \quad \hat{t} = \frac{t}{M} \quad \text{et } y \text{ fixés,}$$

la solution de (IV,28) sous la forme des développements asymptôtiques initiaux suivants :

(IV,64)
$$\begin{cases} u = \hat{u}(\hat{t}, y) = \hat{u}_0 + \cdots ; \\ v = \hat{v}(\hat{t}, y) = \qquad M^2 \hat{v}' + \cdots ; \\ p = \hat{p}(\hat{t}, y) = 1 \qquad + M^3 \hat{p}'' + \cdots ; \\ \rho = \hat{\rho}(\hat{t}, y) = 1 \qquad + M^3 \hat{\rho}'' + \cdots ; \\ T = \hat{T}(\hat{t}, y) = 1 \qquad + M^3 \hat{T}'' + \cdots , \end{cases}$$

après avoir au préalable passé dans ces équations (IV,28) à la variable $\hat{t} = t/M$; le cas $\alpha = 1$ étant le plus significatif . Il vient alors pour $\hat{v}'$, $\hat{p}''$, $\hat{\rho}''$ et $\hat{T}''$ les équations de l'acoustique sans termes de sources, qui s'identifient exactement avec celles écrites en (IV,53), à condition de changer les " $\sim$ " en " $\wedge$ ", t en $\hat{t}$ et $\tilde{y}$ en y . Cela confirme bien l'analogie qu'il y a entre

---

*) Il y a cependant une différence qui est que, dans le développement proximal, la variable temps $\theta \equiv t$ intervient aussi toute seule (voir par exemple la solution (IV,41) pour v').

les régions liées à $t=0$ et à $y=\infty$. Mais nous ne rentrerons pas dans les détails de l'analyse de cette région au voisinage de $t=0$, ce qui nécessiterait une étude plus poussée qui reste d'ailleurs à faire .

6. Quelques renseignements bibliographiques

Le problème de Rayleigh en fluide compressible a été considéré semble-t-il pour la première fois par HOWARTH (1951) et aussi par STEWARTSON (1951). Ensuite Van DYKE (1952) a donné une solution approchée de ce problème et notre solution exposée aux sections 3 et 4 de ce § 19 est directement inspirée de ce travail de Van DYKE.

Parmi d'autres travaux citons ceux de : HANIN (1960), TRAUGOTT (1962) et TOKUDA (1968). On trouvera dans notre Note, ZEYTOUNIAN (1980), une justification asymptotique des équations de Rayleigh; mais nous aurons l'occasion d'y revenir à la Leçon VIII.

20. Le problème des conditions initiale et à l'infini pour les écoulements instationnaires de fluide faiblement compressible

Revenons aux développements, effectués aux §§ 17 et 18, qui nous ont conduit au modèle de Navier et aux diverses formes prises par l'équation de l'énergie. Les résultats du § 19 précédent nous laissent supposer que les développements asymptotiques considérés aux §§ 17 et 18, sous le passage à la limite (IV,1), principal (proximal) ne seront plus valables à de grandes distances de l'obstacle Σ et aussi au voisinage de l'instant initial $t=0$.

Il nous faut donc élucider, tout d'abord, si le passage à la limite principal (IV,1) permute bien avec le passage à la limite $|\vec{x}|\to\infty$; en écoulement instationnaire cela n'est manifestement pas le cas et de ce fait il est nécessaire d'introduire un nouveau passage à la limite :

$$\text{(IV,65)} \qquad \operatorname{Lim}_N^{\ell\infty} = \left\{ M \to 0 \,,\ \text{à } t \text{ et } \vec{\xi} = M\vec{x} \text{ fixés} \right\},$$

dit distal.

De la même façon il faut élucider si le même passage à la limite principal (IV,1) permute bien avec le passage à la limite $t \to 0$; une fois de plus, en écoulement instationnaire cela n'est pas le cas et il faut alors introduire un troisième passage à la limite :

(IV,66) $$\underset{N}{\mathrm{Lim}}^{\ell_t} = \left\{ M \to 0 , \text{ à } \hat{t} = \frac{t}{M} \text{ et } \vec{x} \text{ fixés} \right\},$$

dit <u>initial</u>.

On doit s'attendre à ce que les développements principaux effectués au §§ 17 et 18 soient remis en question, soit par le raccord avec la représentation distale, soit par le raccord avec la représentation initiale. Dans le cas général des équations de Navier-Stokes (du modèle exact de Navier-Stokes) il ne semble pas que ces questions aient été élucidées. Par contre pour les équations modèles d'Euler (dont il sera question à la Leçon V, suivante), VIVIAND (1970) et CROW (1970) ont mis en évidence la non uniformité du double passage à la limite :

(IV,67) $$S = O(1) , Re \equiv \infty ; |\vec{x}| \to \infty , M \to 0 ,$$

qui est lié à une dégénérescence acoustique des équations d'Euler instationnaires.

D'autre part, dans ZEYTOUNIAN et GUIRAUD (1980a et b) on trouvera une analyse asymptôtique de l'évolution des ondes acoustiques générées dans une enceinte bornée, en relation avec le concept d'incompressibilité.

1. <u>Equations pour le domaine distal</u>

Revenons donc aux équations de Navier-Stokes exactes (I,35), avec (I,36) et réécrivons les en introduisant les variables distales :

(IV,68) $$\tilde{x}_k = M^{\alpha} x_k ,$$

$\alpha > 0$ restant pour l'instant arbitraire. Conjointement avec (IV,68) nous postulons la représentation asymptotique distale suivante :

$$
\text{(IV,69)}\quad
\begin{cases}
\vec{u} = \vec{u}_\infty + M^{\varphi}\tilde{\vec{u}} \quad ; \quad u_k = |\vec{u}_\infty|\delta_k + M^{\varphi}\tilde{u}_k ; \text{*)} \\
p = 1 + M^{\beta}\tilde{p} ; \\
\rho = 1 + M^{\sigma}\tilde{\rho} ; \\
T = 1 + M^{\lambda}\tilde{T} ,
\end{cases}
$$

une fois que l'on tient compte des conditions à l'infini (adimensionnées respectivement par rapport à V_0, p_∞, ρ_∞ et T_∞).

L'équation de continuité du système (I,35) donne :

$$
S\frac{\partial\tilde{\rho}}{\partial t} + M^{\varphi+\alpha-\sigma}\frac{\partial\tilde{u}_k}{\partial\tilde{x}_k} + M^{\varphi+\alpha}\frac{\partial\tilde{\rho}\tilde{u}_k}{\partial\tilde{x}_k} + M^{\alpha}|\vec{u}_\infty|\delta_k\frac{\partial\tilde{\rho}}{\partial\tilde{x}_k} = 0 ,
$$

et nous devons imposer, au moins, que : $\varphi+\alpha=\sigma$, dans ce cas, lorsque $M\to 0$, à t et $\tilde{x}_k$ fixés, il vient l'équation de continuité distale suivante :

$$
S\frac{\partial\tilde{\rho}_0}{\partial t} + \frac{\partial\tilde{u}_{k,0}}{\partial\tilde{x}_k} = 0 . \qquad \text{(IV,70a)}
$$

Ensuite, l'équation de la quantité de mouvement, de ce même système (I,35), conduit à

$$
S\frac{\partial\tilde{u}_i}{\partial t} + M^{\alpha}|\vec{u}_\infty|\delta_k\frac{\partial\tilde{u}_i}{\partial\tilde{x}_k} + M^{\varphi+\alpha}\tilde{u}_k\frac{\partial\tilde{u}_i}{\partial\tilde{x}_k}
+ \frac{1}{\gamma}M^{\beta+\alpha-2-\varphi}\frac{\partial\tilde{p}}{\partial\tilde{x}_i} = \frac{M^{2\alpha}}{Re}\frac{\partial\tilde{\tau}_{ik}}{\partial\tilde{x}_k} + \cdots ,
$$

où, d'après la première des relations (I,36),

---

*) Le vecteur vitesse "à l'infini" est un vecteur constant qui simule l'écoulement de base uniforme loin de l'obstacle (supposé immobile). Le symbole δ_k , $k=1,2,3$, a pour composantes : $\delta_1 = 1$, $\delta_2 = 1$, $\delta_3 = 1$, dans le cas général.

$$\tilde{\tau}_{ik} = \hat{\mu}\left(\frac{\partial \tilde{u}_i}{\partial \tilde{x}_k} + \frac{\partial \tilde{u}_k}{\partial \tilde{x}_i}\right) + \left(\hat{\mu}_v - \frac{2}{3}\hat{\mu}\right)\frac{\partial \tilde{u}_k}{\partial \tilde{x}_k} ,$$

avec $\hat{\mu}$ et $\hat{\mu}_v$ des fonctions de $(1+M^{\lambda}\tilde{T})$.

Limitons-nous ici au cas de $Re = O(1)$; le cas de $Re \ll 1$ est examiné à la Leçon VII, tandis que le cas de $Re \gg 1$ est examiné à la Leçon VI et plus spécialement à la Leçon X (cas de $M \to 0$ et $Re \to \infty$ simultanément*)).

Lorsque $Re = O(1)$ le cas de l'acoustique (linéaire et sans termes de sources) s'obtient pour :

$$\varphi = \beta + \alpha - 2 , \ \beta = \sigma = \lambda \ \Rightarrow \varphi + \alpha = \beta$$

et dans ce cas on a que

$$\varphi = \varphi + \alpha + \alpha - 2 \ \to \ \alpha \equiv 1 , \ \varphi = \beta - 1 .$$

L'équation limite correspondante, lorsque $M \to 0$, est :

(IV,70b)
$$S\frac{\partial \tilde{u}_{i,0}}{\partial t} + \frac{1}{\gamma}\frac{\partial \tilde{p}_0}{\partial \tilde{x}_i} = 0 , \quad i = 1,2,3.$$

L'équation de l'énergie du système (I,35) devient, elle,

$$S\frac{\partial \tilde{T}}{\partial t} + M^{\alpha}|\vec{u}_\infty|\delta_k \frac{\partial \tilde{T}}{\partial \tilde{x}_k} + M^{\varphi+\alpha}\tilde{u}_k\frac{\partial \tilde{T}}{\partial \tilde{x}_k}$$
$$+(\gamma-1)M^{\varphi+\alpha-\beta}\frac{\partial \tilde{u}_k}{\partial \tilde{x}_k} + (\gamma-1)M^{\varphi+\alpha}\tilde{p}\frac{\partial \tilde{u}_k}{\partial \tilde{x}_k}$$
$$= -\frac{\gamma}{Pr}\frac{M^{2\alpha}}{Re}\frac{\partial \tilde{q}_k}{\partial \tilde{x}_k} + \cdots ,$$

où, d'après la seconde des relations (I,36): $\tilde{q}_k = -\tilde{k}\dfrac{\partial \tilde{T}}{\partial \tilde{x}_k}$, $\tilde{k} = k(1+M^{\lambda}\tilde{T})$,

---

*) Lorsque $Re \gg 1$ (grands nombres de Reynolds) il faut, en toute rigueur, considérer la situation :

$$M \to 0 \text{ et } Re \to \infty, \text{ avec } Re^{-1} = \hat{Re}^{-1}M^{a}, \ a>0 \text{ et } \hat{Re} = O(1).$$

Dans ce cas, la situation :

Re fixée, $M \to 0$ et ensuite $Re \to \infty$,

correspond à $\hat{Re} \to 0$.

On trouvera à la Leçon X, un exemple analysé en détail, qui est celui du problème dit de BLASIUS (voir la Leçon VI à ce sujet).

une fois que l'on tient compte que $\lambda = \beta$. Lorsque $\alpha = 1$, il vient l'équation limite suivante, pour $M \to 0$,

(IV,70c) $$S \frac{\partial \tilde{T}_0}{\partial t} + (\gamma - 1) \frac{\partial \tilde{u}_{k,0}}{\partial \tilde{x}_k} = 0.$$

Enfin, comme $\sigma = \lambda = \beta$, l'équation d'état du système (I,35) conduit, lorsque $M \to 0$, à la relation

(IV,70d) $$\tilde{p}_0 = \tilde{\rho}_0 + \tilde{T}_0 .$$

Le système des équations distales (IV,70) est celui de l'acoustique linéaire. L'exposant $\beta \, (\equiv \sigma = \lambda)$ reste indéterminé et ce n'est que lors du raccord*) avec le champ proximal que l'on pourra déterminer la valeur de β , puis celle de $\varphi = \beta - 1$.

Les équations distales (IV,70), qui sont celles de l'acoustique, conduisent à une équation des ondes dans l'espace temps $(t, \tilde{x}_k)$, à quatre dimensions, et, en particulier, pour $\tilde{p}(t, \tilde{x}_k)$ on aura :

(IV,71) $$S^2 \frac{\partial \tilde{p}}{\partial t^2} - \left(\frac{\partial^2}{\partial \tilde{x}_1^2} + \frac{\partial^2}{\partial \tilde{x}_2^2} + \frac{\partial^2}{\partial \tilde{x}_3^2} \right) \tilde{p} = 0 .$$

Ainsi, comme il fallait s'y attendre l'analyse de l'écoulement dans le domaine distal, lorsque Re reste fixé, de l'ordre de l'unité, est indépendante du nombre de Reynolds Re **). Par contre l'analyse du comportement des termes du développement proximal pour p (par exemple (IV,17)), lorsque $|\vec{x}| \to \infty$, semble malaisée à effectuer et ne semble pas avoir été faite à l'heure actuelle. Naturellement, si l'on pouvait se convaincre que, même lorsque $Re = O(1)$, il existe une région intermédiaire de raccord où les équations limites restent "non visqueuses", alors il serait sans doute possible de tirer profit des résultats de l'analyse effectuée par VIVIAND (1970), à partir des équations d'Euler instationnaires. Malheureusement, tant que $Re = O(1)$ on peut se convaincre assez facilement qu'il n'existe en fait que deux domaines d'espace, pour les écoulements faiblement compressibles : l'un proximal, incompressible visqueux, et l'autre distal, qui est acoustique. Par contre, lorsque $Re \gg 1$, on peut mettre en évidence trois régions : la première, près de l'obstacle, est celle de la couche limite incompressible, la seconde, intermédiaire, est celle du fluide parfait incompressible et la troisième, distale, est celle de l'acoustique.

---

*) En parlant de raccord nous supposons implicitement que l'analyse asymptotique présentée ici est du type dit "couche limite". Cela veut dire que le comportement des fonctions avec des "$\sim$" , lorsque $|\tilde{x}_k| \to 0$, est compatible, avec le comportement des fonctions proximales, lorsque $|x_k| \to \infty$, d'après la règle simplifiée de Van DYKE (1975). En d'autres termes cela veut dire que l'on peut appliquer la MDAR.

**) Cela reste naturellement aussi vrai lorsque $Re \gg 1$ et à plus forte raison, puisque dans ce cas tous les effets visqueux sont localisés au voisinage de l'obstacle dans la couche limite qui est plongée dans le domaine proximal.

Nous reviendrons sur les écoulements à faible nombre de Mach, pour le cas des fluides parfaits $(Re \equiv \infty)$, à la Leçon V.

2. Equations pour le domaine initial. Le problème de la condition initiale pour le modèle de Navier

Revenons aux équations exactes de Navier-Stokes sans dimensions (I,35), avec (I,36), et recherchons si l'on peut trouver une dégénérescence significative de ces équations associée au changement de temps:

(IV,72) $$t = M^{\beta}\hat{t} \;, \quad \beta > 0 \,,$$

étant entendu que pour $t = 0$, le fluide est au repos dans un état thermostatique spatialement homogène caractérisé par (sous forme sans dimensions).

(IV,73) $$t = 0 : \quad \vec{u} = 0 \;, \; p = \rho = T = 1 \,.$$

Nous supposons que le fluide est ensuite mis en mouvement par déplacement de l'obstacle; deux cas se présentent : ou bien le fluide est mis en mouvement impulsivement, c'est-à-dire dans un laps de temps petit par rapport à $O(M)$, ou bien il est mis en mouvement progressivement et, dans ce cas, pour fixer les idées nous supposerons que l'accélération est $O(1)$. Naturellement dans ces deux cas, à l'infini, il faut imposer que :

(IV,74) $$\vec{u} \to 0 \;, \; p \to 1 \,, \; \rho \to 1 \,, \; T \to 1 \,,$$

lorsque $|\vec{x}| \to +\infty$ et pour tout t .

Notons avec des "$\wedge$", les fonctions de notre problème exprimées à l'aide de $\hat{t}$, au lieu de t , en conservant $\vec{x}$ inchangé.

Dans le premier cas (mise en mouvement impulsive, avec une vitesse de déplacement des points de la paroi de l'obstacle, notée $\vec{u}_{\ell}$) nous sommes amenés à associer à (IV,72) le changement :

$$\text{(IV,75)} \quad \begin{cases} \vec{u} = \hat{\vec{u}} \,, \quad p = 1 + M^{\lambda}\hat{p} \,, \quad \rho = 1 + M^{\lambda}\hat{\rho} \,, \\ T = 1 + M^{\lambda}\hat{T} \,, \end{cases}$$

et l'on voit, lorsque $M \to 0$, à $\hat{t}$ et $\vec{x}$ fixés, qu'il n'y a qu'une dégénérescence significative correspondant à $\beta = \lambda = 1$. Ainsi, à la limite (IV,66) initiale il vient une fois de plus, le système acoustique suivant :

$$\text{(IV,76)} \quad \begin{cases} S \dfrac{\partial \hat{\rho}_0}{\partial \hat{t}} + \vec{\nabla} \cdot \hat{\vec{u}}_0 = 0 \,; \\ \gamma S \dfrac{\partial \hat{\vec{u}}_0}{\partial \hat{t}} + \vec{\nabla} \hat{p}_0 = 0 \,; \\ S \dfrac{\partial \hat{T}_0}{\partial \hat{t}} + (\gamma - 1) \vec{\nabla} \cdot \hat{\vec{u}}_0 = 0 \,; \\ \hat{p}_0 = \hat{\rho}_0 + \hat{T}_0 \,. \end{cases}$$

Au système (IV,76), non visqueux, nous ne pouvons imposer que la condition :

$$\text{(IV,77)} \quad \hat{\vec{u}}_0 \cdot \vec{n} \big|_{\Sigma|_{t=0}} = w_{\ell} \big|_{t=0} = (\vec{u}_{\ell} \cdot \vec{n}) \big|_{t=0} \,,$$

où Σ désigne la paroi de l'obstacle qui met le fluide en mouvement impulsivement; $\vec{n}$ est le vecteur normal unitaire à Σ dirigé vers le fluide et w_{ℓ} la vitesse de déplacement normale à Σ . Lorsque le domaine fluide va à l'infini (où on a : $\hat{\vec{u}}_0 = \hat{p}_0 = \hat{\rho}_0 = \hat{T}_0 = 0$), on peut postuler une solution de (IV,76) avec (IV,77) sous la forme :

$$\text{(IV,78)} \qquad \begin{cases} \hat{\vec{u}}_0 = \vec{u}_0\big|_{t=0} + \vec{\nabla}\hat{\chi}_0 ; \\ \hat{p}_0 = -\dfrac{S}{\gamma}\dfrac{\partial \hat{\chi}_0}{\partial \hat{t}} , \end{cases}$$

où $\vec{u}_0\big|_{t=0}$ est la donnée initiale pour le modèle de Navier :

$$\text{(IV,79)} \qquad \begin{cases} S\dfrac{\partial \vec{u}_0}{\partial t} + (\vec{u}_0\cdot\vec{\nabla})\vec{u}_0 + \vec{\nabla}(p_2/\gamma) = \dfrac{1}{Re}\vec{\nabla}^2\vec{u}_0 ; \\ \vec{\nabla}\cdot\vec{u}_0 = 0 , \\ \vec{u}_0 = \vec{u}_\ell , \text{ sur } \Sigma ; \\ \vec{u}_0 = 0 , \text{ à l'infini } ; \\ \vec{u}_0 \equiv \vec{u}_0\big|_{t=0} , \text{ pour } t = 0 . \end{cases}$$

Le modèle (IV,79) ci-dessus tombant en défaut au voisinage de $t = 0$, dans le domaine initial considéré à cette section 2 du § 20. La condition initiale que nous cherchons pour le modèle de Navier (IV,79) est une condition de raccord entre les deux représentations principale et initiale. Ce raccord est automatiquement réalisé, d'après la première ligne de (IV,78), lorsque

$$\text{(IV,80)} \qquad \lim_{\hat{t}\to\infty} \hat{\chi}_0 = 0 \quad \Rightarrow \quad \lim_{\hat{t}\to\infty} \hat{\vec{u}}_0 = \vec{u}_0\big|_{t=0} ,$$

et dans ce cas la condition

$$\vec{\nabla}\hat{\chi}_0\big|_{\hat{t}=0} \equiv -\vec{u}_0\big|_{t=0} ,$$

(puisque par hypothèse, d'après (IV,73), on a $\hat{\vec{u}}_0\big|_{\hat{t}=0} = 0$) nous montre que :

$$\text{(IV,81)} \qquad (\vec{\nabla}\wedge\vec{u}_0)\big|_{t=0} \equiv 2\vec{\omega}_0\big|_{t=0} = 0^{*)} .$$

---

*) En tout généralité aux équations de Navier (IV,79) nous pouvons appliquer une condition initiale (affaiblie) relative au tourbillon $\vec{\nabla}\wedge\vec{u}_0 \equiv 2\vec{\omega}_0$; mais comme il ne s'agit que d'une condition initiale "partielle", nous ne pouvons pas, naturellement, appliquer directement celle qui résulte du repos (condition (IV,73)) et qui conduirait à $\vec{\omega}_0\big|_{t=0} = 0$. Au contraire c'est cette dernière condition (qui découle du raccord) qui nous permet de formuler pour $\vec{u}_0\big|_{t=0} \equiv \vec{\nabla}\varphi_0^0$ le problème de Neumann (IV,82).

Ainsi, on arrive à la conclusion (grâce au raccord entre les représentations principale et locale) que pour déterminer la donnée initiale de l'écoulement instationnaire de Navier, gouverné par (IV,79), $\vec{u}_0|_{t=0} = \vec{\nabla}\varphi_0^\circ$, il faut résoudre le problème classique de Neumann suivant :

(IV,82)
$$\begin{cases} \vec{\nabla}^2\varphi_0^\circ = 0 \; , \quad \dfrac{d\varphi_0^\circ}{dn} = \vec{u}_\ell \cdot \vec{n} \equiv w_\ell \; ; \\ \varphi_0^\circ \to 0 \; , \quad \text{à l'infini.} \end{cases}$$

La donnée initiale $\vec{u}_0|_{t=0}$, obtenue à partir de la résolution du problème (IV,82) est une donnée admissible pour le modèle de Navier (IV,79) qui décrit l'écoulement instationnaire visqueux, incompressible, induit par la mise en mouvement de l'obstacle de paroi Σ , de manière impulsive. Est-elle la seule admissible, nous ne le savons pas ? Il faut préciser que l'existence à l'instant initial d'un potentiel des vitesses φ_0° <u>n'entraine pas</u> naturellement, en écoulement de fluide <u>visqueux</u>, son existence aux instants ultérieurs $t > 0$. Une formule élégante due à Cauchy permet, en particulier, de s'en convaincre aisément (voir le § 21 suivant). Mais avant d'établir cette formule, précisons que lors des calculs par codes numériques il est souvent judicieux de présenter les équations de Navier comme un système de deux équations pour la vitesse $\vec{u}_0$ et le tourbillon $\vec{\omega}_0$:

(IV,83a)
$$\begin{cases} S\dfrac{\partial\vec{\omega}_0}{\partial t} = \vec{\nabla} \wedge (\vec{u}_0 \wedge \vec{\omega}_0) + \dfrac{1}{Re}\vec{\nabla}^2\vec{\omega}_0 \; ; \\ \vec{\nabla}^2\vec{u}_0 = - \vec{\nabla} \wedge \vec{\omega}_0 \; , \end{cases}$$

auquel il faut associer les conditions suivantes :

(IV,83b)
$$\begin{cases} \vec{\omega}_0 = 0 \; , \quad \text{pour } t = 0 \text{, \underline{sauf} sur la paroi } \Sigma \text{ de l'obstacle;} \\ \vec{u}_0 = \vec{u}_\ell \; , \quad \text{sur } \Sigma \; ; \\ \vec{u}_0 \to 0 \; , \quad \text{à l'infini, loin de } \Sigma \; . \end{cases}$$

On notera que cette nouvelle formulation (IV,83), du modèle de Navier, permet de "court-circuiter" le problème (IV,82) lié à la détermination de $\vec{u}_0|_{t=0}$. Précisons encore que l'on peut donner une solution intégrale de la seconde des équations (IV,83a); cette dernière s'écrit, tout d'abord, pour un domaine borné en utilisant le théorème classique de Green (voir, à ce sujet, le travail de WU et THOMPSON (1971)), puis elle s'étend à un domaine infini, à condition de prendre en compte le comportement de la vitesse à l'infini.

21. Quelques caractéristiques des écoulements de Navier

Revenons aux équations de Navier

(IV,84) $$S\frac{\partial \vec{u}}{\partial t} + (\vec{u}\cdot\vec{\nabla})\vec{u} + \vec{\nabla}\pi = \frac{1}{Re}\vec{\nabla}^2\vec{u} \; ; \quad \vec{\nabla}\cdot\vec{u} = 0 ,$$

en laissant tomber les indices et en notant $\pi \equiv p_2/\gamma$. On a :

$$(\vec{u}\cdot\vec{\nabla})\vec{u} = \frac{1}{2}\vec{\nabla}q^2 + 2\vec{\omega}\wedge\vec{u} ,$$

où $q = |\vec{u}|$ et $2\vec{\omega} = \vec{\nabla}\wedge\vec{u}$. Soit encore :

(IV,85) $$H = \pi + \frac{q^2}{2} ,$$

la pression totale locale; dans ce cas en écoulement stationnaire $\left(\frac{\partial}{\partial t} \equiv 0\right)$ on aura que

(IV,86) $$\vec{u}\cdot\vec{\nabla}H = \frac{1}{Re}\vec{u}\cdot\vec{\nabla}^2\vec{u} ,$$

et on constate que la viscosité est la cause de la variation de la pression totale locale H le long des lignes de courants (caractérisées par $\vec{u}\cdot\vec{\nabla}\psi = 0$ et $\vec{u}\cdot\vec{\nabla}\chi = 0$ et $\vec{u} = \vec{\nabla}\psi\wedge\vec{\nabla}\chi$).

Soit, par définition,

(IV,87) $$\Gamma_{\mathcal{L}} = \int_{\mathcal{L}} \vec{u}\cdot d\vec{x} ,$$

la circulation de la vitesse le long de la courbe fermée $\mathcal{L}$ contenue dans l'écoulement de Navier (qui satisfait à (IV,84). On trouve aisément que :

(IV,88) $$S\frac{D\Gamma_{\mathcal{L}}}{Dt} \equiv S\frac{\partial \Gamma_{\mathcal{L}}}{\partial t} + \vec{u}\cdot\vec{\nabla}\Gamma_{\mathcal{L}} = \frac{1}{Re}\int_{\mathcal{L}} \vec{\nabla}^2\vec{u}\cdot d\vec{x}$$

et la viscosité est aussi la cause de la variation de la circulation dans un écoulement de Navier.

Soit, encore, Σ une surface fermée, frontière du domaine $\mathcal{D}$ à l'intérieur duquel s'effectue l'écoulement de Navier à $\vec{\nabla}\cdot\vec{u}=0$; si $\vec{n}$ est le vecteur unitaire normal à Σ dirigé vers l'extérieur, alors pour tout champ de vecteurs $\vec{u}$ défini et continu dans $\mathcal{D}$ et sur Σ on aura :

(IV,89) $$\iint_{\Sigma} \vec{u}\cdot\vec{n}\, d\sigma = 0,$$

oú $d\sigma$ est l'élément d'aire de Σ . Ainsi, le flux du champ de vecteurs des vitesses $\vec{u}$ (à divergence nulle) a travers Σ, est nécessairement nul dans un écoulement de Navier s'effectuant dans un domaine $\mathcal{D}$, borné, de frontière Σ .

Pour le tourbillon $\vec{\omega}$, d'un écoulement de Navier, nous avons l'équation suivante :

$$S\frac{\partial\vec{\omega}}{\partial t} + \vec{\nabla}\wedge(\vec{\omega}\wedge\vec{u}) = \frac{1}{Re}\vec{\nabla}^2\vec{\omega}$$

que nous pouvons encore écrire sous la forme suivante :

(IV,90) $$S\frac{\partial\vec{\omega}}{\partial t} + (\vec{u}\cdot\vec{\nabla})\vec{\omega} - (\vec{\omega}\cdot\vec{\nabla})\vec{u} = \frac{1}{Re}\vec{\nabla}^2\vec{\omega}.$$

L'équation du tourbillon a la structure d'une équation de la chaleur (équation de type parabolique); le second membre caractérise la diffusion visqueuse du tourbillon, tandis que le premier membre décrit un phénomène de convection des lignes tourbillons avec le fluide.

Naturellement, si un écoulement de Navier est irrotationnel ($\vec{\omega}=0$, $\vec{u}=\vec{\nabla}\varphi$) à un instant donné dans un domaine $\mathcal{D}$, il ne le demeure en général pas lorsqu'on suit $\mathcal{D}$ dans son mouvement. D'autre part, il est évident que : tout écoulement de fluide parfait incompressible où le tourbillon $\vec{\omega}$ dérive d'un potentiel Φ représente un écoulement de Navier possible; en effet, s'il en est ainsi, on a :

$$\vec{\nabla}^2\vec{u} = \vec{\nabla}(\vec{\nabla}\cdot\vec{u}) - \vec{\nabla}\wedge(\vec{\nabla}\wedge\vec{u}) \equiv -2\,\vec{\nabla}\wedge\vec{\omega}$$
$$= -2\vec{\nabla}\wedge(\vec{\nabla}\Phi) = 0,$$

et le terme $Re^{-1}\vec{\nabla}^2\vec{u}$ est identiquement nul dans l'équation de la quantité de mouvement de Navier (IV,84). C'est en particulier le cas pour les écoulements irrotationnels: $\Delta\varphi = 0$; mais ce résultat n'a qu'une portée limitée car les écoulements de Navier que l'on peut ainsi construire répondent, en général, à des conditions assez artificielles; on ne peut pas, par exemple, obtenir de cette façon un écoulement de Navier baignant une paroi Σ car, pour un fluide visqueux, la condition d'adhérence doit impérativement remplacer la condition de glissement, suffisante pour le cas des fluides parfaits.

1. La formule de Cauchy pour le tourbillon en fluide visqueux et incompressible

Pour établir la formule de Cauchy dont il a été question à la fin du § 20, considérons l'équation de la quantité de mouvement de Navier (IV,84), en variables de Lagrange :

$$S\frac{\partial^2 x_i}{\partial t^2}\frac{\partial x_i}{\partial a_j} = -\frac{\partial \Pi}{\partial a_j} + \frac{1}{Re}\vec{\nabla}^2 u_i \frac{\partial x_i}{\partial a_j}, \; j = 1,2,3;$$

précisons que les variables de Lagrange sont telles que : si t et x_i sont les variables d'Euler et t , a_j celles de Lagrange alors,

$$a_j = a_j(t, x_i) \text{ et } a_i \equiv x_i \quad \text{, lorsque } t = 0,$$

et $Da_j/Dt = 0$.

Dans ce cas, on peut aisément se convaincre que l'expression (on pose $S \equiv 1$) :

$$\frac{\partial}{\partial t}\left(u_i \frac{\partial x_i}{\partial a_j}\right) da_j - \frac{1}{Re}\vec{\nabla}^2 u_i \frac{\partial x_i}{\partial a_j} da_j = d\phi(a_j, t),$$

est une différentielle exacte. En l'intégrant de $t = 0$ à t on trouve :

$$\left\{u_i \frac{\partial x_i}{\partial a_j} - u_j^0 - \frac{1}{Re}\int_0^t \vec{\nabla}^2 u_i \frac{\partial x_i}{\partial a_j} dt\right\} da_j = d\left(\int_0^t \phi(a_j, t) dt\right).$$

Ainsi, il vient la relation

$$\frac{\partial}{\partial a_k}\left\{u_i \frac{\partial x_i}{\partial a_j} - u_j^0 - \frac{1}{Re}\int_0^t \vec{\nabla}^2 u_i \frac{\partial x_i}{\partial a_j} dt\right\}$$

(IV,91)

$$= \frac{\partial}{\partial a_j}\left\{u_\ell \frac{\partial x_\ell}{\partial a_k} - u_k^0 - \frac{1}{Re}\int_0^t \vec{\nabla}^2 u_\ell \frac{\partial x_\ell}{\partial a_k} dt\right\}.$$

Mais, en passant des variables d'Euler aux variables de Lagrange, on peut écrire :

$$\frac{\partial u_i}{\partial a_k}=\frac{\partial u_i}{\partial x_\ell}\frac{\partial x_\ell}{\partial a_k} \quad ; \quad \frac{\partial u_\ell}{\partial a_j}=\frac{\partial u_\ell}{\partial x_i}\frac{\partial x_i}{\partial a_j}$$

et de ce fait, il vient, à la place de (IV,91)

$$\frac{\partial x_i}{\partial a_j}\frac{\partial x_\ell}{\partial a_k}\left(\frac{\partial u_i}{\partial x_\ell}-\frac{\partial u_\ell}{\partial x_i}\right)=\frac{\partial u_j^0}{\partial a_k}-\frac{\partial u_k^0}{\partial a_j}-\frac{1}{Re}\int_0^t \frac{D(\vec{\nabla}^2 u_i;x_i)}{D(a_j;a_k)}\,dt,$$

où, par définition,

$$\frac{D(f;g)}{D(a;b)}\equiv\frac{\partial f}{\partial a}\frac{\partial g}{\partial b}-\frac{\partial f}{\partial b}\frac{\partial g}{\partial a}.$$

Ainsi, il vient

$$2\,\omega_{i\ell}\equiv\frac{\partial u_i}{\partial x_\ell}-\frac{\partial u_\ell}{\partial x_i}=2\,\omega_{jk}^0\,\frac{\partial a_j}{\partial x_i}\frac{\partial a_k}{\partial x_\ell}$$

(IV,92)

$$-\left(\frac{1}{Re}\int_0^t \frac{D(\vec{\nabla}^2 u_i;x_i)}{D(a_j;a_k)}\,dt\right)\frac{\partial a_j}{\partial x_i}\frac{\partial a_k}{\partial x_\ell},$$

puisque pour tout t fixé, on a

$$\frac{\partial x_i}{\partial a_j}\frac{\partial a_j}{\partial x_k}\equiv\delta_{ik}=\begin{cases}0 & i\neq k,\\ 1 & i\equiv k.\end{cases}$$

De cette formule (IV,92), qui est celle dite de Cauchy, il résulte clairement que le théorème classique de Lagrange*) ne vaut plus. Car même lorsque les $\omega_{jk}^0\equiv 0$, on ne peut plus en conclure qu'il en soit de même des composantes locales $\omega_{i\ell}$, de $\vec{\omega}$, pour $t>0$.

2. Une équation d'évolution pour l'étude de la stabilité des écoulements de Navier

Nous partons du système de Navier (IV,84) et nous désignons par $\vec{u}_B$ et π_B une solution de base de ce système dont nous voulons élucider la stabilité.

Nous posons pour cela :

---

*) Valable pour les fluides parfaits en évolution barotrope, $p=g(\rho)$ et soumis à des forces extérieures données conservatives.

$$\vec{u} = \vec{u}_B + \vec{V} \quad , \pi = \pi_B + \Pi$$

et il vient pour les perturbations $\vec{V}$ et Π le système :

$$\text{(IV,93)} \quad \begin{cases} S\dfrac{\partial \vec{V}}{\partial t} = \dfrac{1}{Re}\vec{\nabla}^2\vec{V} - \vec{u}_B.\vec{\nabla}\vec{V} - \vec{V}.\vec{\nabla}\vec{u}_B - \vec{\nabla}\Pi \\ \qquad - \vec{V}.\vec{\nabla}\vec{V} ; \\ \vec{\nabla}.\vec{V} = 0 . \end{cases}$$

Décomposons Π sous la forme $\Pi = \Pi_2 - \Pi_1$ et définissons l'opérateur $\mathcal{P}$ de telle façon que :

$$\text{(IV,94)} \qquad \mathcal{P}(\vec{V}) \equiv \vec{V} + \vec{\nabla}\Pi_1 ;$$

cela veut dire que l'opérateur $\mathcal{P}$, appliqué à $\vec{V}$, donne le second membre de l'égalité (IV,94).

Maintenant, nous choisissons Π_1 de telle façon que :

$$\vec{\nabla}.\mathcal{P}(\vec{V}) \equiv \vec{\nabla}.\vec{V} + \vec{\nabla}^2\Pi_1 = 0 \Rightarrow \vec{\nabla}^2\Pi_1 = 0 ,$$

et $\qquad \mathcal{P}(\vec{V}).\vec{n} = 0$, sur la paroi Σ,

où $\vec{n}$ est le vecteur unitaire de la normale à Σ dirigé vers le fluide baignant cette paroi.

Ainsi, dans la décomposition $\Pi = \Pi_2 - \Pi_1$, la composante Π_1 doit satisfaire au problème de Neumann suivant :

$$\text{(IV,95)} \quad \begin{cases} \vec{\nabla}^2\Pi_1 = 0 \quad , \quad \dfrac{d\Pi_1}{dn} = -\vec{V}.\vec{n} \text{ , sur } \Sigma ; \\ \text{et } \Pi_1 \to 0 \text{ , à l'infini, loin de } \Sigma , \end{cases}$$

si l'on analyse un écoulement de Navier, extérieur à un obstacle (borné) de paroi Σ. Donc, une fois la vitesse de perturbation $\vec{V}$ déterminée, il est possible de calculer la composante Π_1 de la perturbation de pression.

On note maintenant par :

(IV,96) $$\mathcal{L}(\vec{u}_B)\vec{V} = \mathcal{P}\left(-\vec{u}_B\cdot\vec{\nabla}\vec{V} - \vec{V}\cdot\vec{\nabla}\vec{u}_B + \frac{1}{Re}\vec{\nabla}^2\vec{V}\right)$$
$$\equiv \frac{1}{Re}\vec{\nabla}^2\vec{V} - (\vec{u}_B\cdot\vec{\nabla})\vec{V} - (\vec{V}\cdot\vec{\nabla})\vec{u}_B + \vec{\nabla}\Pi_1 ,$$

un opérateur linéaire en $\vec{V}$, dépendant de la vitesse de base $\vec{u}_B$ et du gradient de Π_1 . On a :

(IV,97) $$\vec{\nabla}\cdot\left[\mathcal{L}(\vec{u}_B)\vec{V}\right] = 0 .$$

D'autre part, on introduit l'opérateur quadratique, en $\vec{V}$, suivant :

(IV,98) $$Q(\vec{V},\vec{V}) = -\left(\vec{V}\cdot\vec{\nabla}\vec{V} + \vec{\nabla}\Pi_2\right),$$

qui contient un terme en gradient de Π_2 .

En définitive avec les notations introduites, nous pouvons remplacer le système (IV,93) par l'équation d'évolution suivante :

(IV,99) $$S\frac{\partial\vec{V}}{\partial t} = \mathcal{L}(\vec{u}_B)\vec{V} + Q(\vec{V},\vec{V}),$$

et il est clair que : $\vec{\nabla}\cdot Q(\vec{V},\vec{V}) = 0$ *) . On notera que la différence des deux gradients : $\vec{\nabla}\Pi_2 - \vec{\nabla}\Pi_1 \equiv \vec{\nabla}\Pi$, redonne le gradient de la perturbation de pression Π.

La première étape, en théorie de la stabilité, consiste à étudier le système linéarisé :

(IV,100) $$S\frac{\partial\vec{V}}{\partial t} = \mathcal{L}(\vec{u}_B)\vec{V},$$

associé à (IV,99).

A cette équation linéaire (IV,100) il faut associer la condition initiale :

(IV,101) $$\vec{V} = 0 , \text{ pour } t = 0.$$

---

*) De ce fait : $\vec{\nabla}^2\Pi_2 = -\vec{\nabla}\cdot(\vec{V}\cdot\vec{\nabla}\vec{V})$, qui est une équation de Poisson pour Π_2 , une fois la vitesse de perturbation $\vec{V}$ déterminée. Cette équation de Poisson, pour Π_2 , doit-être résolue avec les conditions:

$$\left(S\frac{\partial\vec{V}}{\partial t} + \vec{V}\cdot\vec{\nabla}\vec{V}\right)\cdot\vec{n} = -\frac{d\Pi_2}{dn} , \quad \text{sur } \Sigma ;$$

$$\Pi_2 \to 0 , \text{ à l'infini, loin de } \Sigma .$$

On dit alors qu'il y a stabilité linéaire (ou, encore, aux perturbations infinitésimales), si pour toute solution $\vec{V}$ de (IV,100) et (IV,101) on a :

$$\|\vec{V}\| \text{ reste bornée pour tout } t,$$

où la norme est liée à un espace fonctionnel adéquat*). En fait, très souvent, dans ce cas :

$$\|\vec{V}\| \to 0 \quad \text{, exponentiellement avec } t \to +\infty.$$

Si pour certaines solutions $\vec{V}$, $\|\vec{V}\|$ ne reste pas bornée, il y a instabilité aux perturbations infinitésimales.

La seconde étape consiste à passer au système non linéaire (quasi-linéaire) (IV,99) et alors il s'agit de savoir, d'abord, si la stabilité pour (IV,100) entraîne la stabilité pour (IV,99); on a pu montrer que la réponse est affirmative dans certains cas. Ensuite, la question est de savoir, lorsqu'il y a instabilité aux perturbations infinitésimales, ce qu'il advient de ces perturbations, supposées initialement très petites, lorsqu'elles sont devenues d'amplitude suffisante pour que les termes quasi-linéaires liés à $Q(\vec{V},\vec{V})$, au niveau de (IV,99), jouent un rôle essentiel.

On sait alors que, lorsque l'on pénètre plus avant dans le domaine instable il apparaît le phénomène crucial de la turbulence et l'on voudrait comprendre le mécanisme de la transition laminaire-turbulent ! C'est pourquoi il est important de discuter les idées que la théorie de l'instabilité permet d'apporter en vue de la compréhension de ce difficile problème du passage à la turbulence. Mais c'est là une question qui doit faire l'objet d'au moins une Leçon et pour l'instant limitons-nous à indiquer le Rapport AGARD, N° 709 (1984) qui permet de se faire une idée de certaines des vues actuelles sur le sujet.

3. Structure en double échelle des écoulements de Navier

Considérons pour $\vec{u}(t,\vec{x})$ et $\pi(t,\vec{x})$ les équations de Navier:

$$\text{(IV,102)} \qquad S\frac{\partial\vec{u}}{\partial t} + \vec{u}\cdot\vec{\nabla}\vec{u} + \vec{\nabla}\pi = Re^{-1}\vec{\nabla}^2\vec{u}\,; \quad \vec{\nabla}\cdot\vec{u} = 0,$$

et supposons que $\vec{\omega}(t,\vec{x}) = 1/2\,(\vec{\nabla}\wedge\vec{u})$ est différent de zéro et satisfait à l'équation du tourbillon :

---

*) Pour une théorie analytique rigoureuse de la stabilité on pourra consulter le Cours de G. IOOSS (1972) ou encore le livre de JOSEPH (1976). Pour une théorie de la stabilité plus classique on consultera le livre très complet de DRAZIN et REID (1981).

(IV,103) $$S\frac{\partial\vec{\omega}}{\partial t}+\vec{u}.\vec{\nabla}\vec{\omega}-\vec{\omega}.\vec{\nabla}\vec{u}=Re^{-1}\vec{\nabla}^2\vec{\omega}.$$

Soit

(IV,104) $$\mathcal{U}_0(t,\vec{x})=\begin{pmatrix}\vec{u}\\ \pi\\ \vec{\omega}\end{pmatrix};$$

nous disons que $\mathcal{U}_0(t,\vec{x})$ décrit une "onde progressive" si, à chaque instant t fixé, il existe une famille de surfaces: $\xi = \mathrm{Const}$, appelées "ondelettes" :

(IV,105) $$\xi=\chi(t,\vec{x})$$

telles que l'ordre de grandeur des variations de $\mathcal{U}_0$ (et de ses dérivées) lorsque $\vec{x}$ se déplace sur une ondelette est petit par rapport à l'ordre de grandeur de ses variations lorsque $\vec{x}$ reste fixe dans l'espace.

On peut donner une forme plus précise à cet énoncé en introduisant le formalisme de double échelle dont il a été question aux §§ 13 et 16.

Posons

(IV,106) $$\xi=\varepsilon\theta=\chi(t,\vec{x}),$$

où le paramètre sans dimension ε est un petit paramètre de perturbation singulière qui apparaît, en règle générale, comme étant le rapport de deux échelles de longueur (ou de temps). En fait, la grandeur $\mathcal{U}_0$ a des variations rapides transversalement aux surfaces $\xi=\chi(t,\vec{x})$ qui sont "denses" dans une région de l'espace-temps $(t,\vec{x})$ de largeur $l_0=\varepsilon L_0$, où L_0 est une échelle de longueur globale caractéristique du problème considéré (à partir de laquelle S et Re ont été construits). De ce fait, on écrira que :

(IV,107) $$\mathcal{U}_0(t,\vec{x})=\mathcal{U}_0^*(t,\vec{x},\theta;\varepsilon)\quad;\quad \theta=\frac{\chi(t,\vec{x})}{\varepsilon},$$

et on caractérise ainsi la <u>double structure</u> générée par la présence de la famille des surfaces $\xi = \chi(t,\vec{x})$ denses localement dans la région dont la largeur est $l_0 \ll L_0$. Naturellement, à la fin de l'analyse en double échelle on récupérera la vraie valeur de $\mathcal{U}(t,\vec{x})$ en mettant dans $\mathcal{U}^*$ la valeur de θ comme fonction de t et $\vec{x}$, d'après (IV,106).

Naturellement, on a :

$$\text{(IV,108)} \quad \begin{cases} \dfrac{\partial \mathcal{U}}{\partial t} = \dfrac{1}{\varepsilon}\dfrac{\partial \mathcal{U}^*}{\partial \theta}\dfrac{\partial \chi}{\partial t} + \dfrac{\partial \mathcal{U}^*}{\partial t} ; \\ \vec{\nabla}\mathcal{U} = \dfrac{1}{\varepsilon}\dfrac{\partial \mathcal{U}^*}{\partial \theta}\vec{\nabla}\chi + \vec{\nabla}\mathcal{U}^* . \end{cases}$$

La description qui est faite ici est, en fait, celle qui correspond à un phénomène d'<u>ondes courtes</u>. Nous utilisons conjointement avec (IV,106)-(IV,108) le développement formel (qui doit être supposé uniformément valable):

$$\text{(IV,109)} \quad \mathcal{U}^*(t,\vec{x},\theta;\varepsilon) = \mathcal{U}^*_0(t,\vec{x},\theta) + \varepsilon\,\mathcal{U}^*_1(t,\vec{x},\theta) + \cdots ,$$

puisque le système gourvernant $\mathcal{U}^*$ va contenir le petit paramètre ε, du fait des formules de changement de variables (IV,108). En effet, à la place de (IV,102) et (IV,103), nous obtenons pour $\vec{u}^*$, π^* et $\vec{\omega}^*$, comme fonctions de t, $\vec{x}$ et θ,

$$\left(S\frac{\partial \chi}{\partial t} + \vec{u}^*\cdot\vec{\nabla}\chi\right)\frac{\partial \vec{u}^*}{\partial \theta} + \frac{\partial \pi^*}{\partial \theta}\vec{\nabla}\chi + \varepsilon\left\{S\frac{\partial \vec{u}^*}{\partial t} + \vec{u}^*\cdot\vec{\nabla}\vec{u}^* + \vec{\nabla}\pi^* - \frac{1}{Re}\vec{\nabla}^2\vec{u}^*\right\}$$

$$\text{(IV,110a)} \quad -\frac{1}{\varepsilon Re}|\vec{\nabla}\chi|^2\frac{\partial^2\vec{u}^*}{\partial\theta^2} = \frac{1}{Re}\left\{\vec{\nabla}\cdot\left(\vec{\nabla}\chi\frac{\partial \vec{u}^*}{\partial \theta}\right) + \vec{\nabla}\chi\cdot\vec{\nabla}\left(\frac{\partial \vec{u}^*}{\partial \theta}\right)\right\};$$

$$\vec{\nabla}\chi \cdot \frac{\partial \vec{u}^*}{\partial \theta} + \varepsilon \, \vec{\nabla} \cdot \vec{u}^* = 0 \; ; \tag{IV,110b}$$

$$\left(S \frac{\partial \chi}{\partial t} + \vec{u}^* \cdot \vec{\nabla}\chi \right) \frac{\partial \vec{\omega}^*}{\partial \theta} - \left(\vec{\nabla}\chi \cdot \vec{\omega}^* \right) \frac{\partial \vec{u}^*}{\partial \theta} + \varepsilon \left\{ S \frac{\partial \vec{\omega}^*}{\partial t} + \vec{u}^* \cdot \vec{\nabla}\vec{\omega}^* - \vec{\omega}^* \cdot \vec{\nabla}\vec{u}^* - \frac{1}{Re} \vec{\nabla}^2 \vec{\omega}^* \right\} - \frac{1}{\varepsilon Re} |\vec{\nabla}\chi|^2 \frac{\partial^2 \vec{\omega}^*}{\partial \theta^2} = \frac{1}{Re} \left\{ \vec{\nabla} \cdot \left(\vec{\nabla}\chi \frac{\partial \vec{\omega}^*}{\partial \theta} \right) + \vec{\nabla}\chi \cdot \vec{\nabla} \left(\frac{\partial \vec{\omega}^*}{\partial \theta} \right) \right\} . \tag{IV,110c}$$

A l'ordre ε^0 il vient de (IV,110b) et de la relation définissant $\vec{\omega}$:

$$\vec{\nabla}\chi \wedge \frac{\partial \vec{u}^*}{\partial \theta} + \varepsilon \left\{ \vec{\nabla} \wedge \vec{u}^* - 2 \vec{\omega}^* \right\} = 0 , \tag{IV,110d}$$

les relations :

$$\vec{\nabla}\chi \cdot \frac{\partial \vec{u}_0^*}{\partial \theta} = 0 \quad \text{et} \quad \vec{\nabla}\chi \wedge \frac{\partial \vec{u}_0^*}{\partial \theta} = 0 , \tag{IV,111}$$

et ce quelque soit la valeur du nombre de Reynolds Re . Naturellement le cas de $\vec{\nabla}\chi = 0$ est à rejeter à priori, étant donné qu'il conduit à une famille de surfaces $\xi = \chi(t, \vec{x}) = \text{Constante}$ trop particulière.

Ainsi, on constate que :

$$\frac{\partial \vec{u}_0^*}{\partial \theta} = 0 \implies \vec{u}_0^* \equiv \overline{\vec{u}_0^*}(t, \vec{x}) . \tag{IV,112}$$

Dans ce cas de (IV,110a) il vient, toujours à l'ordre ε^0 ,

$$\frac{\partial \pi_0^*}{\partial \theta} = 0 \implies \pi_0^* \equiv \overline{\pi_0^*}(t, \vec{x}) , \tag{IV,113}$$

et cela pourvu que ε / Re ne soit pas de l'ordre de l'unité (c'est-à-dire que $Re \neq O(\varepsilon) \ll 1$). L'une des questions que l'on se pose est de savoir à quelles équations (moyennes) doivent satisfaire $\overline{\vec{u}_0^*}$ et $\overline{\pi_0^*}$?

Dans ce qui suit nous considérons les cas de : $Re = O(1)$ ou de $Re \gg 1$.

(a) Si $Re = O(1)$ alors à l'ordre ε^0 il vient nécessairement que

$$Re^{-1} |\vec{\nabla}\chi|^2 \partial^2 \vec{\omega}_0^* / \partial\theta^2 = 0,$$

d'après (IV,110c).

Ainsi

$$\vec{\omega}_0^* = \mathcal{A}_0(t,\vec{x})\,\theta + \overline{\vec{\omega}_0^*}(t,\vec{x});$$

mais nous voulons que le développement (IV,109) soit uniformément valable quelque soit les valeurs prises par $t, \vec{x}$ et θ et de ce fait il faut éliminer le terme séculaire qui tend vers l'infini avec $\theta \to +\infty$*) :

$$\mathcal{A}_0(t,\vec{x}) \equiv 0 \Rightarrow \vec{\omega}_0^* \equiv \overline{\vec{\omega}_0^*}(t,\vec{x}).$$

Donc, lorsque $Re = O(1)$ à l'ordre zéro en ε , il n'y a pas émergence de structure fine en θ au niveau du champ des tourbillons : $\dfrac{\partial \vec{\omega}_0^*}{\partial\theta} \equiv 0$.

(b) Si $Re \gg 1$ alors nous pouvons considérer diverses situations en comparant $\dfrac{1}{Re}$ et ε . Si tout d'abord :

$$Re^{-1} = \hat{R}e\,\varepsilon \text{ , avec } \hat{R}e = O(1) \text{ , lorsque } \varepsilon \to 0 \text{ , alors,}$$

à l'ordre ε^0 , $\vec{\omega}_0^*(t,\vec{x},\theta)$ satisfait à l'équation

$$\left(S\frac{\partial\chi}{\partial t} + \overline{\vec{u}_0^*}\cdot\vec{\nabla}\chi\right)\frac{\partial\vec{\omega}_0^*}{\partial\theta} = \hat{R}e\,|\vec{\nabla}\chi|^2\,\frac{\partial^2\vec{\omega}_0^*}{\partial\theta^2},$$

qui s'intègre et montre que $\vec{\omega}_0^*$ <u>croît</u> exponentiellement avec θ croissant . Dans ce cas il faut donc imposer que la condition de non sécularité suivante :

(IV,114) $$S\frac{\partial\chi}{\partial t} + \overline{\vec{u}_0^*}\cdot\vec{\nabla}\chi = 0,$$

soit satisfaite et nous retombons dans le cas (a) précédent. Si maintenant :

(IV,115) $$\varepsilon^2 Re = \eta = O(1), \text{ lorsque } \varepsilon \to 0 \text{ et } Re \to \infty,$$

alors, à l'ordre zéro en ε , il vient :

---

*) Précisons, une fois de plus, que si l'on veut que le développement (IV,109) couvre une plage $O(1)$ de variation de t et de $\vec{x}$, en raison de $\theta = \chi/\varepsilon$ cela correspond à une variation de θ qui est $O(1/\varepsilon)$, c'est-à-dire très grande lorsque ε est petit devant un.

$$\left(S \frac{\partial \chi}{\partial t} + \overline{\vec{u}_0^*} \cdot \vec{\nabla} \chi \right) \frac{\partial \vec{\omega}_0^*}{\partial \theta} = 0 ,$$

et nous pouvons faire toujours le choix (IV,114) pour $\chi(t,\vec{x})$ sans que : $\partial \vec{\omega}_0^* / \partial \theta = 0$.

Dans ce qui suit nous considérerons uniquement la situation (IV,115). La relation (IV,114) montre que la surface $\chi = \text{Const}$ est convectée avec la vitesse $\overline{\vec{u}_0^*}(t,\vec{x})$ moyenne (d'ordre ε^0) et à cette équation (IV,114) nous pouvons associer la condition initiale (χ joue le rôle d'une variable lagrangienne) :

(IV,116) $$\chi(0,\vec{x}) \equiv \vec{x} .$$

Lorsque $\varepsilon^2 Re = \eta = O(1)$, nous obtenons à l'ordre ε , le système suivant, pour $\vec{u}_1^*$, π_1^* et $\vec{\omega}_1^*$:

(IV,116a) $$\frac{\partial \pi_1^*}{\partial \theta} \vec{\nabla} \chi + S \frac{\partial \overline{\vec{u}_0^*}}{\partial t} + \overline{\vec{u}_0^*} \cdot \vec{\nabla} \overline{\vec{u}_0^*} + \vec{\nabla} \overline{\pi_0^*} = 0 ;$$

(IV,116b) $$\vec{\nabla} \chi \cdot \frac{\partial \vec{u}_1^*}{\partial \theta} + \vec{\nabla} \cdot \overline{\vec{u}_0^*} = 0 ;$$

(IV,116c) $$\vec{\nabla} \chi \wedge \frac{\partial \vec{u}_1^*}{\partial \theta} + \vec{\nabla} \wedge \overline{\vec{u}_0^*} - 2 \vec{\omega}_0^* = 0 ;$$

(IV,116d) $$\begin{aligned} &\left(\vec{u}_1^* \cdot \vec{\nabla} \chi \right) \frac{\partial \vec{\omega}_0^*}{\partial \theta} - \left(\vec{\nabla} \chi \cdot \vec{\omega}_0^* \right) \frac{\partial \vec{u}_1^*}{\partial \theta} \\ &\quad + S \frac{\partial \vec{\omega}_0^*}{\partial t} + \overline{\vec{u}_0^*} \cdot \vec{\nabla} \vec{\omega}_0^* - \vec{\omega}_0^* \cdot \vec{\nabla} \overline{\vec{u}_0^*} \\ &\quad - \frac{1}{\eta} |\vec{\nabla} \chi|^2 \frac{\partial^2 \vec{\omega}_0}{\partial \theta^2} = 0 . \end{aligned}$$

De (IV,116a) et (IV,116b) on tire aisément le système des équations moyennes :

(IV,117) $$\left\{ \begin{array}{l} S \dfrac{\partial \overline{\vec{u}_0^*}}{\partial t} + \overline{\vec{u}_0^*} \cdot \vec{\nabla} \overline{\vec{u}_0^*} + \vec{\nabla} \overline{\pi_0^*} = 0 ; \\ \vec{\nabla} \cdot \overline{\vec{u}_0^*} = 0 , \end{array} \right.$$

ce qui évite l'apparition de termes séculaires en θ dans les expressions de π_1^* et $\vec{u}_1^*$. Ainsi on doit avoir aussi que :

(IV,118a) $$\pi_1^* = \overline{\pi_1^*}(t, \vec{x}) ;$$

(IV,118b) $$\vec{\nabla} \chi \cdot \vec{u}_1^* = 0 .$$

On constate que la dépendance en t et $\vec{x}$ de l'approximation d'ordre zéro pour la vitesse et la perturbation de pression est obtenue en résolvant les équations d'Euler instationnairespour un fluide parfait incompressible.

Introduisons le tourbillon moyenné:

$$2 \overline{\vec{\omega}_0^*} \equiv \vec{\nabla} \wedge \overline{\vec{u}_0^*} .$$

Dans ce cas le système des équations moyennes (IV,117) montre que :

(IV,119b) $$S \frac{\partial \overline{\vec{\omega}_0^*}}{\partial t} + \overline{\vec{u}_0^*} \cdot \vec{\nabla} \overline{\vec{\omega}_0^*} - \overline{\vec{\omega}_0^*} \cdot \vec{\nabla} \overline{\vec{u}_0^*} = 0 .$$

Revenons alors à (IV,116c); multiplions scalairement cette équation par $\vec{\nabla} \chi$:

$$\vec{\omega}_0^* \cdot \vec{\nabla} \chi = \overline{\vec{\omega}_0^*} \cdot \vec{\nabla} \chi ,$$

ou encore, puisque le second membre est indépendant de θ ,

(IV,120) $$\vec{\nabla} \chi \cdot \frac{\partial \vec{\omega}_0^*}{\partial \theta} = 0 .$$

Afin d'aller plus en avant, représentons notre fonction $\mathcal{U}^*(t, \vec{x}, \theta; \varepsilon)$ sous la forme :

(IV,121) $$\mathcal{U}^* = \overline{\mathcal{U}^*}(t, \vec{x}; \varepsilon) + \widetilde{\mathcal{U}}^*(t, \vec{x}, \theta; \varepsilon)$$

et introduisons l'opération de moyenne suivante :

$$\overline{\mathcal{U}_0^*}(t,\vec{x}) = \lim_{|\theta|\to\infty} \frac{1}{|\theta|}\int \mathcal{U}_0^*(t,\vec{x},\theta')\,d\theta', \tag{IV,122}$$

qui <u>efface</u> la dépendance en θ . Cette opération de moyenne (IV,122) qui remplace, en quelque sorte, la condition de périodicité en θ, habituellement invoquée dans les techniques de double échelle, permet l'élimination des termes séculaires qui apparaissent lors de la mise en oeuvre de cette technique de double échelle. Maintenant appliquons la décomposition (IV,121), avec (IV,122), à l'équation (IV,116c) :

$$2\widetilde{\vec{\omega}_0^*} = \vec{\nabla}\chi \wedge \frac{\partial \vec{u}_1^*}{\partial\theta} \; ; \; 2\overline{\vec{\omega}_0^*} = \vec{\nabla}\wedge\overline{\vec{u}_0^*} .$$

Naturellement : $2\overline{\widetilde{\vec{\omega}_0^*}} \equiv 0$. Multiplions vectoriellement la relation ci-dessus par $\vec{\nabla}\chi$:

$$2\vec{\nabla}\chi\wedge\widetilde{\vec{\omega}_0^*} = \vec{\nabla}\chi\wedge\vec{\nabla}\chi\wedge\frac{\partial\vec{u}_1^*}{\partial\theta} \equiv -|\vec{\nabla}\chi|^2\frac{\partial\vec{u}_1^*}{\partial\theta},$$

ce qui donne

$$\frac{\partial\vec{u}_1^*}{\partial\theta} = -\frac{\vec{\nabla}\chi\wedge\widetilde{\vec{\omega}_0^*}}{|\vec{\nabla}\chi|^2}. \tag{IV,123}$$

Ainsi nous constatons que c'est la dépendance en θ de $\widetilde{\vec{\omega}_0^*}$ qui génère la dépendance en θ de $\vec{u}_1^*$. Introduisons la fonction $\vec{\Psi}_0^*(t,\vec{x},\theta)$, telle que :

$$\widetilde{\vec{\omega}_0^*} \equiv \partial\vec{\Psi}_0^*/\partial\theta \, ;$$

alors :

$$\vec{u}_1^* = -\frac{\vec{\nabla}\chi\wedge\vec{\Psi}_0^*}{|\vec{\nabla}\chi|^2} + \overline{\vec{u}_1^*}(t,\vec{x}) \tag{IV,124}$$

où $\overline{\vec{u}_1^*}(t,\vec{x})$ doit satisfaire à la relation

$$\vec{\nabla}\chi\cdot\overline{\vec{u}_1^*} = 0 .$$

Appliquons maintenant l'opération (IV,122) aux équations (IV,110a) et (IV,110b), écrites à l'ordre ε^2 ; nous obtenons alors aisément que $\overline{\vec{u}_1^*}$ et $\overline{\pi_1^*}$ doivent satisfaire au système des équations d'Euler linéarisées au voisinage de la solution $\overline{\vec{u}_0^*}$:

(IV,125)
$$\left\{\begin{aligned} & S\frac{\partial \overline{\vec{u}_1^*}}{\partial t} + \overline{\vec{u}_0^*}\cdot\vec{\nabla}\,\overline{\vec{u}_1^*} + \overline{\vec{u}_1^*}\cdot\vec{\nabla}\,\overline{\vec{u}_0^*} + \vec{\nabla}\overline{\pi_1^*} = 0; \\ & \vec{\nabla}\cdot\overline{\vec{u}_1^*} = 0, \end{aligned}\right.$$

la vitesse moyenne, d'ordre ε , $\overline{\vec{u}_1^*}(t,\vec{x})$ étant dirigée le long de la surface $\chi = \mathrm{Const}$ et il en est de même de $\widetilde{\vec{u}_1^*}$:

(IV,126)
$$\widetilde{\vec{u}_1^*}(t,\vec{x};\theta) = -\frac{\vec{\nabla}\chi\wedge\vec{\Psi}_0^*}{|\vec{\nabla}\chi|^2}\ , \text{ avec } \quad \widetilde{\vec{\omega}_0^*} = \frac{\partial\vec{\Psi}_0^*}{\partial\theta}.$$

Il nous faut maintenant considérer l'équation (IV,116d). En prenant la moyenne de cette équation on retrouve naturellement pour $\overline{\vec{\omega}_0^*} \equiv \frac{1}{2}\left(\vec{\nabla}\wedge\overline{\vec{u}_0^*}\right)$, l'équation (IV,119). Si l'on soustrait cette dernière de l'équation (IV,116d), en effectuant au préalable la décomposition (IV,121), on obtient pour $\widetilde{\vec{\omega}_0^*}$ l'équation suivante :

(IV,127)
$$\begin{aligned} -\vec{\nabla}\chi\cdot\left(\vec{\nabla}\wedge\overline{\vec{u}_0^*}\right)\frac{\vec{\nabla}\chi\wedge\widetilde{\vec{\omega}_0^*}}{|\vec{\nabla}\chi|^2} &= S\frac{\partial\widetilde{\vec{\omega}_0^*}}{\partial t} \\ &+ \overline{\vec{u}_0^*}\cdot\vec{\nabla}\,\widetilde{\vec{\omega}_0^*} - \widetilde{\vec{\omega}_0^*}\cdot\vec{\nabla}\,\overline{\vec{u}_0^*} - \frac{|\vec{\nabla}\chi|^2}{\eta}\frac{\partial^2\widetilde{\vec{\omega}_0^*}}{\partial\theta^2}. \end{aligned}$$

Cette équation décrit un phénomène d'évolution local de la fluctuation du tourbillon dans la région où les surfaces $\xi = \chi(t,\vec{x})$, matérielles pour l'écoulement moyen d'ordre zéro, sont denses*).

---

*) Lors de l'analyse asymptôtique locale de l'écoulement dans le coeur d'une nappe tourbillonnaire fortement enroulée, il s'agit d'une même surface enroulée fortement sur elle-même et dont les spires sont de plus en plus rapprochées, entre elles (GUIRAUD et ZEYTOUNIAN (1979)).

Pour l'écoulement à l'aval d'une roue de turbomachine avec un aubage ayant un grand nombre d'aubes, il s'agit d'un grand nombre de surfaces distinctes très proches les unes des autres (c'est un "feuilleté" dense); on consultera, à ce sujet, l'article de GUIRAUD et ZEYTOUNIAN (1978)).

A cette équation (IV,127) il faut une condition à la limite (qui joue, en fait, le rôle de condition initiale). Cette dernière s'interprête comme une condition de raccord avec l'écoulement moyen de fluide parfait, lorsque $|\theta| \to \infty$. On notera que l'écoulement moyen de fluide parfait peut s'obtenir à partir du processus limite :

(IV,128) $$\varepsilon \text{ fixé}, \quad Re \to \infty \quad ; \text{ puis } \quad \varepsilon \to 0 ,$$

t et $\vec{x}$ restant fixé. Cela est équivalent à faire $\eta \to \infty$ au niveau de la relation de similitude $\varepsilon^2 Re = \eta$. Ainsi, lorsque $\eta \to \infty$ on s'éloigne de la région locale (visqueuse), à surfaces $\xi = \chi(t,\vec{x})$ denses, où l'équation (IV,127) reste significative. Mais loin de cette région locale, le tourbillon satisfait à l'équation classique de Helmholtz, valable en fluide parfait (incompressible); cela conduit alors à annuler le terme de gauche dans (IV,127). D'autre part, le terme $\vec{\nabla}\chi \cdot (\vec{\nabla} \wedge \overline{\vec{u}_0^*})$, qui est indépendant de θ peut-être évalué dans la région locale visqueuse, où $|\vec{\nabla}\chi \wedge \tilde{\vec{\omega}}_0^*| \not\equiv 0$; comme conséquence, sous le passage à la limite $\eta \to \infty$ il vient nécessairement que :

(IV,129) $$\vec{\nabla}\chi \cdot \left(\vec{\nabla} \wedge \overline{\vec{u}_0^*}\right) \equiv 0 .$$

Mais comme $\overline{\vec{u}_0^*}$ est indépendant de η et qu'il en est de même de $\vec{\nabla}\chi$ on comprend que (IV,129) doit-être satisfait même lorsque $\eta = O(1)$. En définitive on constate que l'évolution de $\tilde{\vec{\omega}}_0^*(t,\vec{x},\theta)$ est donnée par l'équation suivante :

(IV,130) $$S\frac{\partial \tilde{\vec{\omega}}_0^*}{\partial t} + \overline{\vec{u}_0^*} \cdot \vec{\nabla} \tilde{\vec{\omega}}_0^* - \tilde{\vec{\omega}}_0^* \cdot \vec{\nabla} \overline{\vec{u}_0^*} = \frac{|\vec{\nabla}\chi|^2}{\eta} \frac{\partial^2 \tilde{\vec{\omega}}_0^*}{\partial \theta^2} .$$

Si on suppose que l'écoulement de fluide parfait incompressible, en dehors des régions locales visqueuses, est <u>irrotationnel</u> alors il faut imposer dans la région de fluide parfait où l'écoulement est potentiel, à l'ordre zéro, l'égalité de : $\overline{\vec{\omega}_0^*} \equiv \vec{\nabla} \wedge \overline{\vec{u}_0^*}$, avec $-\tilde{\vec{\omega}}_0^*$, afin que le tourbillon réel $\vec{\omega}_0^*$, à l'ordre zéro, soit zéro. Dans ce cas, on peut postuler une solution de la forme :

(IV,131) $$\tilde{\vec{\omega}}_0^*(t,\vec{x},\theta) = \Phi(T,\theta)\,\overline{\vec{\omega}_0^*}(t,\vec{x}),$$

pour l'équation (IV,130), et si l'on tient compte de la définition du pseudo-temps :

(IV,132) $$T = \eta^{-1}\int_{t^0}^{t} |\vec{\nabla}\chi(\tau,\vec{x})|^2\, d\tau \;, \quad \vec{x} = \vec{X}(\tau,\vec{a}),$$

où $\vec{a}$ est une variable lagrangienne, et de l'équation moyenne (IV,119) pour $\overline{\vec{\omega}_0^*}$, on trouve que $\Phi(T,\theta)$ doit satisfaire à l'équation de la chaleur suivante :

(IV,133) $$\frac{\partial \Phi}{\partial T} = \frac{\partial^2 \Phi}{\partial \theta^2}.$$

De (IV,132), on constate que $\eta \to \infty$, correspond à $T \to 0$ et cela permet d'imposer à l'équation (IV,133) une condition initiale en $T = 0$ qui s'interprête, en fait, comme une condition de raccord avec la solution de l'équation d'Helmholtz valable en fluide parfait, loin de la région locale visqueuse rotationnelle.

REFERENCES CITEES

1. AGARD Report N° 709, (1984) : Special Course on Stability and Transition of Laminar Flow.

2. CROW, S.C., (1970) : Studies in Applied Maths., vol. XLIV, n° 1, march, 21-44.

3. DRAZIN, P.G. and REID, W.H., (1981) : Hydrodynamic stability. Cambridge University Press.

4. GUIRAUD, J.P. and ZEYTOUNIAN, R. Kh., (1978) : Int. J. Enging.Sci., vol. 16, 515-526.

5. GUIRAUD, J.P. and ZEYTOUNIAN, R.Kh., (1979) : J.F.M., vol. 17, n° 3, 337-402.

6. HANIN, M., (1960) : Quart. J. Mech. and Appl. Math., vol. XIII, pt. 2, 184-198.

7. HOWARTH, L., (1951) : Quart. J. Mech. and Appl. Math., vol. IV, pt. 2, 157-169.

8. IMAI, I., (1957) : Tech. Note BN-95, march 1957, Univ. of Maryland. The Inst. for Fluid Dyn. and Appl. Maths.

9. IOOSS, G., (1972) : Bifurcation et Stabilité. Publication n° 31 de l'Université de Paris XI (ORSAY), U.E.R. de Mathématique (année Universitaire 1972-1973).

10. JANZEN, O., (1913) : Phys. Z., 1913, 14, 639.

11. JOSEPH, D.D., (1976) : Stability of Fluid motions. Vol. I et II. Springer Tracts in Natural Philosophy.

12. LAGERSTROM, P.A., (1964) : Laminar Flow Theory, in "Theory of Laminar Flow"; section B, pp. 20-285. Princeton Univ. Press.

13. RAYLEIGH, J., (1916) : Phil. Mag., 32, 1-6.

14. STEWARTSON, K., (1951) : Quart. J. of Mech. and Appl. Math., IV, pt. 2, 182-198.

15. TOKUDA, N., (1968) : J.F.M., vol. 33, pt. 4, 657-672.

16. TRAUGOTT, S.C., (1962) : J.F.M., 13, 400-416.

17. VAN DYKE, M., (1952) : ZAMP, 3, n° 5, 343-353.

18. VAN DYKE, M., (1975) : Perturbation methods in Fluid Mechanics. The Parabolic Press, Stanford, U.S.A.

19. VIVIAND, H., (1970) : J. de Mécanique, 9, n° 4, 573-599.

20. WU, J.C. and THOMPSON, J.F., (1971) : Project SQUID Workshop : Fluid Dynamics of unsteady 3D and separated flows.

21. ZEYTOUNIAN, R. Kh., (1977) : J. de Math. numérique et de Phys. Math., t. 17, n° 1, 175-182 (éd. Acad. Sci. de l'U.R.S.S. à Moscou).

22. ZEYTOUNIAN, R. Kh., (1980) : C.R. Acad. Sci., Paris, A, t. 290, 567-569.

23. ZEYTOUNIAN, R.Kh. et GUIRAUD, J.P., (1980a) : C.R.Acad.Sci., Paris, B, t. 290, 75-78.

24. ZEYTOUNIAN, R.Kh. and GUIRAUD, J.P., (1980b) : AAAF, 7e Colloque d'Acoustique aérodynamique, Lyon 4-5 nov. 1980 (36 pages).

V. LE MODELE D'EULER POUR LES FLUIDES PARFAITS

Considérons les équations générales (I,35), avec (I,36), et supposons que lorsque $Re \to \infty$, les variables t, $\vec{x}$ et les paramètres S, γ, M, Pr restent fixés. Ainsi, lorsque l'on considère le passage à la limite d'Euler :

(V,1) $$\operatorname{Lim}^{\ell}_{E} \equiv \left\{ Re \to \infty, \text{ à } t \text{ et } \vec{x} \text{ fixés} \right\},$$

les équations qui résultent de (I,35), (I,36), sont celles d'Euler, pour les fluides parfaits en évolution adiabatique. Le fluide parfait en évolution adiabatique peut donc être considéré comme le cas limite du fluide de Navier-Stokes, peu visqueux ou encore à viscosité évanescente.

Dans ce qui suit nous considérons les équations complètes d'Euler écrites sous forme avec dimensions :

(V,2) $$\begin{cases} \dfrac{\partial \rho}{\partial t} + \dfrac{\partial(\rho u_k)}{\partial x_k} = 0 ; \\[2mm] \rho \dfrac{Du_i}{Dt} + \dfrac{\partial p}{\partial x_i} = \rho f_i , \quad i = 1,2,3 ; \\[2mm] \dfrac{DT}{Dt} - \dfrac{\gamma - 1}{\gamma} \dfrac{T}{p} \dfrac{Dp}{Dt} = 0 ; \\[2mm] p = R\rho T , \quad R = c_p - c_v , \gamma = c_p/c_v , \end{cases}$$

avec $$\frac{D}{Dt} = \frac{\partial}{\partial t} + u_k \frac{\partial}{\partial x_k} .$$

Comme notre fluide parfait, en évolution adiabatique, est toujours supposé être un gaz parfait à c_p et c_v constants, nous pouvons introduire l'entropie spécifique :

(V,3) $$s = C_v \operatorname{Log} p/\rho^\gamma \Rightarrow \frac{Ds}{Dt} = 0 .$$

L'équation $Ds/Dt = 0$, remplace alors l'équation $\frac{DT}{Dt} - \frac{\gamma-1}{\gamma}\frac{T}{p}\frac{Dp}{Dt} = 0$ et la loi d'état, $p = R\rho T$, devient :

(V,4) $$p = \mathcal{P}(s,\rho) \equiv \rho^\gamma \exp(s/C_v).$$

22. Les équations d'Euler pour les fluides parfaits en évolution barotrope. L'équation de Steichen

L'équation

(V,5) $$\frac{Ds}{Dt} = 0,$$

montre que si un fluide parfait est mis en évolution adiabatique à partir d'un état de repos dans lequel l'entropie spécifique est constante :

(V,6) $$s = s^0 = \text{Const},$$

alors $s \equiv s^0$ et

(V,7) $$p = \mathcal{P}(s^0,\rho) \equiv \mathcal{P}_0(\rho) = k_0 \rho^\gamma,$$

avec $$k_0 = \exp(s^0/C_v) .$$

Dans ce cas on dit que le fluide parfait subit une évolution barotrope (loi d'état : $p = \mathcal{P}_0(\rho)$) ; l'évolution barotrope est donc une évolution à entropie spécifique constante partout dans l'écoulement supposé continu. On notera que la fonction $\mathcal{P}_0(\rho)$ (qui intervient, d'une façon générale, dans la définition de l'évolution barotrope) est positive, croissante et convexe.

Il faut bien comprendre que l'affirmation :

$$Ds/Dt = 0 \text{ , avec } s = s^0 = \text{Const}, \text{ pour } t = 0 \Longrightarrow s \equiv s^0 = \text{Const},$$

qui conduit à la notion d'écoulement barotrope, ne reste valable que pour les écoulements adiabatiques continus dans tout le domaine d'écoulement considéré. En fait, il faut bien avoir en vue que les équations d'Euler (V,2) ne restent valables que si les grandeurs impliquées dans ces équations sont continûment dérivables dans le domaine d'écoulement considéré; si, en particulier, ces grandeurs ne sont que continûment dérivables par morceaux, alors elles peuvent, ainsi que leurs dérivées être discontinues à travers une surface, dite, de discontinuité. Précisons, ici, que pour un fluide parfait en évolution adiabatique les conditions dites, de chocs, qui sont des conditions nécessaires à vérifier à la traversée d'une onde de choc (dans ce cas le fluide traverse effectivement la surface de discontinuité), impliquent que s subit une discontinuité à travers le choc et que cette discontinuité est nécessairement positive. Comme conséquence, la présence d'onde de choc conduit à une irréversibilité dans l'écoulement fluide qui, en dehors du choc, se comporte de façon réversible. L'évolution étant adiabatique, l'entropie d'une particule reste constante dans les régions de continuité et augmente lorsque la particule traverse l'onde de choc. Ainsi, l'évolution du fluide peut-être barotrope à l'amont d'un choc mais après la traversée du choc, cette évolution ne pourra être que adiabatique, à l'aval de ce choc.

Dans le cas barotrope il est judicieux d'introduire la fonction thermodynamique h, définie par (I,21) :

$$h = \frac{\gamma}{\gamma-1} p/\rho = \frac{a^2}{\gamma-1},$$

où $a^2 = \gamma p/\rho \equiv \gamma k_0 \rho^{\gamma-1}$, est le carré de la célérité locale du son dans le gaz parfait à C_p et C_V constants et en évolution barotrope. Nous pouvons écrire pour le cas barotrope les équations d'Euler suivantes, pour h et la vitesse $\vec{u}$:

$$\text{(V,8)} \quad \begin{cases} \dfrac{D \operatorname{Log} h}{Dt} + (\gamma-1)\vec{\nabla}\cdot\vec{u} = 0; \\[2ex] \dfrac{D\vec{u}}{Dt} + \vec{\nabla} h = \vec{f}, \end{cases}$$

et ensuite on peut trouver la masse volumique :

$$\text{(V,9)} \quad \rho = \left[\frac{1}{k_0}\,\frac{\gamma-1}{\gamma}\,h\right]^{\frac{1}{\gamma-1}}.$$

On peut aussi écrire à la place de (V,8), un système "barotrope" pour ρ et $\vec{u}$:

$$\text{(V,10)} \qquad \begin{cases} \dfrac{D \operatorname{Log} \rho}{Dt} + \vec{\nabla}\cdot\vec{u} = 0\,; \\[2mm] \dfrac{D\vec{u}}{Dt} + \gamma k_0 \rho^{\gamma-1} \vec{\nabla} \operatorname{Log}\rho = \vec{f}\,. \end{cases}$$

Maintenant nous tirons profit de la formule :

$$\vec{u}\cdot\vec{\nabla}\vec{u} = \tfrac{1}{2}\vec{\nabla}q^2 + 2\vec{\omega}\wedge\vec{u},$$

où $q = |\vec{u}|$ et $2\vec{\omega} = \vec{\nabla}\wedge\vec{u}$.

Revenons à (V,8) et appliquons à la seconde équation de ce système l'opérateur rotationnel $(\vec{\nabla}\wedge\cdot)$; il vient :

$$\frac{\partial\vec{\omega}}{\partial t} + \vec{\nabla}\wedge(\vec{\omega}\wedge\vec{u}) = \vec{\nabla}\wedge\vec{f}$$

ou encore, lorsque $\vec{f} = \vec{\nabla}\mathcal{U}$, dérive d'un potentiel,

$$\text{(V,11)} \qquad \frac{D\vec{\omega}}{Dt} - (\vec{\omega}\cdot\vec{\nabla})\vec{u} + \omega(\vec{\nabla}\cdot\vec{u}) = 0,$$

qui est l'<u>équation</u> dite de **HELMOLTZ pour** le tourbillon $\vec{\omega}$. *)

On notera que cette équation (V,11) est une équation linéaire et homogène relativement à $\vec{\omega}$. De ce fait, si on impose à (V,11) la condition initiale :

$$\text{(V,12)} \qquad \vec{\omega} = \vec{\omega}^0(\vec{x}), \quad \text{pour} \quad t = 0,$$

avec $\vec{\omega}^0(\vec{x})$ une fonction donnée de $\vec{x}$, alors on peut formuler le <u>théorème</u> dit de <u>Lagrange</u> suivant :

<u>un écoulement de fluide parfait en évolution barotrope et soumis à des forces massiques dérivant d'un potentiel demeure constamment irrotationnel</u> :

$$\vec{\omega}^0(\vec{x}) \equiv 0 \quad \Longrightarrow \quad \vec{\omega}(t,\vec{x}) \equiv 0\,,\ \forall t \ \text{et}\ \vec{x},$$

<u>dans un domaine que l'on suit dans son mouvement si, au repos, il y est irrotationnel.</u>

---

*) Nous nous bornons ici, à cette Leçon V, à l'essentiel en ce qui concerne les écoulements rotationnels de fluide parfait. On trouvera une analyse analytique complète de tels écoulements dans notre monographie (ZEYTOUNIAN (1974)).

Ainsi, si tel est le cas :

(V,13) $$\vec{\omega} \equiv 0 \quad \Rightarrow \vec{\nabla} \wedge \vec{u} = 0 \quad \Rightarrow \vec{u} = \vec{\nabla}\varphi$$

et il existe un potentiel des vitesses, $\varphi(t,\vec{x})$, pour l'écoulement de fluide parfait en évolution barotrope irrotationnelle.

Dans ce cas, l'équation : $\frac{D\vec{u}}{Dt} + \vec{\nabla}h = \vec{f}$ devient :

(V,14) $$\vec{\nabla}\left\{\frac{\partial\varphi}{\partial t} + \frac{q^2}{2} + h - \mathcal{U}\right\} = 0,$$

et si le domaine d'écoulement $\mathcal{D}$ est simplement connexe, on pourra extraire de (V,14) l'intégrale dite de Bernoulli (instationnaire irrotationnelle) :

(V,15) $$\frac{\partial\varphi}{\partial t} + \frac{q^2}{2} + h - \mathcal{U} = \mathcal{B}(t)$$

où $\mathcal{B}(t)$ est une fonction arbitraire du temps t. Mais il est clair que l'on peut toujours ajouter une fonction arbitraire de t à φ sans changer $\vec{u}$ et de ce fait on peut faire le choix de $\mathcal{B}(t) \equiv \mathcal{B}_0 = \text{Const}$, au niveau de (V,15). Si cela est le cas et si on suppose que $\mathcal{U} \equiv 0$ (pas de forces massiques extérieures) alors de (V,10) et (V,15) on peut former pour φ et ρ les trois équations suivantes :

(V,16a) $$\frac{\partial^2\varphi}{\partial t^2} + \frac{\partial\varphi}{\partial x_k}\frac{\partial^2\varphi}{\partial t\partial x_k} + a^2\frac{\partial \operatorname{Log}\rho}{\partial t} = 0;$$

(V,16b) $$\frac{\partial \operatorname{Log}\rho}{\partial t} + \frac{\partial\varphi}{\partial x_k}\frac{\partial \operatorname{Log}\rho}{\partial x_k} + \Delta\varphi = 0;$$

(V,16c) $$\frac{\partial\varphi}{\partial x_k}\frac{\partial^2\varphi}{\partial t\partial x_k} + \frac{\partial\varphi}{\partial x_k}\frac{\partial\varphi}{\partial x_j}\frac{\partial^2\varphi}{\partial x_j\partial x_k} + a^2\frac{\partial\varphi}{\partial x_k}\frac{\partial \operatorname{Log}\rho}{\partial x_k} = 0,$$

où $\Delta \equiv \vec{\nabla}^2 = \partial^2/\partial x_1^2 + \partial^2/\partial x_2^2 + \partial^2/\partial x_3^2$ et,

(V,17) $$a^2 = (\gamma-1)h = -(\gamma-1)\left[\frac{\partial\varphi}{\partial t} + \frac{1}{2}\left|\frac{\partial\varphi}{\partial x_k}\right|^2 - B_0\right].$$

Une combinaison simple des trois équations (V,16) conduit à l'équation de STEICHEN suivante, pour $\varphi(t,x_k)$, écrite avec des grandeurs dimensionnées :

(V,18) $$a^2\Delta\varphi - \partial^2\varphi/\partial t^2 = 2\,\partial^2\varphi/\partial t\partial x_k\;\partial\varphi/\partial x_k + \partial\varphi/\partial x_j\;\partial\varphi/\partial x_k\;\partial^2\varphi/\partial x_k\partial x_j.$$

Naturellement l'équation de Steichen (V,18) n'est véritablement une équation pour le potentiel des vitesses φ que parce que a^2 satisfait à la relation (V,17). En particulier, si a_∞ est la valeur constante de a en un point de la trajectoire où le module de la vitesse $q = U_\infty = \text{Const}$, alors :

(V,19) $$\mathcal{B}_0 \equiv -\frac{a_\infty^2}{\gamma-1}-\frac{U_\infty^2}{2} \Rightarrow a^2=a_\infty^2-(\gamma-1)\left\{\frac{\partial\varphi}{\partial t}+\frac{1}{2}\left[\left|\frac{\partial\varphi}{\partial x_k}\right|^2-U_\infty^2\right]\right\},$$

en admettant qu'un tel point existe dans notre écoulement continu (cela est, en général, le point à l'infini amont loin de l'obstacle autour duquel l'écoulement est considéré).

Ainsi, avec (V,19) et (V,17) nous obtenons pour φ l'équation quasi-linéaire suivante :

(V,20) $$a_\infty^2\Delta\varphi-\frac{\partial^2\varphi}{\partial t^2}=2\frac{\partial^2\varphi}{\partial t\partial x_k}\frac{\partial\varphi}{\partial x_k}+\frac{\partial\varphi}{\partial x_j}\frac{\partial\varphi}{\partial x_k}\frac{\partial^2\varphi}{\partial x_j\partial x_k} +(\gamma-1)\left\{\frac{\partial\varphi}{\partial t}+\frac{1}{2}\left[\left|\frac{\partial\varphi}{\partial x_k}\right|^2-U_\infty^2\right]\right\}\Delta\varphi.$$

L'équation (V,20) est toujours du type hyperbolique, lorsque a_∞ reste fini. Si par contre :

(V,21) $$a_\infty\to\infty, \text{ avec } t \text{ et } x_k \text{ fixés,}$$

ce qui correspond au cas incompressible, alors l'équation (V,20) "dégénère" en une équation elliptique:

(V,22) $$\Delta\varphi_{inc}=0;$$

nous avions déjà signalé ce phénomène au § 12 de la Leçon II et nous y reviendrons au cours de cette Leçon V (voir le § 33).

Dans le cas stationnaire $(\partial/\partial t\equiv 0)$, bidimensionnel $(x_1\equiv x, x_2\equiv y$ et $\partial/\partial x_3\equiv 0)$, l'équation de Steichen (V,20) peut s'écrire sous la forme adimensionnelle suivante, en gardant les mêmes notations pour φ et a^2 et où $M_\infty=U_\infty/a_\infty$,

(V,23) $$\left[a^2-M_\infty^2\left(\frac{\partial\varphi}{\partial x}\right)^2\right]\frac{\partial^2\varphi}{\partial x^2}-2M_\infty\frac{\partial\varphi}{\partial x}\frac{\partial\varphi}{\partial y}\frac{\partial^2\varphi}{\partial x\partial y} +\left[a^2-M_\infty^2\left(\frac{\partial\varphi}{\partial y}\right)^2\right]\frac{\partial^2\varphi}{\partial y^2}=0,$$

avec

(V,24) $$a^2=1+\frac{\gamma-1}{2}M_\infty^2\left\{1-\left[\left(\frac{\partial\varphi}{\partial x}\right)^2+\left(\frac{\partial\varphi}{\partial y}\right)^2\right]\right\}.$$

Dans le cas d'un écoulement instationnaire monodimensionnel dans un tube de courant infiniment délié, d'axe confondu avec l'axe Ox_1 et dont l'aire de la section transversale, à $x_1=\text{Const}$, est notée par $\mathcal{A}(x_1)$, on peut considérer pour $\varphi(x_1,t)$ l'équation dimensionnelle suivante :

$$\left[a^2-\left(\frac{\partial\varphi}{\partial x_1}\right)^2\right]\frac{\partial^2\varphi}{\partial x_1^2}-2\frac{\partial\varphi}{\partial x_1}\frac{\partial^2\varphi}{\partial x_1\partial t}-\frac{\partial^2\varphi}{\partial t^2}$$

(V,25) $$=-a^2\frac{\partial\varphi}{\partial x_1}\frac{d\,\mathrm{Log}\,\mathcal{A}(x_1)}{dx_1},$$

où $$a^2=a_\infty^2-(\gamma-1)\left[\frac{\partial\varphi}{\partial t}+\frac{1}{2}\left(\frac{\partial\varphi}{\partial x_1}\right)^2-\frac{U_\infty^2}{2}\right].$$

23. Le cas du fluide parfait incompressible

Le cas du fluide parfait incompressible, qui correspond à $a_\infty^2\to\infty$, correspond aussi à $\gamma\to\infty$ puisque $a_\infty^2=\gamma\,p_\infty/\rho_\infty$. De manière plus précise ce cas incompressible découle du passage à la limite $(\gamma=c_p/c_v)$:

(V,26) $$c_v\to 0\ ,\text{mais}\quad c_p=O(1)\ \Rightarrow\ \gamma\to\infty.$$

Dans ce cas, comme pour le cas barotrope on a :

$$\rho=\exp(-s^0/c_p)\,p^{1/\gamma},$$

on trouve, à la limite, que

(V,27) $$\rho\Rightarrow\exp(-s^0/c_p)\equiv\rho^0=\mathrm{Const}$$

et cela conduit, d'après la première des équations (V,10), aussi à

$$\vec{\nabla}\cdot\vec{u}=0,$$

qui est la condition "dynamique" d'incompressibilité. Ainsi, pour l'écoulement de fluide parfait incompressible on obtient les équations d'Euler suivantes :

(V,28) $$\begin{cases}\rho=\rho^0=\mathrm{Const}\ ;\ \vec{\nabla}\cdot\vec{u}=0\\ \dfrac{D\vec{u}}{Dt}+\vec{\nabla}\pi=\vec{f}\ ,\ \pi\equiv p/\rho^0.\end{cases}$$

Dans ce cas incompressible, au niveau de la loi de comportement des fluides parfaits :

$$\sigma_{ij} = -p\,\delta_{ij} ,$$

la pression p est un multiplicateur de Lagrange indéterminé; p n'est plus alors déterminée par les propriétés thermodynamiques du fluide et on dit que l'inconnue p est la pression thermodynamique qui détermine avec la vitesse $\vec{u}$, l'écoulement du fluide parfait incompressible.

Mais nous pouvons aussi appliquer le passage à la limite (V,26) au cas adiabatique. Dans ce cas, comme :

$$s = c_v \operatorname{Log} p/\rho^{\gamma} = c_v \log p - c_p \log \rho ,$$

il vient que :

(V,28) $$s \Rightarrow -c_p \operatorname{Log} \rho ,$$

et les équations d'Euler sont :

(V,29) $$\begin{cases} \dfrac{D\rho}{Dt} = 0 \quad , \vec{\nabla}\cdot\vec{u} = 0 , \\ \rho \dfrac{D\vec{u}}{Dt} + \vec{\nabla} p = \rho \vec{f} ; \end{cases}$$

ce sont les équations qui régissent un écoulement <u>isochorique</u> de fluide parfait (qui est <u>compressible</u>), dynamiquement incompressible $(\vec{\nabla}\cdot\vec{u} = 0)$. On notera que pour un fluide compressible conducteur de la chaleur (qui peut être non visqueux), l'écoulement correspondant <u>ne peut pas être</u> isochorique car : $Ds/Dt \neq 0$ et de ce fait $D\rho/Dt \neq 0$, puisque $\nabla\cdot\vec{u} \neq 0$.

Lorsque, on impose au système isochorique (V,29) la condition initiale, sur ρ , suivante :

(V,30) $$t = 0 : \quad \rho = \rho^{0} = \text{Const} ,$$

alors par continuité on retrouve $\rho \equiv \rho^{0} = \text{Const}$, <u>partout</u> dans le domaine d'écoulement $\mathcal{D}$ et il vient une fois de plus le cas incompressible gouverné par (V,28).

Supposons que, dans (V,28), $\vec{f} \equiv 0$; donc $\vec{u}$ et $\pi = p/\rho_0$ satisfont aux équations :

(V,31) $$\vec{\nabla}\cdot\vec{u} = 0 \quad , \quad \frac{D\vec{u}}{Dt} + \vec{\nabla}\pi = 0.$$

Comme

$$\vec{\nabla}\cdot(2\vec{\omega}) = 0 \Rightarrow 2\vec{\omega} \equiv \vec{\nabla}\wedge\vec{u} = \vec{\nabla}\lambda \wedge \vec{\nabla}\mu,$$

on peut écrire, au moins localement, que :

(V,32) $$\vec{\nabla}\wedge(\vec{u} + \mu\vec{\nabla}\lambda) = 0 \Rightarrow \vec{u} = \vec{\nabla}\phi - \mu\vec{\nabla}\lambda.$$

Mais la seconde des équations (V,31) peut toujours se mettre sous la forme suivante :

(V,33) $$\frac{\partial\vec{u}}{\partial t} + (\vec{\nabla}\wedge\vec{u})\wedge\vec{u} + \vec{\nabla}H = 0,$$

où $H = \pi + q^2/2$. Ainsi, grâce à (V,32), on peut écrire, à la place de (V,33),

(V,34) $$\frac{D\mu}{Dt}\vec{\nabla}\lambda - \frac{D\lambda}{Dt}\vec{\nabla}\mu = \vec{\nabla}J,$$

avec

(V,35) $$J = \frac{\partial\phi}{\partial t} + H - \mu\frac{\partial\lambda}{\partial t}.$$

De (V,34) il découle que :

(V,36) $$\vec{\nabla}\lambda\cdot(\vec{\nabla}\mu\wedge\vec{\nabla}J) = 0 \Rightarrow J = J(\lambda,\mu;t).$$

Ainsi, $\vec{\nabla}J = \partial J/\partial\lambda\,\vec{\nabla}\lambda + \partial J/\partial\mu\,\vec{\nabla}\mu$ et nous obtenons, à la place de (V,34), les <u>équations canoniques</u> suivantes :

(V,37) $$\frac{D\mu}{Dt} = \frac{\partial J}{\partial\lambda} \quad ; \quad \frac{D\lambda}{Dt} = -\frac{\partial J}{\partial\mu},$$

avec

(V,38) $$J = \frac{q^2}{2} + \pi + \frac{\partial\phi}{\partial t} - \mu\vec{\nabla}\lambda.$$

D'autre part, en tirant profit de l'équation d'incompressibilité $\vec{\nabla}\cdot\vec{u}=0$, on peut représenter le vecteur vitesse $\vec{u}$ sous la forme

(V,39) $$\vec{u}=\vec{\nabla}\psi\wedge\vec{\nabla}\chi \implies \vec{u}\cdot\vec{\nabla}\psi=0 \text{ et } \vec{u}\cdot\vec{\nabla}\chi=0;$$

$\psi=\text{Const}$ et $\chi=\text{Const}$ étant les deux familles de surfaces de courant de notre écoulement de fluide parfait incompressible; les lignes de courant (pour chaque t fixé) s'obtenant par l'intersection de ces deux surfaces de courant.

Maintenant, si l'on revient à (V,32), on peut écrire que :

(V,40) $$\vec{\nabla}\phi\cdot\vec{\nabla}\lambda=\mu\,|\vec{\nabla}\lambda|^2+(\vec{\nabla}\psi\wedge\vec{\nabla}\chi)\cdot\vec{\nabla}\lambda\,.$$

En particulier, dans le cas stationnaire, lorsque l'on peut supposer que $\partial J/\partial\mu=0$, il vient de (V,40) :

(V,41) $$\mu=\frac{\vec{\nabla}\phi\cdot\vec{\nabla}\lambda}{|\vec{\nabla}\lambda|^2}\,.$$

Mais dans le cas stationnaire on a toujours que :

$\vec{u}\cdot\vec{\nabla}H=0$ et aussi $2\vec{\omega}\cdot\vec{\nabla}H=0$; c'est-à-dire que la surface (dite de Lamb), $H=\text{Const}$, est aussi bien une surface de courant que une surface tourbillon. De ce fait nous pouvons toujours faire le choix de : $\chi=\lambda\equiv H$; si cela est le cas, alors on constate que notre écoulement de fluide parfait incompressible est irrotationnel $(\mu\equiv0\Rightarrow 2\vec{\omega}\equiv0)$ si :

(V,42) $$\vec{\nabla}\phi\cdot\vec{\nabla}H=0\,.$$

Ainsi, lorsque les surfaces équipotentielles, $\phi=\text{Const}$, et les surfaces de Lamb, $H=\text{Const}$, forment un réseau orthogonal, l'écoulement de fluide parfait incompressible correspondant est nécessairement irrotationnel.

Dans le cas rotationnel $(\mu\neq0)$ l'équation de continuité $(\vec{\nabla}\cdot\vec{u}=0)$ implique l'équation suivante :

(V,43) $$\Delta\phi=\mu\,\Delta H+\vec{\nabla}\mu\cdot\vec{\nabla}H\,,$$

et lorsque $\mu \equiv 0$ (écoulement irrotationnel) on retrouve l'équation classique de Laplace

(V,44) $$\Delta\phi = 0,$$

pour les écoulements incompressibles de fluide parfait à potentiel de vitesse.

Revenons à (V,33); on sait que dans le cas stationnaire

$$\vec{u}\cdot\vec{\nabla}H = 0 \Rightarrow H = \mathcal{H}(\psi,\chi),$$

et en particulier si : $H = H^0_\infty = \text{Const}$, à l'infini amont, loin de l'écoulement perturbé par un obstacle, on aura par continuité que :

(V,45) $$H \equiv H^0_\infty = \text{Const}, \text{ partout.}$$

Dans ce cas on constate que : $(\vec{\nabla}\wedge\vec{u})\wedge\vec{u} = 0$,
mais comme $\vec{\nabla}\wedge\vec{u} \equiv 2\vec{\omega}$ est nul à l'infini amont il faut faire le choix de :

$$\vec{\nabla}\wedge\vec{u} = 0 \quad , \text{ partout.}$$

Ainsi, un écoulement stationnaire de fluide parfait incompressible (continu) qui est irrotationnel à l'infini amont, loin d'un obstacle, reste irrotationnel partout et les équations d'Euler se réduisent à :

(V,46) $$\vec{\nabla}\cdot\vec{u} = 0 \quad , \vec{\nabla}\wedge\vec{u} = 0,$$

c'est-à-dire :

(V,46a) $$\text{div}\,\vec{u} = 0 \quad , \quad \overrightarrow{\text{rot}}\,\vec{u} = 0.$$

24. Le cas des écoulements baroclines rotationnels stationnaires

On dira que notre écoulement de fluide parfait compressible est barocline si il n'est pas barotrope; c'est-à-dire, si la loi d'état est de la forme :

(V,47) $$p = p(s,\rho).$$

Dans ce cas, il nous faut considérer les équations d'Euler suivantes :

$$(V,48)\qquad \begin{cases} \vec{\nabla}\cdot(\rho\vec{u}) = 0 ; \\ (\vec{u}\cdot\vec{\nabla})\vec{u} + \frac{1}{\rho}\vec{\nabla}p = 0 ; \\ \vec{u}\cdot\vec{\nabla}s = 0 \quad ; \; p = p(s,\rho). \end{cases}$$

On a tout d'abord que : $\rho^{-1}\vec{\nabla}p = \vec{\nabla}h - T\vec{\nabla}s,$

et on peut écrire, à la place de la seconde des équations (V,48), l'équation suivante :

$$(V,49)\qquad \vec{u}\wedge 2\vec{\omega} = \vec{\nabla}H - T\vec{\nabla}s ,$$

dite de VAZSONYI.

D'autre part, comme $\vec{u}\cdot\vec{\nabla}s = 0$, on a aussi $\vec{u}\cdot\vec{\nabla}H = 0.$ Ainsi, les <u>surfaces de Lamb</u>, $H(\vec{x}) = \text{Const}$, et les <u>surfaces isentropiques</u>, $s(\vec{x}) = \text{Const}$, sont des surfaces de courant de notre écoulement stationnaire de fluide parfait en évolution adiabatique. D'un point de vue général , notons par :

$$\psi(\vec{x}) = \text{Const} \quad \text{et} \quad \chi(\vec{x}) = \text{Const}$$

les deux familles de surfaces de courant de notre écoulement satisfaisant (V,48). Puisque : $\vec{u}\cdot\vec{\nabla}\psi = 0$ et $\vec{u}\cdot\vec{\nabla}\chi = 0$, par définition, nous pouvons postuler la représentation suivante, pour la vitesse :

$$\vec{u} = \lambda(\vec{x})\,(\vec{\nabla}\psi\wedge\vec{\nabla}\chi)$$

et l'équation de continuité du système d'Euler (V,48), implique que :

$$(\vec{\nabla}\psi\wedge\vec{\nabla}\chi)\cdot\vec{\nabla}(\lambda\rho) = 0 \Rightarrow \lambda\rho = f(\psi,\chi).$$

Mais, si ψ et χ restent constants sur des surfaces de courant , alors $F(\psi,\chi)$ et $G(\psi,\chi)$ sont également constants sur ces surfaces de courant . Donc

$$\vec{u} = \lambda_1(\vec{x})(\vec{\nabla}F\wedge\vec{\nabla}G), \quad \text{avec} \quad \lambda = \lambda_1\left(\frac{\partial F}{\partial\psi}\frac{\partial G}{\partial\chi} - \frac{\partial F}{\partial\chi}\frac{\partial G}{\partial\psi}\right) .$$

Ainsi,

$$f(\psi,\chi) \equiv \lambda_1\rho\left(\frac{\partial F}{\partial\psi}\frac{\partial G}{\partial\chi} - \frac{\partial F}{\partial\chi}\frac{\partial G}{\partial\psi}\right),$$

et on peut toujours faire le choix de F et G de telle façon que $\lambda\rho\equiv 1$, moyennant quoi, en appelant ψ la fonction F et χ la fonction G , on obtient pour $\vec{u}$ la représentation :

(V,50) $$\rho\vec{u} = \vec{\nabla}\psi \wedge \vec{\nabla}\chi ,$$

qui "intègre" l'équation de continuité : $\vec{\nabla}\cdot(\rho\vec{u}) = 0$. Donc, à ce stade on constate que :

(V,51) $$\begin{cases} H = \dfrac{|\vec{u}|^2}{2} + h = \mathcal{H}(\psi,\chi) \\ s = \mathcal{S}(\psi,\chi), \end{cases}$$

où $\mathcal{H}$ et $\mathcal{S}$ sont des fonctions arbitraires de ψ et χ qui se conservent le long des lignes de courant de notre écoulement stationnaire continu de fluide parfait compressible barocline.

Revenons à l'équation de Vazsonyi (V,49); on a, du fait de (V,50) et (V,51),

$$(\vec{\nabla}\psi \wedge \vec{\nabla}\chi) \wedge 2\vec{\omega} = \rho \left\{ \frac{\partial \mathcal{H}}{\partial \psi} \vec{\nabla}\psi + \frac{\partial \mathcal{H}}{\partial \chi} \vec{\nabla}\chi - T \frac{\partial \mathcal{S}}{\partial \psi} \vec{\nabla}\psi - T \frac{\partial \mathcal{S}}{\partial \chi} \vec{\nabla}\chi \right\},$$

ou encore :

$$(2\vec{\omega}\cdot\vec{\nabla}\psi)\vec{\nabla}\chi - (2\vec{\omega}\cdot\vec{\nabla}\chi)\vec{\nabla}\psi = \rho \left(\frac{\partial \mathcal{H}}{\partial \chi} - T \frac{\partial \mathcal{S}}{\partial \chi} \right) \vec{\nabla}\chi + \rho \left(\frac{\partial \mathcal{H}}{\partial \psi} - T \frac{\partial \mathcal{S}}{\partial \psi} \right) \vec{\nabla}\psi .$$

Comme conséquence il vient les deux équations scalaires suivantes :

$$
(V,52) \qquad \begin{cases} 2\vec{\omega}\cdot\vec{\nabla}\psi = \rho\left(\dfrac{\partial \mathcal{H}}{\partial \chi} - T\dfrac{\partial \mathcal{S}}{\partial \chi}\right); \\ 2\vec{\omega}\cdot\vec{\nabla}\chi = -\rho\left(\dfrac{\partial \mathcal{H}}{\partial \psi} - T\dfrac{\partial \mathcal{S}}{\partial \psi}\right), \end{cases}
$$

qui peuvent s'interpréter (ZEYTOUNIAN (1966)) comme les <u>intégrales premières</u> de l'équation de Vazsonyi.

Il s'avère que nous pouvons <u>classer</u> les écoulements stationnaires de fluide parfait suivant leur <u>propriété énergétique</u> :

I) Cas général : $\mathcal{H} = \text{Const}$, sur chaque ligne de courant;
II) Cas oligotrope : $\mathcal{H} \equiv \mathcal{H}(\mathcal{S})$;
III) Cas isoénergentique : $\mathcal{H} \equiv \text{Const}$, dans tout l'écoulement.

25. Les invariants Lagrangiens

Le système complet des équations d'Euler

$$
(V,53) \qquad \begin{cases} \dfrac{D\vec{u}}{Dt} + \dfrac{1}{\rho}\vec{\nabla}p = \vec{f}; \\ \dfrac{D \operatorname{Log}\rho}{Dt} + \vec{\nabla}\cdot\vec{u} = 0; \\ \dfrac{Ds}{Dt} = 0; \quad p = p(s,\rho), \end{cases}
$$

régissant les écoulements (instationnaires) d'un fluide parfait compressible (barocline) en évolution adiabatique, admet, par définition même, l'entropie spécifique $s(t,\vec{x})$ comme invariant lagrangien $\left(Ds/Dt = 0\right)$.

Il est judicieux pour la suite*) : de considérer de façon générale trois champs scalaires $I_j(t,\vec{x})$, $j = 1,2,3$; on peut attacher la valeur de ces champs à chaque particule et définir ainsi une dérivée particulaire pour I_j : $DI_j/Dt = \partial I/\partial t + \vec{u}\cdot\vec{\nabla} I_j$. A l'aide de ces trois champs scalaires, ERTEL (1960) construit une <u>équation de continuité généralisée</u>; sous la

---

*) Pour une étude plus poussée et les détails des calculs analytiques on consultera les chapitres I et II de notre monographie de 1974. Pour les lecteurs de langue russe citons aussi notre travail de 1977. Enfin, un article en anglais a paru en 1979, dans la série "Lecture Notes in Physics" (vol. 90).

forme suivante :

$$\frac{D}{Dt}\left\{\frac{1}{\rho}\mathbb{J}(I_1,I_2,I_3)\right\} = \frac{1}{\rho}\left\{\mathbb{J}\left(\frac{DI_1}{Dt},I_2,I_3\right)\right.$$

(V,54) $$\left. + \mathbb{J}\left(I_1,\frac{DI_2}{Dt},I_3\right) + \mathbb{J}\left(I_1,I_2,\frac{DI_3}{Dt}\right)\right\},$$

où $$\mathbb{J}(I_1,I_2,I_3) \equiv \vec{\nabla}I_1\cdot\left(\vec{\nabla}I_2\wedge\vec{\nabla}I_3\right) \neq 0.$$

Si, en particulier, l'on a pour l'un de ces champs scalaires la relation

(V,55) $$\frac{DI_\alpha}{Dt} = 0,$$

alors le champ scalaire $I_\alpha(t,\vec{x})$ est un <u>invariant lagrangien</u> dans le milieu continu en mouvement, de vitesse $\vec{u}$. Si, plus généralement cette relation (V,55) est satisfaite pour $\alpha = 1$, $\alpha = 2$ et $\alpha = 3$, c'est-à-dire pour les trois champs scalaires I_1 , I_2 et I_3 alors :

(V,56) $$\frac{D}{Dt}\left\{\frac{1}{\rho}\mathbb{J}\left(I_1,I_2,I_3\right)\right\} = 0,$$

qui est une nouvelle forme de l'équation de continuité écrite sous forme lagrangienne.

Pour notre part on a que $Ds/Dt = 0$; de plus on sait que $\vec{\nabla}\cdot 2\vec{\omega} = 0$. Cela veut dire que

$$2\vec{\omega} = \vec{\nabla}\lambda\wedge\vec{\nabla}\mu$$

et si l'on impose que $\frac{D\lambda}{Dt} = 0$ et $\frac{D\mu}{Dt} = 0$, alors, d'après (V,56),

(V,57) $$\frac{D}{Dt}\left\{\frac{1}{\rho}\vec{\omega}\cdot\vec{\nabla}s\right\} = 0,$$

ce qui nous donne un second invariant lagrangien qui est dit le <u>"tourbillon potentiel d'ERTEL"</u>.

Si maintenant nous introduisons la "nouvelle" vitesse :

(V,58) $$\vec{w} = \vec{u} - \vec{\nabla}H \quad , \text{ avec } \quad \frac{DH}{Dt} = \frac{|\vec{u}|^2}{2} - h + \psi$$

où $\vec{f} \equiv \vec{\nabla}\psi$, alors nous pouvons construire deux nouveaux invariants lagrangiens linéairement indépendants :

(V,59) $$\frac{D}{Dt}\left\{\frac{1}{\rho}\vec{\omega}\cdot\left[\vec{\nabla}s\wedge\vec{\nabla}\left(\frac{\vec{\omega}}{\rho}\cdot\vec{\nabla}s\right)\right]\right\}=0;$$

(V,60) $$\frac{D}{Dt}\left\{\frac{1}{\rho}\vec{\omega}\cdot\left[\vec{\nabla}s\wedge\vec{\nabla}\left\{\frac{\vec{\omega}}{\rho}\cdot\left[\vec{\nabla}s\wedge\vec{\nabla}\left(\frac{\vec{\omega}}{\rho}\cdot\vec{\nabla}s\right)\right]\right\}\right]\right\}=0.$$

Enfin, un cinquième invariant lagrangien peut être construit sous la forme suivante :

(V,61) $$\frac{D}{Dt}\left\{\frac{1}{\rho}\vec{\nabla}s\cdot\left[\vec{\nabla}\left(\frac{\vec{\omega}}{\rho}\cdot\vec{\nabla}s\right)\right]\wedge\vec{\nabla}\left[\frac{\vec{\omega}}{\rho}\cdot\left(\vec{\nabla}s\wedge\vec{\nabla}\left[\frac{\vec{\omega}}{\rho}\cdot\vec{\nabla}s\right]\right)\right]\right\}=0.$$

Le système de cinq invariants lagrangiens obtenus ci-dessus est équivalent aux cinq équations de notre système d'EULER (V,53); il décrit l'évolution des cinq champs scalaires suivants :

(V,62) $$\begin{cases} \mathcal{L}_0 \equiv s; \\ \mathcal{L}_1 \equiv \dfrac{\vec{\omega}}{\rho}\cdot\vec{\nabla}\mathcal{L}_0; \\ \mathcal{L}_2 \equiv \dfrac{\vec{\omega}}{\rho}\cdot\left(\vec{\nabla}\mathcal{L}_0\wedge\vec{\nabla}\mathcal{L}_1\right); \\ \mathcal{L}_3 \equiv \dfrac{\vec{\omega}}{\rho}\cdot\left(\vec{\nabla}\mathcal{L}_0\wedge\vec{\nabla}\mathcal{L}_2\right); \\ \mathcal{L}_4 \equiv \dfrac{1}{\rho}\vec{\nabla}\mathcal{L}_0\cdot\left(\vec{\nabla}\mathcal{L}_1\wedge\vec{\nabla}\mathcal{L}_2\right)=\dfrac{1}{\rho}\mathbb{J}\left(\mathcal{L}_0,\mathcal{L}_1,\mathcal{L}_2\right), \end{cases}$$

le long des trajectoires fluides de notre écoulement de fluide parfait compressible en évolution adiabatique. Naturellement à ce système il faut associer la définition de la fonction $\mathcal{H}$, dite action mécanique, définie pour chaque élément de trajectoire fluide $\left(\mathcal{H}=\int_0^t(|\vec{u}|^2/2-h+\mathcal{U}_0)dt\right)$. On trouvera dans ZEYTOUNIAN (1979) un schéma de calcul formel de $\vec{u}$, ρ et s, à partir des cinq invariants lagrangiens (V,62), lorsque $\vec{u}$, ρ et s sont donnés à l'instant initial $t=0$.

26. Variétés caractéristiques et hyperbolicité. Bicaractéristiques et conoïde caractéristique

Revenons aux équations d'Euler générales et écrivons les pour ρ, u_1, u_2, u_3 et s, après avoir éliminé la pression p, grâce à la relation thermodynamique :

$$dp = a^2 d\rho + \varpi\, ds$$

où $a^2 = \partial p(s,\rho)/\partial\rho = \gamma RT$ et $\varpi = (\gamma-1)\rho T$, pour le gaz parfait à C_p et C_v constants. Ce système d'équations d'Euler peut se mettre sous la forme matricielle suivante :

(V,63)
$$\frac{\partial \mathcal{U}}{\partial t} + A_k \frac{\partial \mathcal{U}}{\partial x_k} = 0 \quad ; \quad k = 1,2,3,$$

où

$$\mathcal{U} = \begin{pmatrix} \rho \\ u_1 \\ u_2 \\ u_3 \\ s \end{pmatrix},$$

(V,64)
$$A_k = \begin{pmatrix} u_k & \rho\delta_{1k} & \rho\delta_{2k} & \rho\delta_{3k} & 0 \\ \frac{a^2}{\rho}\delta_{1k} & u_k & 0 & 0 & \frac{\varpi}{\rho}\delta_{1k} \\ \frac{a^2}{\rho}\delta_{2k} & 0 & u_k & 0 & \frac{\varpi}{\rho}\delta_{2k} \\ \frac{a^2}{\rho}\delta_{3k} & 0 & 0 & u_k & \frac{\varpi}{\rho}\delta_{3k} \\ 0 & 0 & 0 & 0 & u_k \end{pmatrix}$$

avec $\delta_{jk} = 0$, si $j \neq k$ et $\delta_{kk} = 1$. Notons que $A_k = A_k(\mathcal{U})$ et de ce fait le système (V,63) est quasi-linéaire. L'hyperbolicité du système (V,63) est lié au fait que : le système (V,63) peut-il avoir des solutions à dérivées discontinues ou singulières sur certaines surfaces dites variétés caractéristiques. Caractérisons une telle variété caractéristique par l'équation $\chi(t,\vec{x}) = 0$, et soit :

(V,65)
$$H(\chi) = \begin{cases} 0 & \text{pour } \chi < 0 ; \\ 1 & \text{pour } \chi \geq 0 , \end{cases}$$

la fonction échelon unité de Heaviside. On traduit le fait que les dérivées premières de $\mathcal{U}_o$ sont discontinues le long de $\chi = 0$, en posant :

(V,66)
$$\mathcal{U}_o = \mathcal{U}_o^{(1)}(t,\vec{x}) + \chi H(\chi)\, \mathcal{U}_o^{(2)}(t,\vec{x}) .$$

Substituons (V,66) dans l'équation matricielle (V,63), en posant

$$\mathcal{L}(\mathcal{U}_o) \equiv \frac{\partial \mathcal{U}_o}{\partial t} + \mathcal{A}_k(\mathcal{U}_o) \frac{\partial \mathcal{U}_o}{\partial x_k} ;$$

il vient :

(V,67)
$$\mathcal{L}(\mathcal{U}_o^{(1)}) + \chi H(\chi) \mathcal{L}(\mathcal{U}_o^{(2)}) + H(\chi) \left\{ \frac{\partial \chi}{\partial t} \mathcal{I} + \frac{\partial \chi}{\partial x_k} \mathcal{A}_k \right\} \mathcal{U}_o^{(2)} = 0 ,$$

où $\mathcal{I}$ est la matrice 5 × 5 unité et où on a tiré profit de

$$\frac{d}{d\chi}\left(\chi H(\chi)\right) \equiv H(\chi) + \chi\, \delta_o(\chi) \equiv H(\chi) ,$$

puisque $\delta_o(\chi)$ est l'impulsion de Dirac (impulsion unité en $\chi = 0$).

Il faut bien voir que, par hypothèse, les dérivées premières de $\mathcal{U}_o^{(1)}$ et $\mathcal{U}_o^{(2)}$ sont continues à la traversée de $\chi = 0$. La relation (V,67) implique que $\mathcal{L}(\mathcal{U}_o^{(1)}) = 0$, pour $\chi < 0$ et, par continuité on peut appliquer (V,67) en $\chi = 0_+$ en y faisant $\mathcal{L}(\mathcal{U}_o^{(1)}) = 0$ de sorte qu'il reste

$$\chi = 0 : \left(\frac{\partial \chi}{\partial t} \mathcal{I} + \frac{\partial \chi}{\partial x_k} \mathcal{A}_k \right) \mathcal{U}_o^{(2)} = 0$$

et cette relation ne peut être satisfaite que si

(V,68)
$$\chi = 0 : \ \mathrm{Det}\left(\frac{\partial \chi}{\partial t} \mathcal{I} + \frac{\partial \chi}{\partial x_k} \mathcal{A}_k \right) = 0 .$$

Ainsi, les variétés caractéristiques sont définies par la condition (V,68). Posons :

(V,69)
$$\vec{\nabla}\chi = |\vec{\nabla}\chi|\, \vec{n} \ , \quad \frac{\partial \chi}{\partial t} = -w\, |\vec{\nabla}\chi| ;$$

$$\Longrightarrow \quad \frac{\partial \chi}{\partial t} + \vec{w}_n \cdot \vec{\nabla}\chi = 0 \ ; \ \vec{w}_n \equiv w\vec{n} ,$$

où w est une vitesse de propagation; cela veut dire que, entre t et $t+dt$ la surface $\chi=0$ (variété caractéristique) s'est déplacée normalement à elle-même de $w\vec{n}\,dt$. Dans ce cas de (V,68) il vient

$$\mathrm{Det}\left(-w\mathbb{I}+n_k A_k\right)=0 \tag{V,70}$$

et comme $k=1,2,3$, cette équation (V,70) a 5 racines réelles en w et chaque racine est de la forme

$$w=w(\mathcal{U},\vec{n}),$$

où w, comme fonction de $\vec{n}$, est homogène et de degré 1. A chaque vitesse caractéristique w, solution de (V,70), on peut associer une matrice colonne (<u>vecteur propre à droite</u>)

$$\mathbb{D}=\begin{pmatrix} d_0\\ d_1\\ d_2\\ d_3\\ d_4\end{pmatrix}$$

et une matrice ligne (<u>vecteur propre à gauche</u>)

$$\mathbb{G}=\begin{pmatrix} g_0 & g_1 & g_2 & g_3 & g_4\end{pmatrix},$$

telles que :

$$\left(-w\mathbb{I}+n_k A_k\right)\mathbb{D}=\mathbb{G}\left(-w\mathbb{I}+n_k A_k\right). \tag{V,71}$$

Si l'on tient compte de (V,64) on a, pour définir les composantes de $\mathbb{D}$,

$$\begin{cases}\left(-w+\vec{n}\cdot\vec{u}\right)d_0+\rho\, n_k d_k=0 \quad, k=1,2,3,\\ a^2 n_k d_0+\rho\left(-w+\vec{n}\cdot\vec{u}\right)d_k+\varpi\, n_k d_4=0,\\ \left(-w+\vec{n}\cdot\vec{u}\right)d_4=0,\end{cases} \tag{V,72a}$$

tandis que, pour définir les composantes de $\mathbb{G}$, on a :

(V,72b)
$$\begin{cases} \rho\left(-w+\vec{n}\cdot\vec{u}\right)g_0 + a^2 n_k g_k = 0 \,, \quad k=1,2,3, \\ \rho\, n_k g_0 + \rho\left(-w+\vec{n}\cdot\vec{u}\right)g_k = 0, \\ \varpi\, n_k g_k + \rho\left(-w+\vec{n}\cdot\vec{u}\right)g_4 = 0 . \end{cases}$$

On vérifie aisément que l'équation (V,70) s'écrit :

$$\left(-w+\vec{n}\cdot\vec{u}\right)^3\left[\left(-w+\vec{n}\cdot\vec{u}\right)^2 - a^2\right] = 0$$

et il y a donc une racine triple

(V,73)
$$w^{(0)} \equiv \vec{n}\cdot\vec{u}$$

et deux racines simples

(V,74)
$$w^{\pm} \equiv \vec{n}\cdot\vec{u} \pm a|\vec{n}| .$$

A la vitesse $w^{\pm}$ on fait correspondre les matrices (vecteurs) propres à droite et à gauche suivantes :

(V,75)
$$\mathbb{D}^{\pm} = \begin{pmatrix} \rho \\ \pm a n_1 \\ \pm a n_2 \\ \pm a n_3 \\ 0 \end{pmatrix} , \quad \mathbb{G}^{\pm} = \left(a \quad \pm\rho n_1 \quad \pm\rho n_2 \quad \pm\rho n_3 \quad \frac{\varpi}{a} \right).$$

Une notion importante est celle de bicaractéristiques. L'équation aux variétés caractéristiques (V,68) est une équation aux dérivées partielles du premier ordre pour la fonction inconnue $\chi(t,\vec{x})$. L'intégration de cette équation fait intervenir les "bandes caractéristiques". Posons :

$$q_0 = \frac{\partial \chi}{\partial t} \,, \quad q_k = \frac{\partial \chi}{\partial x_k} \,, \quad k=1,2,3 ;$$

l'équation en χ peut alors être décomposée en trois équations :

(V,76)
$$F(q_\alpha, u_\beta) \equiv q_0 + w(q_k, u_\beta) = 0 \,, \quad \alpha = 0,1,2,3,$$

où on substitue successivement $w^{(0)}$, w^+, w^- à w . Pour mieux préciser les choses, plaçons-nous dans l'espace-temps $(t,\vec{x})$ à 4 dimensions. Appelons "plan" tangent à la variété caractéristique en un instant-point, un plan de l'espace-temps :

(V,77)
$$q_0^{\circ}(t-t^{\circ}) + q_k^{\circ}(x_k - x_k^{\circ}) = 0 ,$$

avec $q_0^\circ = \frac{\partial \chi(t^\circ, x_k^\circ)}{\partial t}$, $q_k^\circ = \frac{\partial \chi(t^\circ, x_k^\circ)}{\partial x_k}$, où (t°, x_k°) définit l'instant point considéré. Naturellement, en cet instant-point, $\mathcal{U}_0$ a une valeur bien déterminée de sorte que (V,76) montre que les plans tangents en question enveloppent un "cone" (conoïde caractéristique). Il faut bien voir qu'il y a un cone en question pour chacune des trois racines $w^{(0)}$, w^+ et w^-. Le "plan" tangent à la variété caractéristique est tangent au "cone", tout le long d'une génératrice. Cette dernière définit dans l'espace-temps une "direction", donnée par le quadrivecteur d'espace-temps :

(V,78) $$\frac{\partial F}{\partial q_0} = 1 , \quad \frac{\partial F}{\partial q_k} = \frac{\partial w}{\partial q_k} , \quad k = 1,2,3 .$$

On notera que :

$$w(q_k, \mathcal{U}) = w(|q| n_k, \mathcal{U}_0) = |q| w(n_k, \mathcal{U}_0),$$

de sorte que

$$\frac{\partial w}{\partial q_k} = \frac{\partial |q|}{\partial q_k} w + |q| \frac{\partial w}{\partial n_j} \frac{\partial n_j}{\partial n_k}$$

$$= w n_k + |q| \frac{\partial w}{\partial n_j} \frac{1}{|q|} (\delta_{jk} - n_j n_k)$$

$$= \frac{\partial w}{\partial n_k} + \left(w - n_j \frac{\partial w}{\partial n_j}\right) n_k$$

et comme w est homogène et du premier degré on a :

(V,79) $$\frac{\partial w}{\partial q_k} = \frac{\partial w}{\partial n_k} .$$

Par définition, les courbes de $\chi = 0$ tangentes à la direction (V,78) sont appelées bicaractéristiques et elles sont donc définies par les relations :

(V,80) $$\frac{dt}{\frac{\partial F}{\partial q_0}} = \frac{dx_k}{\frac{\partial F}{\partial q_k}} ,$$

de sorte que ces bicaractéristiques peuvent être construites à priori sans connaître la solution χ . Mais il y a plus : la donnée de la bicaractéristique définit la génératrice de contact du plan tangent, donc elle définit le plan tangent lui-même et par conséquent elle définit q_0 et q_k à un facteur multiplicatif près.

On notera encore que, d'après (V,76), (V,74) et (V,80), les bicaractéristiques sonores vérifient

(V,81a) $$\frac{dt}{1} = \frac{dx_k}{u_k \pm a n_k} ,$$

ou encore

(V,81b) $$\frac{d\vec{x}}{dt} = \vec{u} \pm a\vec{n} , \quad \vec{n} = \frac{\vec{\nabla}\chi}{|\vec{\nabla}\chi|} , |\vec{n}| \equiv 1 .$$

Précisons aussi que, étant donné, d'après (V,75), la relation

$$\mathbb{D} \cdot \mathbb{G} = 2\rho a ,$$

on peut toujours normaliser $\mathbb{D}$ et $\mathbb{G}$ de telle façon que

$$\mathbb{D} \cdot \mathbb{G} = 1 ,$$

comme cela a été supposé à la section 3 du § 16 de la Leçon III. Enfin, il faut encore préciser que les équations d'Euler, de la dynamique des gaz, forment bien un système hyperbolique mais il est non strict (trois valeurs propres confondues).

27. Quelques réflexions concernant l'unicité de la solution des équations d'Euler

Il faut bien se rendre compte que le modèle d'Euler, régi par les équations (V,53) pour un fluide parfait en évolution adiabatique, est une approximation assez "grossière" de la réalité physique qui, elle, correspond (sous les hypothèses du "continu") au fluide visqueux, conducteur de la chaleur dont l'évolution dans l'espace - temps est gouverné par les équations de Navier-Stokes dont il a été question à la Leçon I. Comme nous l'avons déjà souligné, cette approximation se révèle, en particulier, par une perte d'information sur la paroi délimitant l'écoulement où il faut imposer la condition de glissement, à la place de la condition (exacte) d'adhérence. Cette perte d'information sur la paroi a des conséquences facheuses qui conduisent, dans divers cas, à la perte d'unicité de la solution des équations d'Euler et il est alors nécessaire de faire appel à des informations complémentaires (non contenues dans le modèle d'Euler) afin de rétablir cette unicité !

Un cas simple est celui de l'écoulement plan autour d'un obstacle borné : la condition de glissement avec les conditions à l'infini ne garantissant aucunement l'unicité de la solution des équations d'Euler correspondantes. Pour simplifier encore plus on peut se restreindre à l'écoulement stationnaire plan irrotationnel d'un fluide d'Euler incompressible autour d'un cercle C_0 (qui est la section droite dans le plan (x_1, x_2) d'un cylindre de révolution dont les génératrices sont perpendiculaires au plan (x_1 , x_2), c'est-à-dire dirigées dans la direction x_3). Il s'avère alors que cet écoulement ne devient bien déterminé que si l'on se fixe la circulation du vecteur vitesse autour de ce cercle C_0 :

$$\Gamma = \oint_{C_0} \vec{u} \cdot d\vec{\sigma} \quad , \quad d\vec{\sigma} = \vec{\tau}\, d\sigma, \tag{V,82}$$

où $\vec{\tau}$ est le vecteur unitaire tangent d'un point de C_0 orienté vers les σ croissants (l'abscisse curviligne étant notée par σ). En restant dans le cadre du modèle de fluide parfait, au sens strict, nous n'avons aucun argument pour déterminer cette circulation.

D'une manière générale, l'observation montre que le modèle d'Euler ne convient pas pour les corps non profilés, au sens que l'on donne à ce terme en aérodynamique. Pour les corps non profilés il faut compléter le modèle d'Euler en y incluant des nappes tourbillonnaires qui sont des surfaces de discontinuités de contact. Le procédé de calcul de ces écoulements d'Euler, comportant des nappes tourbillonnaires, qui est essentiellement numérique, doit incorporer une information complémentaire qui n'est pas donnée par le modèle de fluide parfait et qui concerne le départ de la nappe sur la surface de l'obstacle. On sait que c'est une information qui doit être contenue dans le passage à la limite $Re \to \infty$, du concept de fluide peu visqueux, d'une manière qui n'est pas encore très bien connue à l'heure actuelle*).

---

*) Le lecteur intéressé par cet aspect théorique pourra consulter, en particulier, l'article de GUIRAUD et ZEYTOUNIAN (1979), où un critère relatif à l'emplacement de la ligne de séparation, sur une paroi régulière, d'une nappe tourbillonnaire est obtenu pour le cas d'un fluide compressible qui est un gaz parfait à C_p et C_v constants. L'écoulement est stationnaire et la paroi est supposée athermane ou maintenue à une température constante. Enfin, la composante de la vitesse pariétale, normale à la ligne de séparation, est supposée subsonique.

Pour des corps profilés aérodynamiquement, c'est-à-dire applatis au voisinage d'une portion de plan contenant le vecteur vitesse à l'infini amont et terminés, à l'aval, par une arête jouant le rôle de bord de fuite, on subodore que la nappe s'échappe de l'arête et que cette nappe est unique. Dans ce cas l'existence de la nappe tourbillonnaire a pour fonction de réaliser la condition dite de JOUKOWSKI :

Si le modèle de fluide d'Euler provient, par la limite $Re \to \infty$, à t, $\vec{x}$, fixés, d'un écoulement de fluide peu visqueux et faiblement conducteur de la chaleur, alors cet écoulement limite d'Euler ne peut contourner une arête.

Précisons qu'un tel contournement conduit à des valeurs non bornées de la vitesse, lorsque l'on tend vers l'arête. Naturellement le fluide visqueux peut contourner le bord de fuite, mais vu au niveau du modèle d'Euler de fluide parfait cela intervient dans une région très localisée, au voisinage de ce bord de fuite, qui est évanescente avec $Re \to \infty$. De part et d'autre de l'arête sur la paroi le fluide converge vers elle et la nappe ne fait pas autre chose que de permettre à ces deux écoulements convergents, non continus sur l'arête, de se prolonger au-delà de celle-ci. A la vérité ce qui vient d'être dit est relatif à une arête qui est un rebroussement pour la paroi; toute arête avec un angle dièdre non nul, provoque nécessairement l'apparition d'une zone décollée de plus ou moins grande étendue.

En écoulement plan instationnaire d'un fluide incompressible on dispose de la théorie mathématique des fonctions analytiques pour construire des écoulements avec nappes.

1. Le défaut d'unicité, sans information complémentaire, pour le modèle de fluide parfait est transparent sur l'exemple des écoulements plans stationnaires de fluide d'Euler incompressible homogène (à masse volumique constante), qui sont régis par l'équation :

(V,83) $$\vec{D}^2 \psi \equiv \frac{\partial^2 \psi}{\partial x^2} + \frac{\partial^2 \psi}{\partial y^2} = F_2(\psi) .$$

Le raisonnement que l'on fait habituellement pour déterminer l'expression de cette fonction arbitraire $F_2(\psi)$ consiste à chercher sa valeur dans une région où les caractéristiques de l'écoulement considéré sont connues par les conditions à l'infini; il s'agit en général de l'infini amont. Toutefois ce procédé échoue si les lignes de courant ne vont pas à l'infini amont . Dans ce cas les informations qu'il faut rechercher sont intimement liées au passage à la limite $Re \to \infty$. Il faut donc revenir aux équations de Navier du § 17, qui peuvent s'écrire sous la forme adimensionnelle suivante :

(V,84)
$$\begin{cases} (\vec{u}\cdot\nabla)\vec{u} + \vec{\nabla}\pi = Re^{-1}\vec{\nabla}^2\vec{u}, \\ \vec{\nabla}\cdot\vec{u} = 0, \end{cases}$$

avec $Re = U_\infty L_0/\nu_0$, pour la vitesse $\vec{u}$ et la pression π réduites relativement à U_∞ et $\rho^0 U_\infty^2$, où U_∞ caractérise une vitesse de référence constante.

Comme dans le cas plan le tourbillon n'a qu'une seule composante, perpendiculaire au plan de l'écoulement, notée ω_3, nous pouvons écrire, à la place de (V,84):

(V,85)
$$\begin{cases} \vec{u}\cdot\vec{D}\omega_3 = Re^{-1}\vec{D}^2\omega_3 \; ; \; \omega_3 = -\frac{1}{2}\vec{D}^2\psi \; ; \\ \vec{u} = \{u_1 = \partial\psi/\partial x_2 \; ; \; u_2 = -\partial\psi/\partial x_1\}. \end{cases}$$

Lorsque l'on effectue la limite dite d'Euler ($Re \to \infty$, à x_1 et x_2 fixés) il vient :

(V,86)
$$\operatorname*{Lim}_E^{P} \omega_3 \equiv -\frac{1}{2}F_2(\psi_0), \quad \vec{D}\wedge\vec{u} \equiv 2\omega_3\vec{k},$$

où ψ_0 est telle que : $\operatorname*{Lim}_E^{P}\vec{u} \equiv \vec{u}_0 = \vec{e}_3\wedge\vec{D}\psi_0$; l'indice inférieur "zéro" caractérisant l'écoulement non visqueux obtenu à partir du passage à la limite d'Euler.

Posons maintenant :

(V,87)
$$\begin{cases} \vec{u} = \vec{u}_0 + \cdots + Re^{-1}\hat{\vec{u}} + \cdots \; ; \\ \pi = \pi_0 + \cdots + Re^{-1}\hat{\pi} + \cdots \; ; \\ \omega_3 = \omega_0 + \cdots + Re^{-1}\hat{\omega} + \cdots, \end{cases}$$

$\omega_0 \equiv -\frac{1}{2}F_2(\psi_0)$ et supposons que les lignes de courant de l'écoulement limite d'Euler associé (qui satisfait à (V,83)) soient fermées. Soit donc γ_0 une ligne de courant générique de cet écoulement limite d'Euler; en portant les développements de $\vec{u}$ et π (V,87), dans les équations de Navier, il vient à l'ordre Re^{-1} :

$$\begin{cases} (\vec{u}_0\cdot\vec{D})\hat{\vec{u}} + (\hat{\vec{u}}\cdot\vec{D})\vec{u}_0 + \vec{D}\hat{\pi} = \vec{D}^2\vec{u}_0; \\ \vec{D}\cdot\hat{\vec{u}} = 0, \end{cases}$$

comme :

$$(\vec{u}_0\cdot\vec{D})\hat{\vec{u}} + (\hat{\vec{u}}\cdot\vec{D})\vec{u}_0 \equiv \vec{D}(\vec{u}_0\cdot\hat{\vec{u}}) + 2\left[\hat{\omega}\,(\vec{e}_3\wedge\vec{u}_0) + \omega_0\,(\vec{e}_3\wedge\hat{\vec{u}})\right];\ \vec{D}\cdot\vec{u}_0 = 0,$$

nous pouvons aussi écrire que

$$\vec{D}^2\vec{u}_0 = \vec{D}\,(\hat{\pi} + \vec{u}_0\cdot\hat{\vec{u}}) + 2\left[\hat{\omega}\,(\vec{e}_3\wedge\vec{u}_0) + \omega_0\,(\vec{e}_3\wedge\hat{\vec{u}})\right]. \tag{V,88}$$

Soit maintenant $\vec{\tau}_0$ le vecteur unitaire tangent à γ_0 , on a, après avoir multiplié scalairement (V,88) par $\vec{\tau}_0$ et intégré le résultat:

$$\oint_{\gamma_0} \vec{\tau}_0\cdot\vec{D}^2\vec{u}_0\, d\sigma_0 \equiv 2\oint_{\gamma_0} \omega_0\,(\vec{\tau}_0\wedge\vec{e}_3)\cdot\hat{\vec{u}}\, d\sigma_0,$$

puisque $\vec{u}_0 = |\vec{u}_0|\,\vec{\tau}_0$. On a désigné par $d\sigma_0$ l'élément d'arc le long de γ_0 . Mais $\omega_0 \equiv -\frac{1}{2}F_2(\psi_0)$ est constant sur γ_0 , puisque cette dernière est l'une des lignes de courant ψ_0 = Const, et de ce fait en appliquant le théorème de la divergence on obtient, à la place de

$$\oint_{\gamma_0} \omega_0\,(\vec{\tau}_0\wedge\vec{e}_3)\cdot\hat{\vec{u}}\, d\sigma_0 = \omega_0 \oint_{\gamma_0} (\vec{n}_0\cdot\hat{\vec{u}})\, d\sigma_0 = \omega_0 \iint_{\Delta_0} (\vec{D}\cdot\hat{\vec{u}})\, d\Sigma_0 = 0,$$

où $\vec{n}_0$ est le vecteur unitaire de la normale à γ_0 dirigé vers l'intérieur du domaine Δ_0 qui a pour frontière γ_0 . Ainsi, le calcul des termes $\hat{\vec{u}}$, $\hat{\pi}$, d'ordre Re^{-1} , au niveau des développements (V,87) implique que le champ des vitesses $\vec{u}_0$ doit satisfaire à la contrainte $(\vec{D}\cdot\vec{u}_0 = 0)$:

(V,89) $$0 = \oint_{\gamma_0} \vec{\tau}_0 \cdot \vec{D}^2 \vec{u}_0 \, d\sigma_0 = - \oint_{\gamma_0} \vec{\tau}_0 \cdot \left\{ \vec{D} \wedge (\vec{D} \wedge \vec{u}_0) \right\} d\sigma_0 .$$

Cette information complémentaire (V,89) n'est pas incluse a priori dans le modèle de fluide d'Euler; elle apparaît comme une trace laissée sur le modèle de fluide d'Euler, par le modèle de Navier, lorsque la viscosité est évanescente.

Cette dernière relation de compatibilité (V,89) peut encore s'écrire sous la forme :

(V,90) $$\begin{aligned} 0 &= \oint_{\gamma_0} \vec{\tau}_0 \cdot (\vec{D} \wedge \omega_0 \vec{e}_3) \, d\sigma_0 \\ &= \oint_{\gamma_0} (\vec{\tau}_0 \wedge \vec{e}_3) \cdot \vec{D} \omega_0 \, d\sigma_0 \\ &= -\frac{1}{2} \frac{dF_2(\psi_0)}{d\psi_0} \oint_{\gamma_0} (\vec{\tau}_0 \wedge \vec{e}_3) \cdot \vec{D} \psi_0 \, d\sigma_0 \\ &= -\frac{1}{2} \frac{dF_2(\psi_0)}{d\psi_0} \oint_{\gamma_0} \frac{d\psi_0}{dn_0} \, d\sigma_0 . \end{aligned}$$

De (V,90) on obtient définitivement que :

(V,91) $$\frac{dF_2(\psi_0)}{d\psi_0} = 0 \quad \Rightarrow \quad F_2(\psi_0) \equiv \text{Constante}.$$

La condition (V,91) est celle dite de PRANDTL-BATCHELOR (1956) : le tourbillon d'Euler incompressible d'un écoulement stationnaire plan est constant dans toute région parcourue par des lignes de courant fermées. Précisons que la valeur de la constante ne peut-être déterminée que par le raccord (dans un sens asymptotique) avec le modèle associé de couche limite de Prandtl (on pourra à ce sujet consulter le travail de W.W. WOOD, (1957)).

2. Continuons à supposer que le fluide d'Euler incompressible irrotationnel est en mouvement stationnaire et que l'hypothèse de JOUKOWSKI est vérifiée (c'est-à-dire que la vitesse reste finie à la pointe arrière du profil autour duquel l'écoulement est considéré).

Mais, en réalité, il n'existe pas d'écoulement rigoureusement stationnaire et de ce fait un écoulement stationnaire envisagé par la théorie n'a de signification physique que si l'on montre que cet écoulement peut-être obtenu, à partir du repos, soit effectivement au bout d'un temps fini, soit asymptotiquement lorsque $t \to \infty$ (mais alors dans ce cas se pose le problème de la possibilité d'intervertir le double passage à la limite : $t \to \infty$ et $Re \to \infty$?!).

Bien que la viscosité de l'air soit faible, on ne peut en faire totalement abstraction, puisqu'on sait que l'adhérence du fluide le long de la paroi du profil entraîne nécessairement l'existence d'une couche limite et, par suite, l'existence d'un frottement tangentiel le long de la paroi.

Considérons donc (nous reprenons les grandes lignes d'une argumentation que l'on trouvera exposée dans le livre de GERMAIN et MULLER (1980, voir les pages 297 à 300)), dans un repère lié au profil $\mathcal{P}$, l'écoulement d'un fluide incompressible, visqueux, baignant la paroi de $\mathcal{P}$ et mis en mouvement à partir du repos. Immédiatement après l'instant initial, l'écoulement est globalement un écoulement instationnaire et irrotationnel d'un fluide d'Euler incompressible, sauf au voisinage même de la paroi de $\mathcal{P}$; cela est une conséquence du théorème de Lagrange, qui découle de la formule de Cauchy (IV,92), où $Re^{-1} \equiv 0$ (on notera que tout écoulement d'Euler incompressible irrotationnel représente un écoulement de Navier (incompressible), satisfaisant à l'équation de Navier dans le cas plan, à condition d'être assez loin d'un voisinage de la paroi). En toute généralité, le point de détachement de la ligne de courant contournant le profil, de l'amont vers l'aval, est distinct de la pointe arrière du profil (du bord de fuite) et de ce fait les composantes des gradients des vitesses sont très grandes au voisinage de cette pointe, ce qui fait que la condition de JOUKOWSKI n'est pas vérifiée. Dans ce voisinage du bord de fuite, les effets de la viscosité, qui sont proportionnels aux gradients des vitesses, ne sont pas négligeables et, en particulier, il apparaît un champ de tourbillons intenses qui seront entrainés, ultérieurement, par le fluide en mouvement pour former en aval du profil un sillage rotationnel (tourbillonnaire).

Envisageons maintenant l'écoulement à un instant postérieur et schématisons le en supposant, provisoirement, le fluide dénué de viscosité (il est incompressible et non conducteur de la chaleur) - malgré que, en aval du profil il existera un sillage borné dans lequel l'écoulement est rotationnel. Le long d'un contour très éloigné du profil (notons ce contour par ($\mathcal{L}$)) la circulation est nulle, étant donné que la circulation le long d'un contour fermé, entourant le profil que l'on suit dans son mouvement reste constante et que cette circulation était nulle au repos. Ainsi, on constate que la somme des circulations prises l'une le long d'un contour plus petit, mais entourant le profil $\mathcal{P}$ et l'autre le long d'un second contour, aussi plus petit, entourant lui le sillage borné*), est nulle. Autrement dit, l'existence du sillage rotationnel à l'aval entraîne l'existence d'une circulation non nulle le long du profil $\mathcal{P}$ lui-même. Cela veut dire que : l'existence de la viscosité (si faible soit-elle, elle existe physiquement) laisse une trace sur le schéma de l'écoulement obtenu à un instant déterminé en supposant le fluide non visqueux, à savoir, un sillage rotationnel et, corrélativement, une circulation non nulle autour du profil $\mathcal{P}$ lui-même.

Lorsque le temps varie, cette circulation croissante a pour effet de rapprocher du bord de fuite le point de détachement de la ligne de courant entourant le profil de l'amont vers l'aval. Par suite, les gradients des vitesses au voisinage de la pointe deviennent moins importants et il en est de même par conséquent des effets de viscosité et de l'intensité du tourbillon s'échappant du profil pendant une durée donnée.

Lorsque, enfin, le temps augmente indéfiniment, le point de détachement de la ligne de courant contournant le profil tend vers le bord de fuite et la circulation tend vers une valeur finie et, plus généralement, l'écoulement tend vers un écoulement stationnaire, qui est alors unique dès lors que la condition de JOUKOWSKI est réalisée au bord de fuite.

Cependant il reste à comprendre pourquoi l'écoulement limite stationnaire (d'Euler incompressible) peut-être considéré comme irrotationnel, alors que dans toute la phase transitoire il était rotationnel dans le voisinage du bord de fuite ? La raison en est simple : la rotation qui s'est échappée du profil se trouve, au bout d'un temps infini, emmenée à l'infini, loin en aval, du bord de fuite, si bien que le long de tout contour arbitraire situé à distance finie, la circulation est égale à la circulation autour du profil.

Naturellement il convient d'ajouter que le fluide réel étant faiblement visqueux ($Re \gg 1$) il existe toujours une couche limite au voisinage immédiat de la paroi du profil et aussi un sillage en aval du profil dans lesquels se manifestent les effets de la viscosité; mais ces régions échappent, tout naturellement, à la description à partir du modèle approché d'Euler. D'autre part, il est vrai que l'intensité de la rotation dans cette couche limite et dans ce sillage est relativement très faible par rapport à celle que l'on observe durant la période d'établissement de l'écoulement stationnaire, ce qui fait que, en première

---

*) Le sillage, dû aux effets de viscosité, qui apparaît inévitablement en arrière du profil est d'autant moins important que le profil est mieux dessiné aérodynamiquement; il entraîne toujours l'existence d'une trainée non nulle. Si le profil est mince, c'est-à-dire si il a une épaisseur relative faible et si l'incidence de la vitesse à l'infini amont est aussi faible, alors ce sillage aura lui-même une épaisseur faible et on pourra à la limite le schématiser suivant une ligne, lieu de tourbillons singuliers ponctuels.

approximation il est asymptotiquement légitime de supposer irrotationnel l'écoulement stationnaire de fluide d'Euler qui schématise l'écoulement réel peu visqueux incompressible.

Les effets de la viscosité localisés dans la couche limite expliquent, d'une part, l'existence d'une trainée non nulle, et, d'autre part, les différences entre les valeurs de la pression données par la théorie d'Euler et celles obtenues à partir des expériences, dans le voisinage du profil voisin du bord de fuite.

On notera que si dans la région du nez du profil la couche limite, peu épaisse reste laminaire, elle devient par contre turbulente sur la partie arrière du profil. Enfin, si l'incidence du profil (dans le plan (Ox_1, x_2), l'incidence est l'angle du vecteur vitesse, à l'infini amont, avec l'axe Ox_1) devient importante, les variations de pression le long du profil sont très rapides et la couche limite décolle : le long de la paroi, la dérivée de la pression devient positive et suffisamment grande et de ce fait il apparaît au voisinage de cette paroi un courant de retour qui fait justement décoller l'écoulement incident. Dans ce dernier cas il apparaît en aval du profil un sillage turbulent relativement large que l'on ne peut plus schématiser suivant une ligne, lieu de tourbillons singuliers ponctuels*).

Naturellement, les divers paradoxes découlant de l'étude des écoulements d'Euler, de fluide non visqueux en évolution adiabatique, sont intrinsèquement liés au fait que ces derniers ne sont qu'une grossière approximation des écoulements réels, du moins au voisinage de parois solides en contact avec le fluide, où la condition d'adhérence doit-être imposée en toute rigueur. On pourra à ce sujet consulter le livre de BIRKHOFF (1960).

L'un des paradoxes les plus célèbres est celui de d'ALEMBERT (1752) :
"La résistance d'un corps se déplaçant d'un mouvement uniforme dans un fluide non visqueux (incompressible et homogène) est nulle, si le fluide se referme derrière le corps" !

On trouvera dans l'article de revue de STEWARTSON (1981), une discussion théorique des divers aspects du paradoxe de d'Alembert.

(*) Nous ne pouvons que recommander aux lecteurs désireux d'approfondir le côté physique des phénomènes aérodynamiques liés à l'écoulement autour d'un profil, de lire le livre de Von KARMAN (1956) où ils trouveront un exposé remarquable de ces questions par l'un des Maîtres de l'Aérodynamique.

3. En 1858, près de cent ans après les travaux de d'Alembert, HELMHOTZ(1858) démontrait un théorème fondamental sur les mouvements tourbillonnaires :

S'il n'y a pas initialement de régions tourbillonnaires dans un fluide (autrement dit, si à l'origine le fluide est au repos), les tourbillons ne peuvent être créés que par le frottement (la viscosité) ou par la présence de bords (d'arêtes) effilés sur un corps, et dans ce dernier cas, une discontinuité peut-être formée relativement aux deux courants fluides qui se rejoignent le long du bord de fuite - cette discontinuité pouvant être considérée comme une suite continue de tourbillons ou une nappe tourbillonnaire.

Ainsi, du bord de fuite effilé d'un profil on aura nécessairement formation d'un tourbillon qui est le "tourbillon de départ de von Karman". Ce tourbillon de départ est laissé en arrière à mesure que le profil avance et simultanément une circulation s'établit autour du profil et tant que des tourbillons s'échappent du bord de fuite des divers profils, formant l'aile tridimensionnelle, sous forme de nappe de tourbillons, la circulation augmente. Cependant, on peut raisonnablement supposer que, lorsque le tourbillon de départ est chassé au loin en aval de l'aile, la différence des vitesses entre les écoulements quittant les surfaces extrados (supérieures) et intrados (inférieures) de l'aile tend vers zéro et que la circulation a alors atteint sa valeur maximum.

Cette hypothèse dite condition de JOUKOWSKI, est donc une condition de régularité de l'écoulement au bord de fuite et elle est le point essentiel de la théorie de la portance, parce qu'il détermine la valeur de la circulation*). Ainsi, grâce à l'hypothèse (condition) de JOUKOWSKI, l'ensemble du problème de la portance devient purement mathématique :

il suffit de déterminer la valeur de la circulation de telle façon que la vitesse de l'écoulement quittant au bord de fuite l'extrados soit égale à celle de l'écoulement quittant l'intrados.

Enoncée de cette facon, la condition de JOUKOWSKI s'applique aux ailes dont l'intrados et l'extrados forment un angle nul au bord de fuite. Si les tangentes aux surfaces extrados et intrados de l'aile forment un angle fini, le bord de fuite est un point d'arrêt pour l'écoulement, c'est-à-dire que la vitesse calculée de part et d'autre doit-être nulle. Naturellement, pour les

---

*) Lorsque l'on considère la résultante générale des efforts globaux exercés sur un profil par l'écoulement fluide, on constate que sa composante normale à la vitesse à l'infini (qui est justement ce que l'on appelle la portance) est proportionnelle à la circulation. Par contre, sa composante sur la direction de la vitesse à l'infini (dite "trainée") est toujours nulle dans le cadre du modèle de fluide parfait. De ce fait, pour des écoulements de fluide parfait sans circulation, la résultante des efforts globaux est toujours nulle et on retrouve le paradoxe de d'Alembert.

fluides réels (visqueux), à cause de l'effet de frottement, les lignes de courant (en écoulement stationnaire) ne suivent pas la surface de l'aile jusqu'au bord de fuite (surtout si l'aile est relativement épaisse), mais se séparent de la surface en un point quelconque laissant en aval de l'aile une région tourbillonnaire, qui est le sillage de l'aile. Comme nous l'avons déjà précisé, la formation du tourbillon de départ n'assure que l'existence de la portance, mais pas de la trainée, car une trainée ne se fait subir que si l'arrière du corps est le siège d'une "eau morte" ou tout au moins si la viscosité et la compressibilité ne sont plus négligeables au voisinage de la paroi du corps. C'est le mécanisme dissipatif, laminaire ou turbulent, inhérent à tout écoulement de fluide réel qui commande l'intervention de la condition de JOUKOWSKI. Les travaux récents (de l'Ecole Anglaise, principalement) ont mis en évidence le lien étroit entre la condition de JOUKOWSKI et le passage à la limite $Re \to \infty$.

En écoulement stationnaire, pour des profils minces et en régime subsonique, on constate que, pour que la condition de JOUKOWSKI joue son rôle, il faut que l'incidence du profil tende vers zéro comme $Re^{-1/16}$, où Re est le nombre de Reynolds construit à partir de la vitesse à l'infini U_∞ et de la corde l_0 du profil (c'est la largeur de l'aile dans la direction de la vitesse à l'infini). En régime oscillatoire, caractérisé par le nombre de Strouhal $S = \omega_0 l_0 / U_\infty$, où ω_0 est la pulsation, il y a une situation privilégiée correspondant à $S/Re^{1/4} \cong 1$ et il s'avère que : à haute fréquence le mécanisme réalisant la condition de JOUKOWSKI ne joue que pour des amplitudes considérablement réduites. Pour des nombres de Strouhal suffisamment élevés, le bord de fuite engendre un sillage épais qui est dû à la persistance des décollements qui auraient, à fréquence plus basse, tendance à se produire alternativement d'un côté et de l'autre. En régime oscillatoire l'incidence doit tendre vers zéro comme $S^{-2} Re^{-1/16}$, ce qui indique qu'aux fréquences élevées il y a plus facilement décrochage au bord de fuite.

On peut encore affirmer que : si à très grand nombre de Reynolds un angle au bord de fuite, même très petit, provoque un décollement, on peut atteindre des incidences "non négligeables", pourvu que le bord de fuite présente un rebroussement, sans craindre de déclencher le décollement.

Le mécanisme fondamental par lequel la dissipation établit la condition de JOUKOWSKI est le schéma asymptotique de couplage singulier en triple couche inventé simultanément, mais indépendamment, par STEWARTSON et WILLIAMS (1969) et NEILAND (1969). Précisons ici, uniquement, que ce schéma en triple couche est une structure d'écoulement locale et il intéresse une zone (au voisinage du bord de fuite, en particulier) dont l'étendue longitudinale est, en ordre de grandeur, $l_0 Re^{-3/8}$ *). D'une manière générale la condition de JOUKOWSKI, qui exprime une absence de singularité de la vitesse, ou encore du coefficient de pression $\left(C_p = (p - p_\infty) / \frac{1}{2} \rho^0 U_\infty^2 \right)$ au bord de fuite, est d'une application malaisée dans les traitements numériques. Naturellement, il y a un cas simple qui est celui du fluide parfait incompressible ce qui donne, en écoulement plan :

$$\frac{\partial u}{\partial x} + \frac{\partial v}{\partial y} = 0,$$

lorsque le plan, dans lequel l'écoulement est étudié, est rapporté à deux axes rectangulaires Ox et Oy et les vitesses correspondantes notées u et v. L'écoulement étant partout irrotationnel, ce qui implique naturellement qu'à l'infini il soit uniforme, on a aussi :

$$\frac{\partial u}{\partial y} - \frac{\partial v}{\partial x} = 0.$$

Ainsi, il existe une fonction de courant $\psi(x,y)$ et une fonction potentielle $\varphi(x,y)$ de telle façon que :

$$\frac{\partial \varphi}{\partial x} = \frac{\partial \psi}{\partial y}, \quad \frac{\partial \varphi}{\partial y} = -\frac{\partial \psi}{\partial x} \Rightarrow f(z) = \varphi + i\psi,$$

avec $z = x + iy$. En particulier, on sait que la fonction

(V,92) $$F(z) = |V_\infty| \left(z e^{-i\beta} + \frac{R_0^2 e^{i\beta}}{z} \right) - \frac{i\Gamma_0}{2\pi} \operatorname{Log} z,$$

est le potentiel complexe de l'écoulement stationnaire plan, irrotationnel, qui s'établit avec une circulation $\Gamma_0 = Const$ autour d'un cercle de rayon R_0 , centré à l'origine dans le plan des z , et placé dans un écoulement uniforme à l'infini de vitesse complexe $|V_\infty| \exp(-i\beta)$ donnée; le vecteur vitesse à l'infini faisant l'angle β avec l'axe Ox .

---

*) Sur une aussi faible distance, $l_0 Re^{-3/8}$, la couche limite classique, se trouvant à l'amont de la zone singulière locale, répond comme une couche de cisaillement de fluide parfait, par simple transport le long des lignes de courant déplacées verticalement par l'effet de déplacement d'une sous-couche visqueuse de paroi d'épaisseur de l'ordre de $l_0 Re^{-5/8}$ dans laquelle les équations de la couche limite de Prandtl sont valables. Mais dans ce schéma en triple couche la pression et l'effet de déplacement sont reliés par un problème d'écoulement de fluide parfait dans une zone dont les deux dimensions sont $l_0 Re^{-3/8}$ et c'est justement par ce biais que se produit le couplage réciproque dit singulier. On trouvera un exemple d'application de ce schéma en triple couche dans le travail de DANIELS (1978).

Considérons maintenant un profil aérodynamique, présentant à l'arrière un point anguleux saillant, trace du bord de fuite de l'aile "d'envergure infinie". On sait qu'il existe une représentation conforme du domaine extérieur à ce profil sur l'extérieur d'un cercle centré à l'origine, et une seule. La fonction

$$\mathfrak{z} = \mathcal{H}(z),$$

effectuant cette représentation admet à l'infini un développement de la forme

$$\mathfrak{z} = k_0 z + \sum_{0}^{\infty} \frac{k_{n+1}}{z^n} . \tag{V,93}$$

Le rayon R_0 du cercle, dans le plan z, est à priori inconnu, mais il ne dépend que du profil donné, dans le plan $\mathfrak{z} = x' + iy'$. Supposons que dans le plan $\mathfrak{z}$ l'écoulement autour du profil se comporte à l'infini (pour $|\mathfrak{z}| \to \infty$) comme un écoulement uniforme de vitesse complexe $|U_\infty| \exp(-i\alpha)$ donnée; l'angle α du vecteur vitesse à l'infini avec l'axe Ox' étant l'incidence du profil par rapport à Ox'.

Le cercle de rayon R_0, dans le plan z, est contourné, d'après (V,92) par un écoulement ayant comme vitesse complexe à l'infini $|V_\infty| \exp(-i\beta)$. Pour l'uniformité de la représentation conforme (V,93) exigeons que le point à l'inini du plan $\mathfrak{z}$ se transforme en un point éloigné à l'infini du plan z et que la direction de la vitesse $U_\infty = |U_\infty| e^{-i\alpha}$ coïncide avec la direction de la vitesse $V_\infty = |V_\infty| e^{-i\beta}$. Dans ce cas, il faut que $\alpha \equiv \beta$ et, d'autre part, si $f(\mathfrak{z})$ est le potentiel complexe pour le profil on a :

$$\frac{df}{d\mathfrak{z}} = \frac{dF/dz}{d\mathfrak{z}/dz}, \quad f(\mathcal{H}(z)) \equiv F(z), \tag{V,94}$$

et pour les points homologues, à l'infini, il vient, grâce à (V,93),

$$|U_\infty| e^{-i\alpha} = \frac{|V_\infty| e^{-i\beta}}{k_0} \Rightarrow k_0 \equiv \frac{|V_\infty|}{|U_\infty|} ;$$

en particulier, on pourra faire le choix de $k_0 \equiv 1 \Rightarrow |V_\infty| \equiv |U_\infty|$, ce qui correspond à une transformation canonique.

Soit maintenant $\mathfrak{z}_f$ l'affixe du point anguleux saillant arrière du profil et $z_f = R_0 e^{i\sigma}$ l'affixe du point homologue de la circonférence dans la représentation conforme canonique envisagée plus haut. La fonction $\mathfrak{z} = \mathcal{H}(z)$ est nécessairement singulière au voisinage de $z = z_f$ et on a :

$$\mathfrak{z} = \mathfrak{z}_f + a_p (z - z_f)^p + \dots .$$

En particulier, si l'angle des tangentes au profil au bord de fuite, d'affixe z_f , est $\delta\pi$ $(0 \leq \delta < 1)$, alors $p = 2-\delta$ et de ce fait au voisinage de z_f :

$$\lim_{z \to z_f} \frac{dz}{dz} \equiv a_p(2-\delta) \lim_{z \to z_f} (z - z_f)^{1-\delta} = 0 \quad , \delta < 1 .$$

Or la formule (I,94) montre que la vitesse complexe, $df/dz = u' - iv'$, au voisinage de la pointe du profil aura un module arbitrairement grand ! Toutefois, il n'en est pas ainsi si le point $z = z_f$ de la circonférence de rayon R_0 est un point de vitesse nulle pour l'écoulement $F(z)$ autour du cercle, défini d'après (V,92) et les contraintes $\alpha \equiv \beta$ et $|V_\infty| \equiv k_0 |U_\infty|$, par :

$$\frac{dF}{dz} = k_0 |U_\infty| \left\{ e^{-i\alpha} - \left(\frac{R_0}{z}\right)^2 e^{i\alpha} \right\} + \frac{\Gamma_0}{2\pi i} \frac{1}{z} .$$

En effet, $z - z_f$ étant un zéro simple de dF/dz , on a que df/dz est <u>nul</u> pour $z = z_f$ <u>si</u> $0 < \delta < 1$ et il reste <u>borné si</u> $\delta = 0$ (ce dernier cas est celui où la trace du bord de fuite de l'aile est un point de rebroussement du profil).

En définitive on arrive à la conclusion que la condition de JOUKOWSKI s'exprime par la contrainte suivante :

$$\left.\frac{dF}{dz}\right|_{\substack{z = z_f \\ \equiv R_0 e^{i\sigma}}} = k_0 |U_\infty| \left\{ e^{-i\alpha} - e^{i(\alpha - 2\sigma)} \right\} + \frac{\Gamma_0}{2\pi i R_0} e^{-i\sigma} = 0, \tag{V,95}$$

et on peut faire le calcul de la circulation Γ_0^* , correspondante :

$$\begin{aligned} \Gamma_0^* &= 2\pi i R_0 k_0 |U_\infty| \left(e^{-i(\sigma - \alpha)} - e^{i(\sigma - \alpha)} \right) \\ &= 4\pi k_0 R_0 |U_\infty| \sin(\sigma - \alpha) . \end{aligned} \tag{V,96}$$

Lorsque $\sigma = \alpha$, on a $\Gamma_0^* \equiv 0$ et on dit que l'angle σ définit la direction de portance nulle. On notera que la circulation est une grandeur qui se conserve dans une transformation conforme pour des contours homologues et de ce fait la circulation Γ_0^* est celle qui s'établit autour du profil lorsque le point d'arrêt aval de l'écoulement autour du profil se trouve exactement à la pointe arrière du profil, c'est-à-dire lorsqu'il coïncide avec le bord de fuite. Compte tenu de la condition de JOUKOWKSI il existe donc un écoulement et un seul autour du profil donné lorsque l'incidence α est donnée.

Malheureusement, dans le cas compressible les choses ne sont plus si simples, car on ne sait pas traduire simplement le schéma d'écoulement quand la condition de JOUKOWSKI n'est pas satisfaite.

Naturellement, en écoulement tridimensionnel l'interprétation de la condition de JOUKOWSKI est beaucoup plus difficile; on pourra trouver une analyse phénoménologique dans le travail de LEGENDRE (1972).

Si l'aile est un corps aplati au voisinage du plan $z = 0$, les variables x et y varient à l'intérieur de la forme en plan de l'aile, notée $\mathcal{A}$. Le bord de $\mathcal{A}$, $\partial\mathcal{A}$, peut en général être décomposé en deux arcs disjoints γ_a et γ_f dont la réunion forme $\partial\mathcal{A}$. On note que γ_f est le bord de fuite de l'aile. Soit maintenant $\vec{\nu}$ le vecteur unitaire normal au bord $\partial\mathcal{A}$ situé dans le plan $z = 0$, et dirigé vers l'extérieur de $\mathcal{A}$; une forme primitive de la condition de JOUKOWSKI est :

$$\vec{u}.\vec{\nu} \equiv u_\nu \quad \text{, ne change pas de signe au voisinage de } \gamma_f .$$

Mais on sait aussi qu'une, ou des nappes tourbillonnaires s'échappent de l'aile et il faut avoir des renseignements sur la cinématique et la dynamique de ces nappes tourbillonnaires.

28. Les nappes tourbillonnaires

Pour un écoulement de fluide d'Euler (parfait, en évolution adiabatique), dont la loi d'état est, par ailleurs, quelconque, on traduit toutes les conditions en une nappe tourbillonnaire (qui est une discontinuité de contact) en écrivant, d'une part que c'est une variété matérielle;

(V,97) $$\vec{u}.\vec{N} \equiv u_N = W_N$$

de part et d'autre de cette dernière, notée ici $\mathcal{N}(t)$, c'est-à-dire sur $\mathcal{N}^-$ et $\mathcal{N}^+$, et d'autre part que la pression y est continue:

$$[\![p]\!] = 0. \tag{V,98}$$

La relation (V,97) exprime tout simplement que : la vitesse de l'écoulement dans la direction normale à $\mathcal{N}(t)$ ($\vec{N}$ est le vecteur unitaire de la normale à $\mathcal{N}(t)$ orienté vers l'aval) est égale à la vitesse de déplacement de $\mathcal{N}(t)$ dans la même direction; de ce fait le fluide "glisse" sur $\mathcal{N}(t)$, de chaque côté $\mathcal{N}^+$ et $\mathcal{N}^-$.

Les nappes tourbillonnaires supportent des discontinuités (fortes) de la composante tangentielle de la vitesse relative et de la densité.

Représentons le vecteur vitesse de l'écoulement fluide d'Euler sous la forme :

$$\vec{u} = \vec{u}_T + w_N \vec{N} \quad , \quad \vec{u}_T \cdot \vec{N} = 0, \tag{V,99}$$

et naturellement w_N est continu à travers $\mathcal{N}(t)$.

Considérons maintenant le vecteur

$$\vec{\gamma} = \vec{N} \wedge [\![\vec{u}_T]\!] \quad \Rightarrow [\![\vec{u}_T]\!] = \vec{\gamma} \wedge \vec{N}, \tag{V,100}$$

construit à partir de la discontinuité de la composante tangentielle de la vitesse. Il s'avère que $|\vec{\gamma}|$ est la valeur du vecteur tourbillon $(\vec{\nabla} \wedge \vec{u})$ concentré sur la nappe tourbillonnaire et on dit que $\vec{\gamma}$ est le vecteur "intensité tourbillonnaire" de la nappe $\mathcal{N}(t)$.

Si maintenant on suppose, en plus, que l'écoulement de fluide d'Euler est irrotationnel ($\vec{u} = \vec{\nabla}\varphi \Rightarrow \vec{\nabla} \wedge \vec{u} \equiv 0$) de part et d'autre de la nappe $\mathcal{N}(t)$, on est amené à introduire la fonction scalaire:

$$\Gamma = [\![\varphi]\!]$$

et dans ce cas

$$\vec{\gamma} = \vec{N} \wedge \vec{\nabla}_T [\![\varphi]\!] . \tag{V,101}$$

On notera que, la discontinuité du potentiel des vitesses Γ n'est définie que sur la nappe $\mathcal{N}(t)$; cette fonction scalaire Γ , par l'intermédiaire de la formule (V,101), caractérise localement l'intensité de la nappe tourbillonnaire $\mathcal{N}(t)$.

Rappelons que lorsque l'écoulement d'Euler barotrope est irrotationnel, on peut tirer profit de l'intégrale de Bernoulli*).

$$\frac{\partial \varphi}{\partial t} + \frac{1}{2}|\vec{\nabla}\varphi|^2 + h = \text{Const},$$

avec h, l'enthalpie spécifique (pour un gaz parfait à C_p et C_v constants on a : $h = (\gamma/\gamma-1)p/\rho \equiv a^2/\gamma-1)$. Ainsi, on constate que :

(V,102) $$\left[\!\left[\frac{\partial \varphi}{\partial t} + \frac{1}{2}|\vec{\nabla}\varphi|^2 + h \right]\!\right] = 0$$

et pour tirer avantage de cette dernière relation on introduit la valeur moyenne de φ :

(V,103) $$\overline{\varphi} = \frac{1}{2}(\varphi^+ + \varphi^-),$$

c'est-à-dire la valeur moyenne des deux potentiels des vitesses au même point, mais de part et d'autre de la nappe ($\varphi^+ \in \mathcal{N}^+$, $\varphi^- \in \mathcal{N}^-$). Dans ce cas on peut aussi définir l'opérateur :

$$\frac{\overline{D}}{Dt} \equiv \frac{\partial}{\partial t} + \overline{\vec{u}}\cdot\vec{\nabla},$$

où $\overline{\vec{u}} = 1/2(\vec{u}^+ + \vec{u}^-)$, qui est la dérivée particulière moyenne, sur $\mathcal{N}(t)$ et elle a un sens même pour une fonction qui n'est définie que sur $\mathcal{N}(t)$; cela a donc un sens d'écrire une expression telle que

$$\frac{\overline{D}}{Dt}\left([\![\vec{u}_T]\!]\right).$$

Maintenant on peut, avec $\overline{\varphi}$, écrire (V,102) sous la forme :

$$[\![\partial\varphi/\partial t]\!] + \overline{\vec{\nabla}\varphi}\cdot[\![\vec{\nabla}\varphi]\!] + [\![h]\!] = 0,$$

mais comme on a que

$$[\![\partial\varphi/\partial t]\!] + \overline{\vec{u}}\cdot[\![\vec{\nabla}\varphi]\!] \equiv \frac{\overline{D}}{Dt}\left([\![\varphi]\!]\right),$$

il vient que :

---

*) En fait, au second membre de l'intégrale de Bernoulli apparaît une fonction arbitraire de t et cette dernière peut, en principe, prendre des formes différentes des deux côtés de la nappe. Mais dans toute région qui ne coupe pas la nappe $\mathcal{N}(t)$ on peut toujours supposer que cette fonction est une constante, la même des deux côtés de la nappe.

(V,104) $$\frac{\overline{D}}{Dt}(\Gamma) + [\![h]\!] = 0$$

et en particulier, en incompressible,

(V,105) $$\frac{\overline{D}\,\Gamma}{Dt} \equiv \frac{\overline{D}}{Dt}\left([\![\varphi]\!]\right) = 0.$$

Dans le cas général d'un fluide d'Euler compressible non barotrope (barocline) on peut montrer la relation suivante*) (obtenue en écrivant que l'équation de quantité de mouvement est satisfaite de part et d'autre de $\mathcal{N}(t)$) :

(V,106) $$\left\{\frac{\overline{D}}{Dt}\left([\![\vec{u}_T]\!]\right)\right\}_T + \left\{[\![\vec{u}_T]\!]\cdot\vec{\nabla}\overline{\vec{u}}\right\}_T + [\![\tfrac{1}{\rho}]\!]\vec{\nabla}_T p = 0,$$

ce qui généralise (V,104)

Mais de (V,106) il vient aussi pour le cas incompressible, lorsque ρ a la même valeur de part et d'autre de $\mathcal{N}(t)$, la relation :

(V,107) $$\left\{\frac{\overline{D}}{Dt}\left([\![\vec{u}_T]\!]\right)\right\}_T + [\![\vec{u}_T]\!]\cdot\left\{\vec{\nabla}\overline{\vec{u}}\right\}_T = 0.$$

Naturellement lorsque l'écoulement de fluide d'Euler est incompressible, avec la même valeur de ρ de part et d'autre de $\mathcal{N}(t)$, et que de plus il est irrotationnel alors le potentiel des vitesses φ satisfait à l'équation :

$$\frac{\overline{D}}{Dt}\left([\![\varphi]\!]\right) \equiv \left\{\frac{\partial}{\partial t} + \frac{1}{2}\left[(\vec{\nabla}\varphi)^+ + (\vec{\nabla}\varphi)^-\right]\cdot\vec{\nabla}\right\}[\![\varphi]\!] = 0,$$

où

$$[\![\varphi]\!] \equiv \varphi^+ - \varphi^-, \quad \varphi^+ \in \mathcal{N}^+, \quad \varphi^- \in \mathcal{N}^-.$$

Revenons à (V,100) : on peut se rendre compte que le champ superficiel $\vec{\gamma}$ (purement tangentiel à $\mathcal{N}(t)$) définit très précisément le rotationnel au sens des distributions d'un champ $\vec{u}$ tel que

(V,108) $$[\![\vec{u}]\!]\cdot\vec{N} = 0, \qquad \text{sur } \mathcal{N}(t),$$

par ailleurs irrotationnel au sens classique $(\vec{\nabla}\wedge\vec{u} \equiv 0)$. La nappe $\mathcal{N}(t)$ est dans ce cas le support de la distribution correspondante, d'où

---

*) J.P. GUIRAUD : "Note sur la cinématique et la dynamique des nappes tourbillonnaires" (Document ONERA, Septembre 1975, non publié).

la justification de l'idée d'un champ de tourbillon "concentré" sur la nappe. On sait d'ailleurs que une couche rotationnelle, ayant une épaisseur évanescente (la surface en laquelle elle dégénère étant la nappe tourbillonnaire $\mathcal{N}(t)$), est en général un sillage dû à l'existence d'une faible viscosité du fluide réel et engendré par la confluence "très régulière" de deux couches limites. L'intérêt fondamental du concept de nappe tourbillonnaire est qu'il permet d'évacuer tout à la fois la viscosité du fluide et le caractère rotationnel de l'écoulement. Le fluide étant supposé parfait, les relations fondamentales pour les sauts (forts) entrainent immédiatement que la pression p doit être continue à travers $\mathcal{N}(t)$. Par ailleurs, il existe un potentiel des vitesses φ , lequel peut être a priori représenté par une double couche :

(V,109) $$\varphi = \int_{\mathcal{N}(t)} [\![\varphi]\!] \frac{\vec{r}.\vec{N}}{r^3} ds,$$

dont on sait que la dérivée normale est continue à travers $\mathcal{N}(t)$; donc (V,108) est automatiquement vérifié.

Il est bon de préciser que, lorsque l'écoulement est tridimensionnel, du bord de fuite de l'aile il y a toujours une nappe tourbillonnaire qui prend naissance, indépendamment du fait que l'écoulement tridimensionnel est instationnaire ou stationnaire. Dans ce dernier cas stationnaire tridimensionnel, la présence de la nappe tourbillonnaire en aval de l'aile est due à la variation de la circulation de la vitesse d'un profil à l'autre le long de l'envergure de l'aile.

On notera que dans le cas instationnaire tridimensionnel la continuité de la pression sur la nappe, jusqu'au bord de fuite inclus, assure en même temps la condition de JOUKOWSKI au bord de fuite; la continuité de la pression aux points du bord de fuite de l'aile assure que la vitesse sera finie en ces points, si toutefois le potentiel des vitesses φ est borné en ces mêmes points du bord de fuite.

En théorie linéaire, lorsque l'aile est mince et est très proche de sa forme en plan $\mathcal{A}$ on peut donner des formules simples qui expriment la condition de JOUKOWSKI au bord de fuite et la continuité de la pression sur la nappe qui s'en échappe. On notera que dans ce cas linéaire la condition de glissement est reportée sur la forme en plan de l'aile, tandis que les conditions sur la nappe tourbillonnaire sont elles, écrites sur le sillage correspondant; celui-ci joue, par rapport à la nappe, le rôle que joue la forme en plan par rapport à l'aile.

29. Les ondes de choc

Pour que la formulation d'un problème d'écoulement autour d'une aile soit complète, il faut en plus, de la condition de glissement, de la condition à l'infini, de la condition de JOUKOWSKI et des conditions sur la nappe tourbillonnaire, inclure aussi les ondes de choc.

Lorsque une surface de discontinuité $\mathcal{B}(t)$ est présente au sein de l'écoulement de fluide parfait en évolution adiabatique, il convient de remplacer l'équation $Ds/Dt = 0$ par l'inégalité

$$\text{(V,110)} \qquad \frac{D}{Dt}\left(\iiint_{\mathcal{D}} \rho s \, dv\right) \geq 0,$$

qui traduit dans le cas des fluides parfait en évolution adiabatique ($\vec{q} \equiv 0$ et $r \equiv 0$) le second principe de la thermodynamique et qui est un cas particulier de

$$\rho \frac{Ds}{Dt} + \vec{\nabla}\cdot\left(\frac{\vec{q}}{T}\right) - \frac{r}{T} \geq 0,$$

une fois que l'on passe à la forme locale, dans le cas des écoulements continus. Comme $\mathcal{D}$ contient une surface de discontinuité (qui est une onde de choc notée Σ_c) il faut écrire que

$$\iiint_{\mathcal{D}} \rho \frac{Ds}{Dt} dv + \iint_{\Sigma_c} [\![\rho v s]\!] d\sigma \geq 0 \; ; \; v \equiv u_N - w_N ,$$

et il découle que :

$$\text{(V,111)} \qquad \rho v [\![s]\!] \geq 0 .$$

Ainsi, l'entropie spécifique s , subit une discontinuité à travers le choc ($v \neq 0$) et celle-ci est nécessairement positive (puisque l'on peut toujours choisir $\rho v > 0$). La présence d'une onde de choc dénote une irréversibilité dans l'écoulement : l'évolution étant adiabatique, l'entropie spécifique d'une particule fluide reste constante dans les régions de continuité et augmente lorsque la particule traverse l'onde de choc. Orientons donc le vecteur $\vec{N}$, unitaire de la normale à l'onde de choc Σ_c , de manière que $m \equiv \rho v > 0$; on dit que le fluide traverse l'onde de choc Σ_c , de l'amont (côté opposé à $\vec{N}$, indice "∞") vers l'aval (côté vers lequel est orienté $\vec{N}$; les grandeurs sont indicées "a" et apparaissent comme des inconnues vis-à-vis de celles avec des indices "∞").

Posons

$$\vec{u} - W_N \vec{N} = v\vec{N} + \vec{u}_\tau \quad , \quad \vec{u}_\tau \cdot \vec{N} = 0 .$$

Nous pouvons alors écrire les conditions de choc suivantes :

(V,112a) $$[\![\rho v]\!] = 0;$$

(V,112b) $$[\![p + \rho v^2]\!] = 0;$$

(V,112c) $$[\![\vec{u}_\tau]\!] = 0;$$

(V,112d) $$[\![h + \frac{v^2}{2}]\!] = 0,$$

où h désigne l'enthalpie spécifique et pour un gaz parfait, à C_p et C_V constants, on a :

$$h \equiv \frac{\gamma}{\gamma - 1} p/\rho .$$

Lorsque $\vec{u}_\tau \equiv 0$, on dit que le choc est droit, sinon on dit qu'il est oblique. En général, les diverses relations de choc (d'Hugoniot, de Prandtl, pour la variation d'entropie, etc...) sont obtenues sous l'hypothèse d'une onde de choc plane séparant deux écoulements uniformes. En fait, lorsque en tout point d'une onde de choc courbe, localement on assimile cette dernière à son plan tangent, normal à $\vec{N}$, les relations de choc plan restent valable même quand l'onde de choc est courbe et les écoulements amont et aval non uniformes.

Si on note : $\vec{V} \equiv \vec{u} - W_N \vec{N} = v\vec{N} + \vec{u}_\tau$, avec $\vec{u}_\tau \cdot \vec{N} = 0$, alors à l'infini amont, devant le choc on a la vitesse $\vec{V}_\infty$ et à l'aval du même choc $\vec{V} \equiv \vec{V}_a$. Si β désigne l'angle du plan tangent en un point de l'onde choc courbe, avec la vitesse locale amont $\vec{V}_\infty$ et $\delta = \theta_a - \theta_\infty$ la déviation de la vitesse, on obtiendra de (V,112), le système :

(V,113a) $$\left\{ \begin{array}{l} \rho_\infty q_\infty \sin\beta = \rho_a q_a \sin(\beta - \delta); \\ p_\infty + \rho_\infty q_\infty^2 \sin^2\beta = p_a + \rho_a q_a^2 \sin^2(\beta - \delta); \\ q_\infty \cos\beta = q_a \cos(\beta - \delta), \end{array} \right.$$

(V,113b) $$h_\infty + \frac{1}{2} q_\infty^2 \sin^2\beta = h_a + \frac{1}{2} q_a^2 \sin^2(\beta - \delta),$$

où $$q_\infty = |\vec{V}_\infty| \ , \quad q_a = |\vec{V}_a| .$$

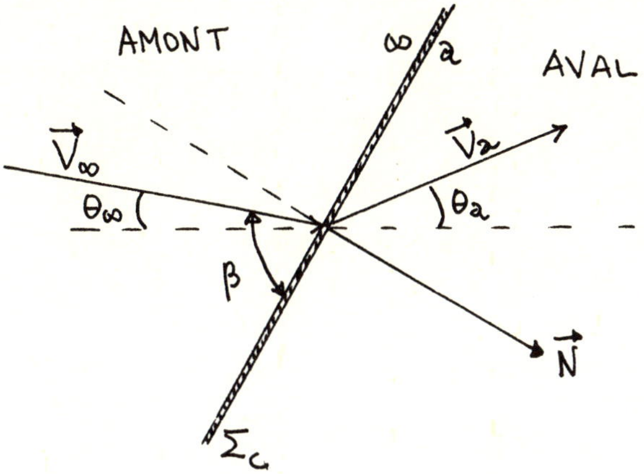

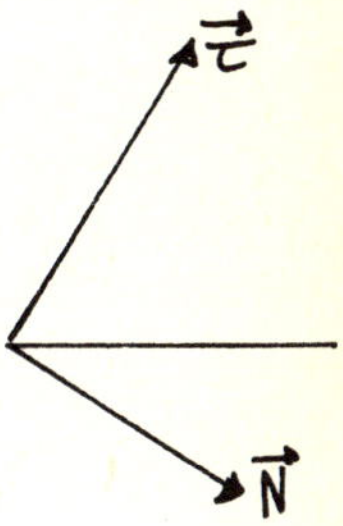

On notera que, en général, on prend toujours $\theta_\infty \equiv 0$ et alors $\delta \equiv \theta_a$ et de plus, comme nous travaillons avec une onde de choc plane,

$$\vec{V} = v\vec{N} + u\vec{\tau} \quad , \quad \vec{\tau}.\vec{N} = 0 .$$

Nous pouvons réécrire (V,113) sous la forme :

$$\text{(V,114)} \qquad \begin{cases} \rho_\infty^2 v_\infty^2 = \rho_a^2 v_a^2 \ ; \\ \rho_\infty v_\infty^2 - \rho_a v_a^2 = p_a - p_\infty ; \\ v_\infty^2 - v_a^2 = \dfrac{2\gamma}{\gamma - 1}\left(\dfrac{p_a}{\rho_a} - \dfrac{p_\infty}{\rho_\infty}\right) \end{cases}$$

et $$u_\infty = u_a .$$

Pour éliminer v_∞ et v_a entre ces relations (V,114) considérons les comme un système de trois équations en v_∞^2 et v_a^2 et écrivons la condition de compatibilité :

$$\begin{vmatrix} \rho_\infty^2 & -\rho_a^2 & 0 \\ \rho_\infty & -\rho_a & p_a - p_\infty \\ 1 & -1 & \frac{2\gamma}{\gamma-1}\left(\frac{p_a}{\rho_a} - \frac{p_\infty}{\rho_\infty}\right) \end{vmatrix} = 0$$

ce qui donne la relation dite d'HUGONIOT :

(V,115) $$\frac{\rho_a}{\rho_\infty} = \frac{1 + (\gamma+1/\gamma-1)\, p_a/p_\infty}{(\gamma+1/\gamma-1) + p_a/p_\infty} .$$

Cette relation d'Hugoniot, qui donne le lien entre masse volumique et pression évaluées de part et d'autre du choc, diffère fondamentalement de la loi dite de POISSON, valable pour les évolutions adiabatiques :

$$\frac{\rho_a}{\rho_\infty} = \left(\frac{p_a}{p_\infty}\right)^{1/\gamma} ;$$

c'est cela qui explique l'évolution irréversible à travers l'onde de choc. Nous savons que l'entropie spécifique du fluide ne peut que croître à la traversée de l'onde de choc et cela veut dire que la pression et la masse volumique croissent aussi lorsque le fluide traverse l'onde de choc. En d'autres termes, l'onde de choc est nécessairement une onde de compression :

$$p_a > p_\infty \; ; \; \rho_\infty > \rho_\infty ,$$

cela veut dire aussi que le fluide ralentit en traversant l'onde de choc :

(V,116) $$\frac{v_\infty}{v_a} = \frac{\rho_a}{\rho_\infty} > 1 .$$

En écoulement stationnaire (pour un observateur lié à l'onde de choc le mouvement est stationnaire) nous savons que :

$$\frac{|\vec{V}|^2}{2} + \frac{a^2}{\gamma - 1} = \underline{\text{Const}} \quad , \quad h = \frac{\gamma}{\gamma - 1} p/\rho$$

et $a^2 = \gamma p/\rho$. Par définition on atteint un point sonique ou "critique" de l'écoulement stationnaire lorsque

$$|\vec{V}| \equiv q = a = a_*$$

et la **Const.** peut alors s'exprimer en fonction de la "vitesse" dite "critique" a_* par :

$$\underline{\text{Const}} = \frac{\gamma + 1}{2(\gamma - 1)} a_*^2$$

et nous pouvons alors écrire que :

(V,117) $$\frac{\gamma}{\gamma - 1} \frac{p_\infty}{\rho_\infty} + \frac{v_\infty^2}{2} = \frac{\gamma}{\gamma - 1} \frac{p_a}{\rho_a} + \frac{v_a^2}{2} = \frac{\gamma + 1}{2(\gamma - 1)} a_{**}^2 ,$$

où

$$a_{**}^2 = a_*^2 - \frac{\gamma - 1}{\gamma + 1} u_\infty^2 .$$

De (V,117) nous tirons;

(V,118a) $$\frac{p_\infty}{\rho_\infty} = \frac{\gamma + 1}{2\gamma} a_{**}^2 - \frac{\gamma - 1}{2\gamma} v_\infty^2 ;$$

(V,118b) $$\frac{p_a}{\rho_a} = \frac{\gamma + 1}{2\gamma} a_{**}^2 - \frac{\gamma - 1}{2\gamma} v_a^2 .$$

Or de la seconde des relations (V,114) on tire, grâce à la première de ces relations,

$$\frac{p_\infty}{\rho_\infty v_\infty} - \frac{p_a}{\rho_a v_a} = v_a - v_\infty$$

ou encore, avec (V,118) :

$$\frac{\gamma + 1}{2\gamma} \frac{a_{**}^2}{v_\infty v_a} + \frac{\gamma - 1}{2\gamma} = 1 \Rightarrow v_\infty v_a = a_{**}^2 ,$$

c'est-à-dire que :

(V,119) $$v_\infty v_a = a_*^2 - \frac{\gamma-1}{\gamma+1} u_\infty^2 ,$$

qui est la relation dite de PRANDTL. Mais $v_\infty > v_a$ et de ce fait nécessairement $v_\infty > a_\infty$, puisque on a aussi que :

(V,120) $$v_\infty (v_\infty - v_a) = \frac{2}{\gamma+1} (v_\infty^2 - a_\infty^2),$$

ce qui est une autre forme de la relation de Prandtl. Ainsi; la vitesse normale de l'écoulement amont, relativement à l'onde de choc, est supersonique et de ce fait l'onde de choc se propage à vitesse supersonique dans un fluide au repos; par contre, par analogie $v_a < a_a$, c'est-à-dire que: la vitesse normale de l'écoulement à l'aval de l'onde de choc est subsonique. Mais, pour l'instant nous ne pouvons rien conclure quant au fait que $q_a = |\vec{V}_a|$ est inférieur ou supérieur à a_a ?

Soit maintenant

$$\mathcal{M}_\infty = \frac{v_\infty}{a_\infty} \quad , \mathcal{M}_a = \frac{v_a}{a_a} ;$$

on a que :

(V,121) $$\mathcal{M}_\infty = M_\infty \sin\beta \quad , \mathcal{M}_a = M_a \sin(\beta - \delta),$$

où

$$M = q/a$$

est le nombre de Mach local.

Nous obtenons alors aisément que :

$$\frac{p_a}{p_\infty} \frac{\rho_a}{\rho_\infty} = \frac{\mathcal{M}_\infty^2}{\mathcal{M}_a^2} \quad , \quad \frac{p_a}{p_\infty} = \frac{1+\gamma\mathcal{M}_\infty^2}{1+\gamma\mathcal{M}_a^2} ,$$

$$\frac{p_a}{p_\infty} \frac{\rho_\infty}{\rho_a} = \frac{1+\frac{\gamma-1}{2}\mathcal{M}_\infty^2}{1+\frac{\gamma-1}{2}\mathcal{M}_a^2}$$

et en éliminant les rapports de pression et de masse volumique entre ces trois relations, nous obtenons :

(V,122)
$$\mathcal{M}_a^2 = \frac{1+\frac{\gamma-1}{2}\mathcal{M}_\infty^2}{\gamma\mathcal{M}_\infty^2-\frac{\gamma-1}{2}} .$$

Cette dernière relation permet d'exprimer :

(V,123a)
$$\frac{p_a}{p_\infty} = 1+\frac{2\gamma}{\gamma+1}\left(M_\infty^2\sin^2\beta-1\right) ;$$

(V,123b)
$$\frac{\rho_a}{\rho_\infty} = \frac{(\gamma+1)M_\infty^2\sin^2\beta}{2+(\gamma-1)M_\infty^2\sin^2\beta} ;$$

(V,123c)
$$\frac{T_a}{T_\infty} = \left(\frac{\gamma-1}{\gamma+1}\right)^2 \frac{\left\{2\gamma M_\infty^2\sin^2\beta/(\gamma-1)-1\right\}\left\{M_\infty^2\sin^2\beta+2/(\gamma-1)\right\}}{M_\infty^2\sin^2\beta} .$$

On peut maintenant exprimer la variation d'entropie spécifique (l'accroissement) à la traversée de l'onde choc oblique plane pour un gaz parfait à C_p et C_v constants :

(V,124)
$$s_a - s_\infty = C_v \operatorname{Log}\left\{\frac{p_a}{p_\infty}\left(\frac{\rho_\infty}{\rho_a}\right)^\gamma\right\}$$
$$= C_v \operatorname{Log}\left[\left\{\frac{2\gamma M_\infty^2\sin^2\beta-(\gamma-1)}{\gamma+1}\right\}\left\{\frac{2+(\gamma-1)M_\infty^2\sin^2\beta}{(\gamma+1)M_\infty^2\sin^2\beta}\right\}^\gamma\right] .$$

Pour des valeurs de $\mathcal{M}_\infty = M_\infty \sin\beta$ voisines, mais supérieures à l'unité, l'expression (167) se développe en série pour donner :

(V,125a)
$$\frac{s_a-s_\infty}{C_v} = \frac{2\gamma}{(\gamma+1)^2}\frac{\left(M_\infty^2\sin^2\beta-1\right)^3}{3}+\cdots ,$$

ou encore

(V,125b)
$$\frac{s_a-s_\infty}{C_v} = \frac{\gamma+1}{4\gamma^2}\,\frac{1}{3}\left(\frac{p_a-p_\infty}{p_\infty}\right)^3+\cdots .$$

Une application simple des relations de chocs est celle relative aux écoulements supersoniques. Lorsqu'un écoulement supersonique de vitesse $\vec{u}_\infty$ $(|\vec{u}_\infty| > a_\infty)$ attaque un obstacle présentant un "nez" émoussé, ou une pointe de trop grande ouverture, l'onde de choc, qui est toujours attachée pour une pointe de faible ouverture, se détache devant cet obstacle de sorte que l'écoulement entre le choc et la paroi de l'obstacle comporte un domaine mixte, subsonique - transsonique, s'étendant jusqu'à la ligne limite formée d'un ou plusieurs arcs de caractéristiques tangentes à la ligne sonique. En particulier, lorsque le nombre de Mach de l'écoulement amont,

$M_\infty = \dfrac{|\vec{u}_\infty|}{a_\infty}$ est tel que :

$$2 > M_\infty > 1,$$

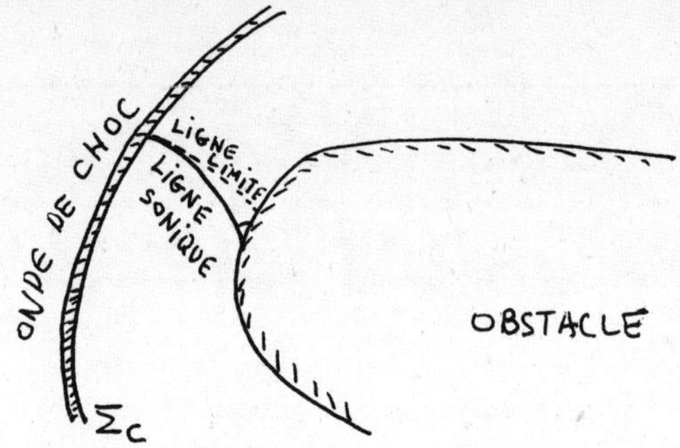

la ligne sonique part de l'obstacle en formant un angle aigu et la ligne limite formée d'une seule caractéristique est tangente à la ligne sonique sur l'onde de choc (voir la figure ci-dessus, à droite).

Supposons l'écoulement supersonique stationnaire et travaillons avec des coordonnées cylindriques (r , θ , z). L'équation qui simule la paroi de l'obstacle est

$$r = g(\theta, z)$$

et il faut imposer la condition de glissement :

$$u \frac{\partial g}{\partial z} - v + \frac{w}{g} \frac{\partial g}{\partial \theta} = 0 \quad : r = g(\theta, z),$$

où u , v et w sont, ici, les composantes de la vitesse selon z , r et θ . Soit maintenant $r = f(\theta, z)$ l'équation qui simule l'onde de choc (qui est une inconnue du problème); la conservation de la vitesse tangentielle à travers cette onde de choc entraine, sur la face aval du choc :

$$\text{(V,126)} \qquad \frac{u - u_\infty}{\partial f / \partial z} = \frac{v - v_\infty}{-1} = \frac{w - w_\infty}{f \, \partial f / \partial \theta},$$

où u_∞ , v_∞ et w_∞ sont les composantes de la vitesse uniforme

$\vec{u}_\infty$, supersonique, à l'amont du choc; cette relation (V,126) donne deux relations entre u, v et w. Il en résulte que le système des équations à satisfaire à la traversée de l'onde de choc s'écrit :

$$\text{(V,127)} \quad \left\{ \begin{aligned} & \rho v_n = \rho_\infty v_{n\infty} ; \\ & p + \rho_\infty v_{n\infty} v_n = p_\infty + \rho_\infty v_{n\infty}^2 ; \\ & h(p,\rho) + \frac{1}{2} v_n^2 = h_\infty + \frac{1}{2} v_{n\infty}^2 ; \\ & u + v \frac{\partial f}{\partial z} = u_\infty + v_\infty \frac{\partial f}{\partial z} ; \\ & \frac{v}{f} \frac{\partial f}{\partial \theta} + w = \frac{v_\infty}{f} \frac{\partial f}{\partial \theta} + w_\infty , \end{aligned} \right.$$

où

$$\text{(V,128)} \quad v_n = \frac{u \, \partial f/\partial z - v + w/f \, \partial f/\partial \theta}{\left[1 + (\partial f/\partial z)^2 + (1/f \, \partial f/\partial \theta)^2 \right]^{1/2}} .$$

Enfin, si on désigne par α l'incidence (angle formé par la direction des z et le vecteur vitesse $\vec{u}$) on a :

$$\text{(V,129)} \quad \begin{aligned} & u_\infty = q_\infty \cos\alpha \ , \ v_\infty = -q_\infty \sin\alpha \cos\theta \\ & w_\infty = q_\infty \sin\alpha \sin\theta , \end{aligned}$$

avec $q_\infty \equiv |\vec{u}_\infty|$.

Une autre application est celle relative aux écoulements dits <u>hypersoniques</u>, lorsque :

$$M_\infty \gg 1 .$$

Mais nous reviendrons plus loin sur la modélisation des écoulements hypersoniques.

30. Une justification asymptotique de la théorie des profils d'ailes en régime stationnaire, pour des ailes de grand allongement

Considérons des ailes droites; il s'agit d'un obstacle qui a une dimension beaucoup plus grande que les autres dans une direction privilégiée,

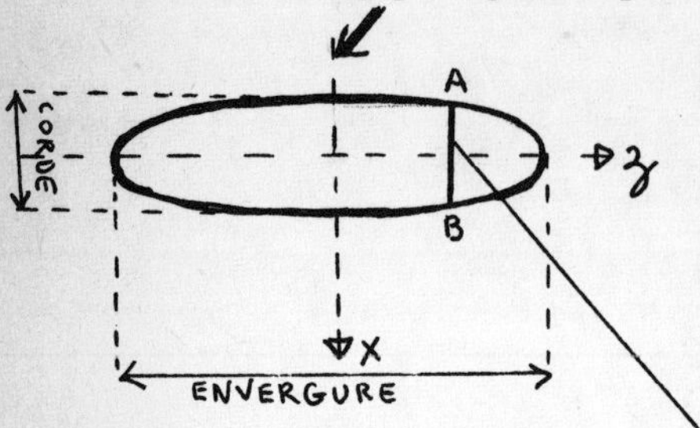

pour laquelle nous prendrons Oz . En outre, la section de cet obstacle par des plans $z = \text{Const}$ affecte la forme de profils d'ailes (voir la figure placée à gauche). On appelle envergure la plus grande dimension dans le sens des z et corde la plus grande dimension dans le sens des x .

Le petit paramètre:

(V,130) $$\varepsilon = \text{corde}/\text{envergure} \ll 1$$

est le paramètre d'élancement, son inverse étant le paramètre d'allongement; ainsi nous nous intéressons aux ailes de grand allongement (c'est-à-dire très peu élancée). L'unité de longueur est la demi-envergure de l'aile.

Un point $\mathcal{M}$ dans le voisinage de l'aile est représenté par*) :

(V,131) $$\vec{\mathcal{M}} = \vec{\mathcal{P}}(z) + \varepsilon\,\vec{\xi}\ ;\ \vec{\xi} = \xi_1 \vec{x} + \xi_2 \vec{y}\,,$$

avec $\xi_1 = x/\varepsilon$ et $\xi_2 = y/\varepsilon$, et nous ne précisons pas plus pour l'instant; disons simplement que pour chaque z le profil d'aile est une courbe, $\mathcal{C}(z)$ dépendant de z qui présente une pointe que l'on nomme bord de fuite.

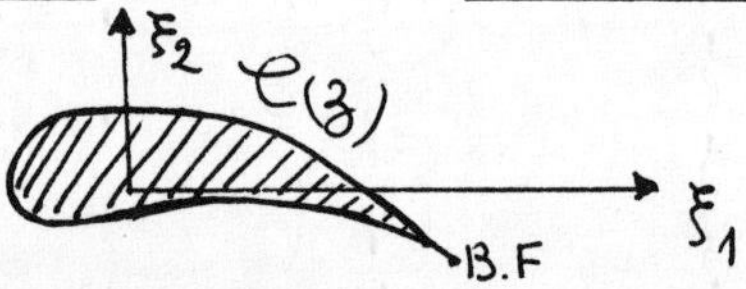

Partout en dehors du bord de fuite la courbe $\mathcal{C}(z)$ est pouvue d'une tangente qui varie continument et même d'une courbure qui varie aussi continument.

Au bord de fuite il y a deux tangentes qui forment, en général, un angle très faible; rappelons que la fonction du bord de fuite (B.F.) est de permettre à l'air de contourner l'aile en épousant sa forme, c'est-à-dire sans avoir tendance à s'en séparer. Dans chaque cas particulier, on précise la forme de $\mathcal{C}(z)$; le profil se réduit en général à un point ou quelque fois à un segment lorsque l'on va à l'extrêmité (l'une ou l'autre) de l'envergure de l'aile.

---

*) $\mathcal{P}(z)$ est le point de coordonnées: $x = y = 0, z$.

On note $\vec{u} = u\vec{x} + v\vec{y} + w\vec{z}$ la vitesse et on a dans les variables ξ_1, ξ_2 et z les équations suivantes :

(V,132)
$$\begin{cases} \dfrac{\partial \rho u}{\partial \xi_1} + \dfrac{\partial \rho v}{\partial \xi_2} + \varepsilon \dfrac{\partial \rho w}{\partial z} = 0; \\ \rho u \dfrac{\partial u}{\partial \xi_1} + \rho v \dfrac{\partial u}{\partial \xi_2} + \dfrac{\partial p}{\partial \xi_1} + \varepsilon \rho w \dfrac{\partial u}{\partial z} = 0; \\ \rho u \dfrac{\partial v}{\partial \xi_1} + \rho v \dfrac{\partial v}{\partial \xi_2} + \dfrac{\partial p}{\partial \xi_2} + \varepsilon \rho w \dfrac{\partial v}{\partial z} = 0; \\ u \dfrac{\partial s}{\partial \xi_1} + v \dfrac{\partial s}{\partial \xi_2} + \varepsilon w \dfrac{\partial s}{\partial z} = 0, \end{cases}$$

(V,133)
$$\rho u \frac{\partial w}{\partial \xi_1} + \rho v \frac{\partial w}{\partial \xi_2} + \varepsilon \left(\frac{\partial p}{\partial z} + \rho w \frac{\partial w}{\partial z} \right) = 0 .$$

Les équations sont écrites avec des composantes de vitesse u, v, w, une masse volumique ρ, une pression p et une entropie spécifique s, dimensionnées.

Soit $\vec{n}$ le vecteur unitaire de la normale à l'aile orientée vers l'extérieur de l'aile (vers le fluide); elle est définie partout sauf au B.F. qui est la ligne lieu des B.F. des profils lorsque z varie.

Nous devons écrire que

(V,134) $$\vec{u} \cdot \vec{n} = 0 \quad \text{, sur l'aile,}$$

tandis que à l'infini on suppose que le vecteur vitesse $\vec{u}$ est constant et que p, ρ et s tendent vers p_∞, ρ_∞ et s_∞ :

(V,135)
$$\left.\begin{array}{l} \vec{u} \Rightarrow U_\infty \vec{e} \\ p \Rightarrow p_\infty \\ \rho \Rightarrow \rho_\infty \\ s \Rightarrow s_\infty \end{array}\right\} \quad \text{à l'infini,}$$

où $|\vec{e}| = 1$.

Si l'angle des plans tangents au bord de fuite de l'aile est infiniment petit il s'échappe de ce bord de fuite une nappe tourbillonnaire, c'est-à-dire une surface portant une discontinuité de $\vec{u}$; la fonction de la nappe tourbillonnaire étant d'empêcher que le fluide contourne le bord de fuite. En effet, comme nous l'avons noté, un tel contournement, en fluide parfait, provoque de grandes vitesses (qui deviennent infinies lorsque l'on tend vers le B.F.) et l'on sait que le modèle d'écoulement de fluide parfait conduit à une solution unique, selon (V,132)-(V,133), que si l'on impose la condition de JOUKOWSKI :

(V,136) $|\vec{u}|$ reste fini au bord de fuite (B.F.).

Cette condition de JOUKOWSKI (V,136) impliquant l'absence de contournement au B.F. et, donc, l'existence d'une nappe tourbillonnaire s'échappant du bord de fuite; naturellement on a :

(V,137) $[\![p]\!] = 0$, à la traversée de $\mathcal{N}$,

et sur cette dernière on doit avoir, des deux côtés :

(V,138) $\vec{u}\cdot\vec{N} = 0$, sur $\mathcal{N}^+$ et $\mathcal{N}^-$,

où $\vec{N}$ est le vecteur unitaire de la normale à la nappe, notée $\mathcal{N}$.

Introduisons des grandeurs sans dimensions pour $\vec{u}$, p , ρ et $s = c_v \operatorname{Log}(p/\rho^\gamma)$ et gardons les mêmes notations pour les grandeurs adimensionnelles. Dans ce cas notre problème contient deux paramètres ε et $M_\infty^2 = U_\infty^2/(\gamma p_\infty)/\rho_\infty$ et on suppose que : le nombre de Mach M_∞ est fixé, lorsque $\varepsilon \to 0$.

On admet comme hypothèse de travail que la limite locale,

(V,139) $$\lim_{\varepsilon \to 0} (u, v, w, p, \rho) = (u_0, v_0, w_0, p_0, \rho_0) = \operatorname{Lim}_\varepsilon^l (u, v, w, p, \rho)$$

permute avec les dérivations

$$d \lim_\varepsilon^l (u, v, w, p, \rho) = \operatorname{Lim}_\varepsilon^l (du, dv, dw, dp, d\rho)$$

où d désigne un symbole de dérivation (selon ξ_1 , ξ_2 ou z). Dans ces conditions à la limite il vient, pour u_0 , v_0 , p_0 et ρ_0 :

(V,140)
$$\left\{\begin{aligned}
&\frac{\partial \rho_0 u_0}{\partial \xi_1}+\frac{\partial \rho_0 v_0}{\partial \xi_2}=0;\\
&\rho_0 u_0\frac{\partial u_0}{\partial \xi_1}+\rho_0 v_0\frac{\partial u_0}{\partial \xi_2}+\frac{1}{\gamma M_\infty^2}\frac{\partial p_0}{\partial \xi_1}=0;\\
&\rho_0 u_0\frac{\partial v_0}{\partial \xi_1}+\rho_0 v_0\frac{\partial v_0}{\partial \xi_2}+\frac{1}{\gamma M_\infty^2}\frac{\partial p_0}{\partial \xi_2}=0;\\
&\left(u_0\frac{\partial}{\partial \xi_1}+v_0\frac{\partial}{\partial \xi_2}\right)\left(p_0/\rho_0^\gamma\right)=0;
\end{aligned}\right.$$

(V,141)
$$\left(u_0\frac{\partial}{\partial \xi_1}+v_0\frac{\partial}{\partial \xi_2}\right)w_0=0.$$

On retrouve ainsi les équations d'Euler pour les écoulements plans stationnaires (éqs. (V,140)), tandis que l'équation (V,141) indique que w_0 se conserve le long des lignes de courant de l'écoulement plan (u_0 , v_0) dans chaque plan z = const; si les lignes de courant vont à l'infini amont on pourra évaluer w_0 avec des données à l'infini.

Précisons maintenant les conditions aux limites. A cette fin considérons une représentation paramétrique de la famille de profils $\mathcal{C}(z)$ dans les variables réduites définie plus haut; on a dans les variables initiales :

(V,142)
$$x=\varepsilon\,\xi_1(\sigma,z)\;,\;y=\varepsilon\,\xi_2(\sigma,z),$$

où σ est, en fait, l'abscisse curviligne le long de $\mathcal{C}(z)$ orientée de façon adéquate. Supposons que $\vec{M}(x,y,z)$ dans ce cas :

(V,143)
$$\vec{n}=\lambda\left(\frac{\partial\vec{M}}{\partial\sigma}\wedge\frac{\partial\vec{M}}{\partial z}\right),$$

où λ est un facteur tel que $|\vec{n}| = 1$ et que de plus $\vec{n}$ soit dirigé vers le fluide; ainsi

$$\frac{\partial \vec{M}}{\partial \sigma} = \varepsilon \frac{\partial \xi_1}{\partial \sigma} \vec{x} + \varepsilon \frac{\partial \xi_2}{\partial \sigma} \vec{y} \equiv \varepsilon \frac{\partial \vec{\xi}}{\partial \sigma};$$

$$\frac{\partial \vec{M}}{\partial z} = \varepsilon \frac{\partial \xi_1}{\partial z} \vec{x} + \varepsilon \frac{\partial \xi_2}{\partial z} \vec{y} + \vec{z}$$
$$= \varepsilon \frac{\partial \vec{\xi}}{\partial z} + \vec{z},$$

et de ce fait

(V,144) $$\vec{n} = \lambda \left\{ \varepsilon \vec{z} \wedge \frac{\partial \vec{\xi}}{\partial \sigma} + \varepsilon^2 \frac{\partial \vec{\xi}}{\partial z} \wedge \frac{\partial \vec{\xi}}{\partial \sigma} \right\}.$$

Le vecteur $\vec{z} \wedge \partial \vec{\xi} / \partial \sigma$ est orthogonal au profil, dans son plan, et il est dirigé vers l'extérieur; c'est un vecteur unitaire. On a donc :

(V,145) $$\begin{cases} \vec{n} = \vec{n}_0 + \varepsilon \vec{n}_1 + O(\varepsilon^2); \\ \vec{n}_0 \equiv \vec{z} \wedge \left(\frac{\partial \xi_1}{\partial \sigma} \vec{x} + \frac{\partial \xi_2}{\partial \sigma} \vec{y} \right); \\ \vec{n}_1 = \left(\frac{\partial \xi_1}{\partial z} \vec{x} + \frac{\partial \xi_2}{\partial z} \vec{y} \right) \wedge \left(\frac{\partial \xi_1}{\partial \sigma} \vec{x} + \frac{\partial \xi_2}{\partial \sigma} \vec{y} \right) \\ \quad = \left(\frac{\partial \xi_1}{\partial z} \frac{\partial \xi_2}{\partial \sigma} - \frac{\partial \xi_1}{\partial \sigma} \frac{\partial \xi_2}{\partial z} \right) \vec{z}. \end{cases}$$

Revenons maintenant à la condition de glissement (V,134); par passage à la limite on a :

$$0 = \operatorname{Lim}_{\varepsilon}^{\ell} (\vec{u} \cdot \vec{n}) = \vec{u}_0 \cdot \vec{n}_0,$$

ce qui veut dire :

(V,146) $$-u_0 \frac{\partial \xi_2}{\partial \sigma} + v_0 \frac{\partial \xi_1}{\partial \sigma} = 0 \quad : \mathcal{C}(z) .$$

On notera que la condition de glissement limite (V,146) est identique à celle que l'on aurait écrite en considérant un écoulement plan autour du profil $\mathcal{C}(z)$ dans le plan $z = \text{Const.}$

Il faut encore exprimer (V,138); supposons que la nappe ait pour équation

(V,147) $$\xi_2 = \mathcal{N}(z, \xi_1),$$

dans ce cas le vecteur $\vec{N}$ peut s'écrire

$$\vec{N} = \mu \left(\frac{\partial \mathcal{N}}{\partial \xi_1} \vec{x} - \vec{y} + \varepsilon \frac{\partial \mathcal{N}}{\partial z} \right),$$

où μ est déterminé de manière à ce que $\vec{N}$ soit unitaire. Ainsi, on peut écrire, à la place de (V,138),

$$u \frac{\partial \mathcal{N}}{\partial \xi_1} - v + \varepsilon w \frac{\partial \mathcal{N}}{\partial z} = 0$$

et à la limite il vient :

(V,148) $$u_0 \frac{\partial \mathcal{N}_0}{\partial \xi_1} = v_0 \quad , \text{ sur } \xi_2 = \mathcal{N}_0^{\pm}(z, \xi_1),$$

à laquelle il faut associer, d'après (V,137),

(V,149) $[\![p_0]\!] = 0$, à la traversée de $\xi_2 = \mathcal{N}_0(z, \xi_1)$, où $\mathcal{N}_0$ est la limite de $\mathcal{N}$, lorsque $\varepsilon \to 0$. On notera que dans les équations (V,140) et dans les conditions (V,146) et (V,148), (V,149), la variable z joue uniquement le rôle d'un paramètre.

On arrive ainsi à la conclusion que l'on peut justifier asymptotiquement, lorsque $\varepsilon \to 0$, la théorie des profils à condition de compléter (V,146), (V,148) et (V,149) par la condition de Joukowski :

(V,150) $|u_0|$ et $|v_0|$ restent finis au bord de fuite de $\mathcal{C}(z)$, et par des conditions à l'infini.

Pour obtenir ces dernières il faut considérer une approximation distale, valable loin de l'aile et faire le raccord avec l'approximation locale envisagée ci-dessus.

A très grandes distances l'aile se réduit à un segment; c'est-à-dire que dans les coordonnées initiales x , y , z on a :

$$x = y = 0 \quad , |z| < 1$$

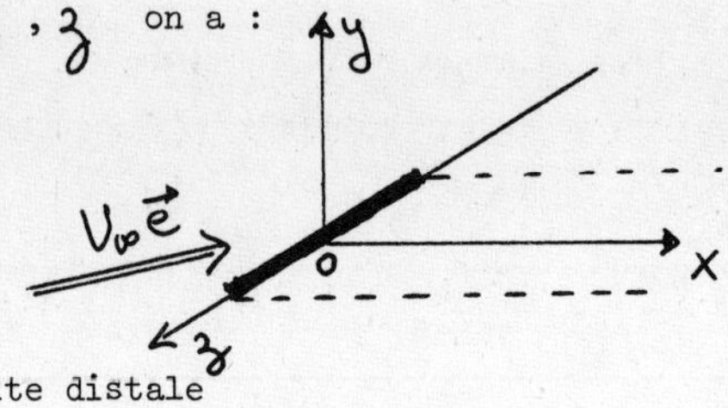

et un tel obstacle est incapable de perturber l'écoulement uniforme venant de l'infini amont.

De ce fait, si on définit une limite distale

$$\left(\begin{array}{c} \lim\limits_{\varepsilon \to 0} \\ x, y, z \text{ fixés} \end{array} \right) \Rightarrow \lim_{\varepsilon}{}^{P} ,$$

il vient que :

(V,151) $$\lim_{\varepsilon}{}^{P} (\vec{u}, p, \rho) = (\vec{e}, 1, 1).$$

Nous sommes en présence de deux approximations de $\vec{u}$, p , ρ : d'une part une approximation locale

$$\vec{u}_0 + O(\varepsilon) \ , \ p_0 + O(\varepsilon) \ , \ \rho_0 + O(\varepsilon) \ ^{*)},$$

d'autre part une approximation distale

$$\vec{e} \qquad , \qquad 1 \qquad , \qquad 1$$

Pour raccorder ces deux approximations nous utilisons le procédé de la limite intermédiaire :

$$\lim_{\varepsilon}{}^{I} \equiv \left(\lim_{\varepsilon \to 0} , \text{ à : } x_\delta = \frac{x}{\delta(\varepsilon)} , y_\delta = \frac{y}{\delta(\varepsilon)} , z \text{ fixés} \right)$$

et $\varepsilon \lesssim \delta(\varepsilon) \lesssim 1$. Cela donne trivialement

$$\lim_{\varepsilon}{}^{I} (\vec{u}_0 - \vec{e} , p_0 - 1 , \rho_0 - 1) = (\vec{0} , 0 , 0).$$

Mais $\xi_1 = (\delta(\varepsilon)/\varepsilon) x_\delta$, $\xi_2 = (\delta(\varepsilon)/\varepsilon) y_\delta$,

et de ce fait:

---

*) Si l'on pousse la modélisation plus loin on peut se convaincre que les termes suivants du développement local sont proportionnels à ε .

$$\lim_{\varepsilon}{}^{I}(\xi_1,\xi_2,z) = (\infty,\infty,z).$$

Ainsi, on est conduit à la condition de raccord

(V,152) $$\lim_{\substack{\xi_1\to\infty\\ \xi_2\to\infty}} \vec{u}_0 \equiv \vec{e}\ ,\quad \lim_{\substack{\xi_1\to\infty\\ \xi_2\to\infty}} p_0 = 1\ ,\quad \lim_{\substack{\xi_1\to\infty\\ \xi_2\to\infty}} \rho_0 = 1\ .$$

De plus comme : $w_0 \to \vec{z}\cdot\vec{e}$, à l'infini, d'après la première des conditions de raccord (V,152), on constate que de l'équation (V,141) il découle que

(V,153) $$w_0 \equiv \vec{z}\cdot\vec{e}\,,$$

et on peut désormais ne plus s'occuper de w_0 .

En conclusion, en supprimant l'indice inférieur zéro et en posant $\xi_1 \equiv x$, $\xi_2 \equiv y$ on arrive au problème adimensionnel, des profils d'ailes, suivant :

(V,154)

trouver u , v , p et ρ tels que

hors du profil $\Rightarrow$

$$\begin{cases} \rho\left(u\dfrac{\partial u}{\partial x}+v\dfrac{\partial u}{\partial y}\right)+\dfrac{1}{\gamma M_\infty^2}\dfrac{\partial p}{\partial x}=0\,; \\ \rho\left(u\dfrac{\partial v}{\partial x}+v\dfrac{\partial v}{\partial y}\right)+\dfrac{1}{\gamma M_\infty^2}\dfrac{\partial p}{\partial y}=0\,; \\ \dfrac{\partial \rho u}{\partial x}+\dfrac{\partial \rho v}{\partial y}=0\,; \\ \left(u\dfrac{\partial}{\partial x}+v\dfrac{\partial}{\partial y}\right)\left(p/\rho^{\gamma}\right)=0\,, \end{cases}$$

sur le profil : $\vec{u}\cdot\vec{n}=0$,

sur le sillage : $[\![p]\!]=0\ ,\quad \vec{u}\cdot\vec{N}=0\,,$

à l'infini : $\vec{u}\to\vec{e}\ ,\ p\to 1,\ \rho\to 1,$

au bord de fuite : condition de Joukowski : $|\vec{u}|<\infty$.

Partout ou l'écoulement autour du profil est continu on a naturellement que :

(V,155) $$p=\rho^{\gamma}\qquad ;$$

écoulement barotrope. Si des chocs apparaissent dans l'écoulement alors il faut faire intervenir les conditions de chocs mises en évidence au § 29; en particulier il faut tenir compte de (V,115).

On dit que l'écoulement autour du profil est <u>subsonique</u> si, en tout point, on a :

(V,156) $$M_\infty^2 (u^2+v^2) < p/\rho \quad , \quad M_\infty^2 = U_\infty^2 / \gamma \frac{p_\infty}{\rho_\infty} .$$

Si la condition (V,156) a lieu uniquement en <u>certains points</u> de l'écoulement et pas en d'autres alors on dit que l'écoulement est <u>transsonique</u>. Enfin, si c'est la relation inverse à (V,156)

(V,157) $$M_\infty^2 (u^2+v^2) > p/\rho ,$$

qui a lieu en tout point on dit que l'écoulement est <u>supersonique</u>. Il y a encore deux cas limites, qui sont les cas de l'écoulement dit <u>hyposonique</u>,

(V,158) $$M_\infty^2 (u^2+v^2) \ll p/\rho ,$$

et de l'écoulement dit <u>hypersonique</u>

(V,159) $$M_\infty^2 (u^2+v^2) \gg p/\rho .$$

Dans un cas très particulier, lorsque $M_\infty \to 0$, à la limite on retrouve l'écoulement incompressible; mais nous revenons sur ce cas au § 33 de cette Leçon V. On notera que les définitions ci-dessus sont locales. Les équations du problème des profils d'ailes (V,154) admet trois intégrales premières. En effet, introduisons la fonction de courant $\psi(x,y)$ telle que :

(V,160) $$\rho u = -\frac{\partial \psi}{\partial y} \quad , \quad \rho v = \frac{\partial \psi}{\partial x}$$

dans ce cas

(V,161a) $$p/\rho^\gamma = \pi(\psi),$$

où $\pi(\psi)$ est une fonction qui se conserve le long de chaque ligne de courant et s'il n'y a pas de zone séparée nous pouvons aller à l'infini, ce qui fait que :

$$\pi(\psi) \equiv 1 ,$$

puisque nous travaillons avec des grandeurs sans dimensions. D'autre part, on tire l'équation de Bernoulli

(V,161b) $$\frac{u^2+v^2}{2} + \frac{1}{(\gamma-1)} \frac{1}{M_\infty^2} \rho^{\gamma-1} \pi(\psi) = J(\psi),$$

où $J(\psi)$ est une seconde fonction, de ψ , conservative le long des lignes de courant; si, une fois de plus, il n'y a pas de zones séparées on a (avec des grandeurs sans dimensions) :

$$J(\psi) \equiv \frac{1}{2} + \frac{1}{M_\infty^2} \frac{1}{\gamma-1} = \text{Const}.$$

Enfin, de ces équations du problème (V,154), on peut exprimer la composante du tourbillon, perpendiculaire au plan (x,y) :

(V,161c) $$\frac{\partial u}{\partial y} - \frac{\partial v}{\partial x} = -\rho \left\{ \frac{dJ}{d\psi} - \frac{1}{M_\infty^2(\gamma-1)} \, p/\rho \, \frac{d \operatorname{Log} \pi}{d\psi} \right\},$$

et si il n'y a pas de zones séparées il vient la condition d'irrotationnalité :

(V,162) $$\frac{\partial u}{\partial y} - \frac{\partial v}{\partial x} \equiv 0 \implies u = \frac{\partial \varphi}{\partial x}, \; v = \frac{\partial \varphi}{\partial y}.$$

Ainsi, dans toute partie de l'écoulement où il n'y a pas de zones séparées et où les chocs n'apparaissent pas l'écoulement est à potentiel de vitesse et ce potentiel $\varphi(x,y)$ satisfait à l'équation de Steichen, stationnaire, bidimensionnelle :

(V,163) $$\left\{ \begin{aligned} & a^2\left(\frac{\partial^2\varphi}{\partial x^2} + \frac{\partial^2\varphi}{\partial y^2}\right) - M_\infty^2 \left\{ \left(\frac{\partial\varphi}{\partial x}\right)^2 \frac{\partial^2\varphi}{\partial x^2} + 2\frac{\partial\varphi}{\partial x}\frac{\partial\varphi}{\partial y}\frac{\partial^2\varphi}{\partial x \partial y} \right. \\ & \qquad \left. + \left(\frac{\partial\varphi}{\partial y}\right)^2 \frac{\partial^2\varphi}{\partial y^2} \right\} = 0, \\ & a^2 = 1 + \frac{\gamma-1}{2} M_\infty^2 \left\{ 1 - \left[\left(\frac{\partial\varphi}{\partial x}\right)^2 + \left(\frac{\partial\varphi}{\partial y}\right)^2 \right] \right\}. \end{aligned} \right.$$

L'équation, en $\varphi(x,y)$, (V,163) doit-être assortie des conditions suivantes :

(V,164a) $$\vec{n} \cdot \vec{\nabla} \varphi = 0 \quad \text{, sur le profil;}$$

(164b) $[\![\, |\vec{\nabla}\varphi|^2]\!] = 0 \quad , \quad \vec{N}\cdot\vec{\nabla}\varphi = 0$, sur le sillage (trace de la nappe);

(V,164c) $\vec{\nabla}\varphi \Rightarrow \vec{e}$, à l'infini;

(V,164d) $|\vec{\nabla}\varphi| < \infty$, condition de Joukowski au B.F..

L'équation (V,163) a des solutions qui se comportent très différemment selon le signe de l'expression

$$a^2 - M_\infty^2 \left[\left(\frac{\partial\varphi}{\partial x}\right)^2 + \left(\frac{\partial\varphi}{\partial y}\right)^2 \right] \equiv \Delta(x,y),$$

c'est-à-dire suivant le caractère localement subsonique ($\Delta > 0$) ou localement supersonique ($\Delta < 0$). Dans le cas subsonique on montre que les solutions sont pourvues de dérivées de tous ordres et une caractéristique essentielle est une interdépendance de tous les points de l'écoulement.

Dans le cas supersonique certaines dérivées de φ peuvent être discontinues le long de certaines lignes, en outre, et cela est le plus important, il peut apparaître des chocs qui entrainent une variation d'entropie spécifique (mais pas de l'enthalpie totale spécifique : $H = (u^2+v^2)/2 + h/\gamma M_\infty^2$) et la perte, de ce fait, du caractère irrotationnel de l'écoulement; en supersonique il faut, en toute rigueur, renoncer à utiliser (V,163) et revenir aux équations générales :

$$\text{(V,165)} \quad \left\{ \begin{aligned} & \frac{\partial u}{\partial y} - \frac{\partial v}{\partial x} = \frac{p}{M_\infty^2(\gamma-1)} \frac{d \operatorname{Log} \pi(\psi)}{d\psi} ; \\ & \rho = \left[p/\pi(\psi) \right]^{1/\gamma} ; \ \rho u = -\frac{\partial \psi}{\partial y} , \ \rho v = \frac{\partial \psi}{\partial x} ; \\ & p = \rho \left\{ 1 - \frac{\gamma-1}{2} M_\infty^2 \left(u^2 + v^2 - 1 \right) \right\} . \end{aligned} \right.$$

Dans ce cas il faut aussi tirer profit des conditions de chocs dont il a été question au § 29. En particulier, lorsque le choc est oblique il faut tirer profit des relations, valable du côté aval du choc,

$$\text{(V,166)} \quad \left\{ \begin{aligned} & p = \frac{2\gamma}{\gamma+1} M_\infty^2 \sin^2\beta - \frac{\gamma-1}{\gamma+1} ; \\ & \rho = \frac{(\gamma+1) M_\infty^2 \sin^2\beta}{2 + (\gamma-1) M_\infty^2 \sin^2\beta} , \end{aligned} \right.$$

et à cause de l'inclinaison variable du choc, le saut d'entropie est différent sur chaque ligne de courant et il en résulte que l'écoulement aval est non uniforme et rotationnel, d'après la première équation du système (V,165).

31. Equations modèles pour les écoulements autour de profils minces. Similitude transsonique

On s'intéresse, dans tout ce qui suit, aux profils minces; les profils sont supposés symétriques et l'écoulement uniforme à l'infini amont est sans incidence. Nous travaillons avec des variables sans dimensions et dans ce cas apparaissent deux paramètres sans dimensions :

$$\delta = \frac{\text{épaisseur}}{\text{corde}} \ll 1$$

et le nombre de Mach de l'écoulement uniforme à l'infini amont :

$$M_\infty^2 = V_\infty^2 / \gamma \frac{p_\infty}{\rho_\infty} .$$

L'équation du profil mince est de la forme

$$y = \delta\, h(x) \tag{V,167}$$

et nous avons la condition de glissement :

$$v(x, \delta h(x)) = \delta \frac{dh}{dx} u(x, \delta h(x)) . \tag{V,168}$$

Comme le profil est symétrique il suffit de considérer l'écoulement dans le domaine $y \geq 0$:

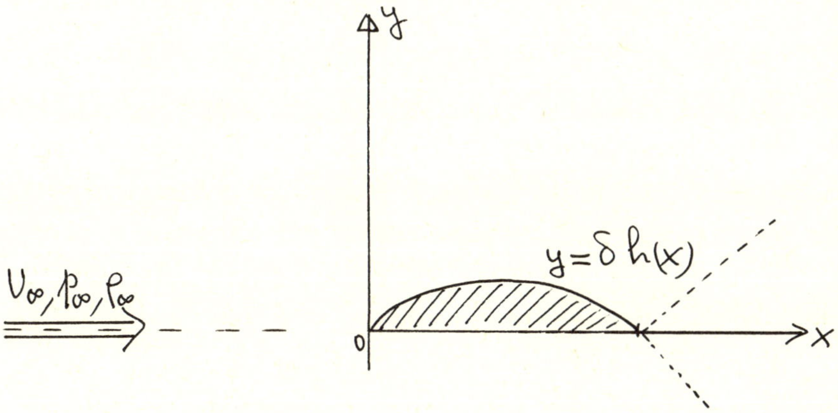

Pour le potentiel de vitesse $\varphi(x,y)$ nous devons donc considérer le problème suivant :

(V,169)
$$\begin{cases} \left[a^2 - M_\infty^2\left(\frac{\partial\varphi}{\partial x}\right)^2\right]\frac{\partial^2\varphi}{\partial x^2} - 2M_\infty^2\frac{\partial\varphi}{\partial x}\frac{\partial\varphi}{\partial y}\frac{\partial^2\varphi}{\partial x\partial y} \\ \qquad + \left[a^2 - M_\infty^2\left(\frac{\partial\varphi}{\partial y}\right)^2\right]\frac{\partial^2\varphi}{\partial y^2} = 0 ; \\ a^2 = 1 + \frac{\gamma-1}{2}M_\infty^2\left\{1 - \left[\left(\frac{\partial\varphi}{\partial x}\right)^2 + \left(\frac{\partial\varphi}{\partial y}\right)^2\right]\right\} ; \\ \left.\frac{\partial\varphi}{\partial y}\right|_{y=\delta h(x)} = \delta\frac{dh}{dx}\left.\frac{\partial\varphi}{\partial x}\right|_{y=\delta h(x)} , \quad x \in [0,1] ; \\ \varphi \to x , \quad \text{lorsque} \quad x \to -\infty . \end{cases}$$

1. <u>Cas de : $\delta \to 0$, avec x , y , M_∞ fixés</u>

Soit alors :

(V,170) $$\varphi = x + \varepsilon_1(\delta)\varphi_1(x,y;M_\infty) + \varepsilon_2(\delta)\varphi_2(x,y;M_\infty) + \cdots .$$

Donc :

$$\frac{\partial\varphi}{\partial y} = \varepsilon_1(\delta)\frac{\partial\varphi_1}{\partial y} + \varepsilon_2(\delta)\frac{\partial\varphi_2}{\partial y} + \cdots ,$$

$$\frac{\partial\varphi}{\partial x} = 1 + \varepsilon_1(\delta)\frac{\partial\varphi_1}{\partial x} + \cdots ,$$

et

$$\left.\frac{\partial\varphi}{\partial x}\right|_{y=\delta h(x)} = 1 + \varepsilon_1(\delta)\left.\frac{\partial\varphi_1}{\partial x}\right|_{y=0} + \cdots ,$$

$$\left.\frac{\partial \varphi}{\partial y}\right|_{y=\delta h(x)} = \varepsilon_1(\delta)\left.\frac{\partial \varphi_1}{\partial y}\right|_{y=0} + \varepsilon_1(\delta)\,\delta\, h(x)\left.\frac{\partial^2 \varphi_1}{\partial y^2}\right|_{y=0} + \cdots .$$

De ce fait la condition de glissement donne :

$$\varepsilon_1(\delta)\left.\frac{\partial \varphi_1}{\partial y}\right|_{y=0} + \varepsilon_1(\delta)\,\delta\, h(x)\left.\frac{\partial^2 \varphi_1}{\partial y^2}\right|_{y=0} + \varepsilon_2(\delta)\left.\frac{\partial \varphi_2}{\partial y}\right|_{y=0}$$

$$+ \cdots = \delta\frac{dh}{dx} + \delta\,\varepsilon_1(\delta)\frac{dh}{dx}\left.\frac{\partial \varphi_1}{\partial x}\right|_{y=0} + \cdots ,$$

et l'on constate qu'il y a un bon choix qui est :

(V,171) $$\varepsilon_1(\delta) \equiv \delta \quad , \quad \varepsilon_2(\delta) \equiv \varepsilon_1(\delta)\,\delta = \delta^2 .$$

Ainsi, il vient :

(V,172a) $$\left.\frac{\partial \varphi_1}{\partial y}\right|_{y=0} = \frac{dh}{dx} ;$$

(V,172a) $$\left.\frac{\partial \varphi_2}{\partial y}\right|_{y=0} = \frac{dh}{dx}\left.\frac{\partial \varphi_1}{\partial x}\right|_{y=0} - h(x)\left.\frac{\partial^2 \varphi_1}{\partial y^2}\right|_{y=0} .$$

L'équation du problème (V,169) conduit, à l'ordre δ , à :

(V,173a) $$\left(1-M_\infty^2\right)\frac{\partial^2 \varphi_1}{\partial x^2} + \frac{\partial^2 \varphi_1}{\partial y^2} = 0$$

et à l'ordre $\varepsilon_2(\delta) \equiv \delta^2$, à l'équation non homogène*) :

(V,173b) $$\left(1-M_\infty^2\right)\frac{\partial^2\varphi_2}{\partial x^2}+\frac{\partial^2\varphi_2}{\partial y^2}=M_\infty^2\left\{\left[(\gamma-1)M_\infty^2+2\right]\frac{\partial\varphi_1}{\partial x}\frac{\partial^2\varphi_1}{\partial x^2}+2\frac{\partial\varphi_1}{\partial y}\frac{\partial^2\varphi_1}{\partial x\partial y}\right\}.$$

Dans le cas subsonique $(M_\infty < 1)$ l'équation (V,173a) est elliptique et dans le cas supersonique $(M_\infty > 1)$ cette dernière est hyperbolique. Lorsque $M_\infty \approx 1$ et $M_\infty \gg 1$ la théorie linéaire ci-dessus tombe en défaut.

La solution de l'équation (V,173a), lorsque $M_\infty > 1$, satisfaisant à la condition (V,172a) est immédiate :

(V,174) $$\varphi_1(x,y;M_\infty) = -\left(M_\infty^2-1\right)^{-1/2} h\left(x-\sqrt{M_\infty^2-1}\,y\right), \ y>0,$$

lorsque $0 < x-\sqrt{M_\infty^2-1}\,y < 1$.

On notera que φ_1 est constant en dehors de la zone d'onde : $0 < x-\sqrt{M_\infty^2-1}\,y < 1$ et de plus $\varphi_1 \to 0$, lorsque $x \to -\infty$. Si $(dh/dx)_{x=0} \neq 0$ alors la caractéristique $x = \sqrt{M_\infty^2-1}\,y$ est telle que la pression subit un saut à sa traversée (ce saut est la version linéarisée d'une onde de choc).

Pour l'instant, on constate que le développement de φ (V,170) n'est une bonne approximation que si: $\delta/\sqrt{M_\infty^2-1} \ll 1$ et pour préciser plus il faut considérer la seconde approximation φ_2 .

Introduisons des coordonnées caractéristiques :

(V,175) $$\xi = x-\sqrt{M_\infty^2-1}\,y \quad , \eta = x+\sqrt{M_\infty^2-1}\,y$$

et dans ce cas l'équation (V,173b) prend la forme suivante :

(V,176) $$\frac{\partial^2\varphi_2}{\partial\xi\partial\eta} = \frac{\gamma+1}{4}\frac{M_\infty^4}{(M_\infty^2-1)^2}\frac{dh(\xi)}{d\xi}\frac{d^2h(\xi)}{d\xi^2}.$$

---

*) Notons que : $a^2 = 1-(\gamma-1)M_\infty^2\,\delta\,\partial\varphi_1/\partial x + O(\delta^2)$,

et $$\delta\left\{\left(1-M_\infty^2\right)\frac{\partial^2\varphi_1}{\partial x^2}+\frac{\partial^2\varphi_1}{\partial y^2}\right\}+\delta^2\left\{\left(1-M_\infty^2\right)\frac{\partial^2\varphi_2}{\partial x^2}+\frac{\partial^2\varphi_2}{\partial y^2} - M_\infty^2(\gamma+1)\frac{\partial\varphi_1}{\partial x}\frac{\partial^2\varphi_1}{\partial x^2}-2M_\infty^2\frac{\partial\varphi_1}{\partial y}\frac{\partial^2\varphi_1}{\partial x\partial y}-(\gamma-1)M_\infty^2\frac{\partial\varphi_1}{\partial x}\frac{\partial^2\varphi_1}{\partial y^2}\right\}+O(\delta^3)=0.$$

Mais $\frac{\partial^2\varphi_1}{\partial y^2} \equiv \left(M_\infty^2-1\right)\frac{\partial^2\varphi_1}{\partial x^2}$, ce qui conduit à (V.173b).

La solution de cette équation, lorsque $0<\xi<1$ peut se présenter sous la forme suivante :

(V,177) $$\varphi_2(\xi,\eta;M_\infty)=\frac{\gamma+1}{8}\frac{M_\infty^4}{(M_\infty^2-1)^2}\,\eta\left(\frac{dh(\xi)}{d\xi}\right)^2+G(\xi),$$

où la fonction $G(\xi)$ doit être choisie de telle façon que la condition (V,172a) soit satisfaite. Quoiqu'il en soit on constate que le développement (V,170) à la forme suivante :

(V,178) $$\varphi(x,y;M_\infty,\delta)=x-\frac{\delta}{\sqrt{M_\infty^2-1}}\,h\left(x-\sqrt{M_\infty^2-1}\,y\right)+O\left(\frac{\gamma+1}{8}\frac{\delta^2M_\infty^4}{(M_\infty^2-1)^2}\left(x+\sqrt{M_\infty^2-1}\,y\right)\right).$$

Nous savons que le développement limité (V,178) donne une bonne approximation de φ si $\frac{\varepsilon_2(\delta)\varphi_2}{\varepsilon_1(\delta)\varphi_1}\equiv\delta\varphi_2/\varphi_1<<1$, c'est-à-dire si :

(V,179) $$\frac{(\gamma+1)\,\delta\,M_\infty^4}{(M_\infty^2-1)^{3/2}}\left(x+\sqrt{M_\infty^2-1}\,y\right)<<1.$$

En régime d'écoulement transsonique, lorsque :

$M_\infty\approx 1$, cela veut dire que, pour $\eta\equiv x+\sqrt{M_\infty^2-1}\,y\approx 1$ fixé, l'on doit avoir : $\delta/(M_\infty^2-1)^{3/2}<<1$.

Pour le champ lointain, lorsque :

$\eta=x+\sqrt{M_\infty^2-1}\,y\approx\infty$, mais M_∞ fixé, cela veut dire que l'on doit avoir :

$$\delta\eta=\delta\left(x+\sqrt{M_\infty^2-1}\,y\right)<<1.$$

Enfin, en régime d'écoulement hypersonique, lorsque : $M_\infty\approx\infty$, mais η fixé, cela veut dire que l'on doit avoir :

$$\delta M_\infty<<1.$$

En particulier, lorsque :

(V,180) $$(M_\infty^2-1)/\delta^{2/3}=K_{Tr}=O(1),$$

la théorie linéarisée ci-dessus tombe en défaut pour $M_\infty\approx 1$. De même, lorsque

(V,181) $$\delta M_\infty = K_{hyp} = O(1),$$

cette même théorie linéarisée tombe en défaut pour $M_\infty \to \infty$.

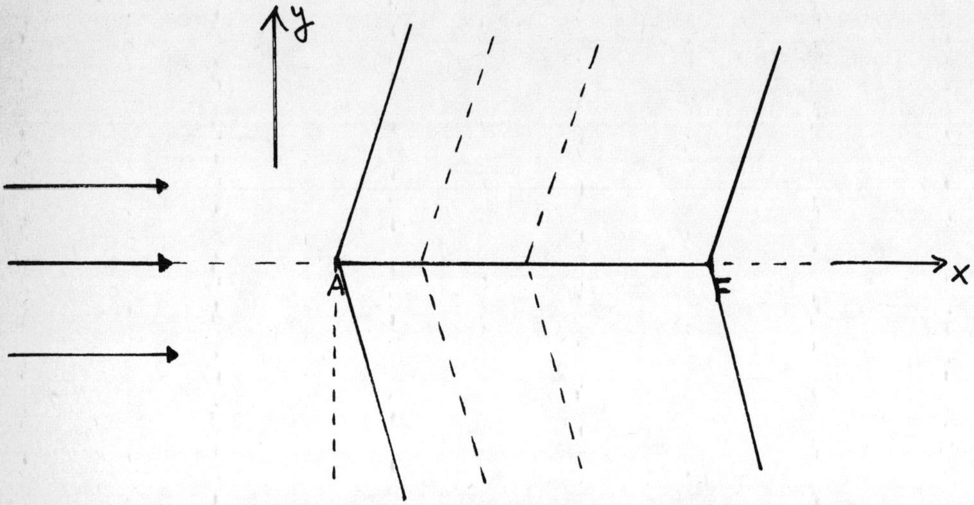

Schéma de l'écoulement supersonique linéarisé (les vitesses de perturbation sont constantes sur les caractéristiques)

2. Cas de : $\delta \to 0$, avec $y \to \infty$ et x, M_∞ fixés

Revenons à l'équation exacte du problème (V,169). Comme nous sommes en écoulement supersonique nous pouvons introduire la grandeur :

$$\beta^2 \equiv M_\infty^2 - 1 \quad , \beta > 0 ,$$

ainsi que

$\bar{x} \equiv x$, $\bar{y} = \beta y$ et aussi $\varphi = x + \delta\bar{\varphi}$, où $\delta\bar{\varphi}$ désigne le potentiel de perturbation. La fonction $\bar{\varphi}(\bar{x}, \bar{y}; \beta, M_\infty, \delta)$ satisfait alors à l'équation suivante :

$$\frac{\partial^2\bar\varphi}{\partial\bar y^2}-\frac{\partial^2\bar\varphi}{\partial\bar x^2}=\delta\frac{M_\infty^2}{\beta^2}\Big\{(\gamma+1)\frac{\partial\bar\varphi}{\partial\bar x}\frac{\partial^2\bar\varphi}{\partial\bar x^2}+2\beta^2\frac{\partial\bar\varphi}{\partial\bar y}\frac{\partial^2\bar\varphi}{\partial\bar x\partial\bar y}$$

$$+\beta^2(\gamma-1)\frac{\partial\bar\varphi}{\partial\bar x}\frac{\partial^2\bar\varphi}{\partial\bar y^2}\Big\}+\frac{\delta^2M_\infty^2}{\beta^2}\Big\{\Big(\frac{\partial\bar\varphi}{\partial\bar x}\Big)^2\frac{\partial^2\bar\varphi}{\partial\bar x^2}$$

$$\text{(V,182)}\qquad +\frac{\gamma-1}{2}\Big[\Big(\frac{\partial\bar\varphi}{\partial\bar x}\Big)^2+\beta^2\Big(\frac{\partial\bar\varphi}{\partial\bar y}\Big)^2\Big]\Big[\frac{\partial^2\bar\varphi}{\partial\bar x^2}+\beta^2\frac{\partial^2\bar\varphi}{\partial\bar y^2}\Big]$$

$$+2\beta^2\frac{\partial\bar\varphi}{\partial\bar x}\frac{\partial\bar\varphi}{\partial\bar y}\frac{\partial^2\bar\varphi}{\partial\bar x\partial\bar y}+\beta^4\Big(\frac{\partial\bar\varphi}{\partial\bar y}\Big)^2\frac{\partial^2\bar\varphi}{\partial\bar y^2}\Big\},$$

après quelques calculs assez simples. A cette équation (V,182) il nous faut associer la condition de glissement suivante :

$$\text{(V,183)}\qquad \beta\frac{\partial\bar\varphi}{\partial\bar y}\Big|_{\bar y=\beta\delta h(x)}=\frac{dh}{dx}\Big(1+\delta\frac{\partial\bar\varphi}{\partial x}\Big|_{\bar y=\beta\delta h(x)}\Big).$$

La solution du problème linéarisé associé :

$$\frac{\partial^2\bar\varphi}{\partial\bar y^2}-\frac{\partial^2\bar\varphi}{\partial\bar x^2}=0,\quad \frac{\partial\bar\varphi}{\partial\bar y}\Big|_{\bar y=+0}=\frac{dh^+}{dx},\quad \frac{\partial\bar\varphi}{\partial\bar y}\Big|_{\bar y=-0}=\frac{dh^-}{dx},$$

ne sera pas convenable aux grandes distances pour lesquelles les termes quasi-linéaires, au second membre de (V,182), vont avoir un effet cumulatif sensible. Appliquons la méthode dégagée dans la section 2, du § 16, de la Leçon III. Introduisons donc la variable lente :

$$\text{(V,184)}\qquad \tilde y=\delta\bar y$$

et posons $\xi=\bar x-\bar y$ et $\eta=\bar x+\bar y$; cherchons alors $\bar\varphi$ sous la forme :

(V,185) $$\bar{\varphi}(\bar{x},\bar{y};\delta)=\varphi_0(\xi,\eta,\tilde{y})+\delta\varphi_1(\xi,\eta,\tilde{y})+\cdots .$$

On a bien évidemment :

(V,186) $$\frac{\partial^2\varphi_0}{\partial\xi\partial\eta}=0 \Rightarrow \varphi_0=f_0(\xi,\tilde{y})+g_0(\eta,\tilde{y}).$$

Pour écrire l'équation vérifiée par φ_1 il suffit de retenir au second membre de (V,182) les termes en δ . Il vient ainsi :

$$-4\frac{\partial^2\varphi_1}{\partial\xi\partial\eta}=2\frac{\partial^2 f_0}{\partial\xi\partial\tilde{y}}-2\frac{\partial^2 g_0}{\partial\eta\partial\tilde{y}}+M_\infty^2\frac{1}{\beta^2}\Big\{(\gamma+1)\Big(\frac{\partial f_0}{\partial\xi}+\frac{\partial g_0}{\partial\eta}\Big)\Big(\frac{\partial^2 f_0}{\partial\xi^2}+\frac{\partial^2 g_0}{\partial\eta^2}\Big)+2\beta^2\Big(\frac{\partial g_0}{\partial\eta}-\frac{\partial f_0}{\partial\xi}\Big)\Big(\frac{\partial^2 g_0}{\partial\eta^2}-\frac{\partial^2 f_0}{\partial\xi^2}\Big)+\beta^2(\gamma-1)\Big(\frac{\partial g_0}{\partial\eta}+\frac{\partial f_0}{\partial\xi}\Big)\Big(\frac{\partial^2 g_0}{\partial\eta^2}+\frac{\partial^2 f_0}{\partial\xi^2}\Big)\Big\}.$$

Posons :

$$\frac{\partial f_0}{\partial\xi}=\mathcal{A}_0(\xi,\tilde{y}),\quad \frac{\partial g_0}{\partial\eta}=\mathcal{B}_0(\eta,\tilde{y}),$$

et intégrons l'équation ci-dessus, d'abord par rapport à η , puis par rapport à ξ . Il vient alors les expressions suivantes :

$$-4\frac{\partial\varphi_1}{\partial\xi} = +2\frac{\partial A_0}{\partial\bar{y}}\eta + \frac{M_\infty^2}{\beta^2}\Big[\gamma+1+2\beta^2 + \beta^2(\gamma-1)\Big]A_0\frac{\partial A_0}{\partial\xi}\eta \quad \text{+ termes \underline{non} séculaires;}$$

$$-4\frac{\partial\varphi_1}{\partial\eta} = -2\frac{\partial B_0}{\partial\bar{y}}\xi + \frac{M_\infty^2}{\beta^2}\Big[\gamma+1+2\beta^2 + \beta^2(\gamma-1)\Big]B_0\frac{\partial B_0}{\partial\eta}\xi \quad \text{+ termes \underline{non} séculaires.}$$

On notera que les fonctions f_0 et g_0 ainsi que leurs dérivées sont supposées bornées; de plus on a que :

$$\gamma+1+2\beta^2+\beta^2(\gamma-1) \equiv (\gamma+1)M_\infty^2 .$$

Ainsi, l'élimination des termes séculaires (pour éviter que φ_1 et ses dérivées premières ne deviennent infinies pour les grandes valeurs de $\bar{y}$) conduit à deux équations, qui sont :

$$\text{(V.187)} \quad \begin{cases} 2\dfrac{\partial A_0}{\partial\bar{y}} + \dfrac{M_\infty^4}{\beta^2}(\gamma+1)A_0\dfrac{\partial A_0}{\partial\xi} = 0; \\[2ex] 2\dfrac{\partial B_0}{\partial\bar{y}} - \dfrac{M_\infty^4}{\beta^2}(\gamma+1)B_0\dfrac{\partial B_0}{\partial\eta} = 0, \end{cases}$$

et ce sont des équations du type de celles analysées par BURGERS*). On notera que les deux équations (V,187) sont découplées du fait que, en vertu des conditions à l'infini amont, on doit prendre $g_0=0$, si $\bar{y}>0$ et $f_0=0$, si $\bar{y}<0$. Dans ces deux demi-plans, la condition de glissement (V, 183), grâce à (V,185), conduit à :

---

*) Dans le cas où il n'y a pas de dissipation. Dans le cas général l'équation de Burgers a la forme :

$$\frac{\partial u}{\partial t} + u\frac{\partial u}{\partial x} = \nu\frac{\partial^2 u}{\partial x^2} .$$

(V,188) $$\beta A_0(x,0) = -\frac{dh^+(x)}{dx}\ ;\ \beta B_0(x,0) = +\frac{dh^-(x)}{dx}\ .$$

On est ainsi conduit, pour déterminer A_0 et B_0 , à traiter un problème de Cauchy pour les équations (V,187).

Considérons uniquement l'écoulement dans le demi-plan supérieur . Si l'on pose :

$$\hat{y} = \frac{M_\infty^4(\gamma+1)}{2\beta^2}\hat{\bar{y}} \equiv \frac{M_\infty^4(\gamma+1)}{2\beta^2}\delta\bar{y} \equiv \frac{M_\infty^4(\gamma+1)}{2\beta}\delta y\ ,$$

il vient pour la fonction $A_0(\xi,\hat{y})$ le problème de Cauchy :

(V,189) $$\frac{\partial A_0}{\partial \hat{y}} + A_0\frac{\partial A_0}{\partial \xi} = 0\ ,\ A_0(\xi,0) = -\frac{1}{\beta}\frac{dh^+(\xi)}{d\xi} \equiv A_0^0(\xi)\ ,$$

puisque lorsque $\hat{y} = 0$ on a $\xi \equiv x$. Analytiquement, la solution de (V,189), $A_0(\xi,\hat{y})$ est définie paramétriquement et implicitement par :

(V,190) $$A_0 = A_0^0(\chi)\ ,\quad \chi = \xi + \frac{1}{\beta}\frac{dh^+(\xi)}{d\xi}\hat{y}\ .$$

Donc les caractéristiques ont pour équations, dans le plan (x , y),

(V,191) $$x - \beta y = -\delta\frac{M_\infty^4(\gamma+1)}{2\beta^2}\frac{dh^+(\xi)}{d\xi}y + \chi\ ;$$

sur chacune d'elles $A_0(\xi,y)$ garde une valeur constante. Ainsi on a pour la vitesse :

$$u = 1 + \delta\frac{\partial\bar{\varphi}}{\partial x} = 1 + \delta\frac{\partial f_0}{\partial \xi} = 1 + \delta A_0\ ;$$

$$v = \delta\beta\frac{\partial\bar{\varphi}}{\partial\bar{y}} = -\delta\beta\frac{\partial f_0}{\partial\xi} = -\delta\beta A_0\ ,$$

et on voit que sur chacune de ces caractéristiques la vitesse reste constante et a la valeur qu'elle avait sur la caractéristique correspondante en solution linéarisée. Mais (V,191) montre que les termes non linéaires entrainent une légère variation de pente (proportionnelle à δ), sans grande importance à des distances finies du profil, mais en fait très sensible aux grandes distances par effet cumulatif. L'écoulement présentera en général deux ondes de choc; une onde de choc de tête et une de bord de fuite. On peut montrer que l'onde de tête a pour allure asymptotique celle d'une parabole et un résultat analogue reste valable pour l'onde de bord de fuite. On a tracé sur la figure ci-dessous l'allure générale de l'écoulement, qu'il y a lieu de comparer à celui obtenu en négligeant complètement les termes quasi-linéaires.

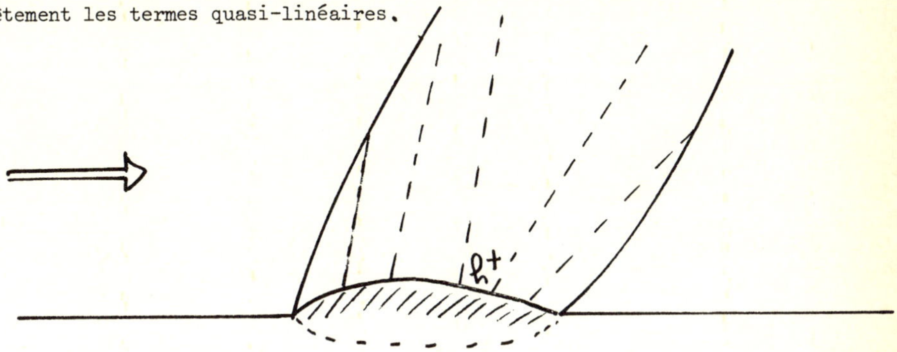

caractéristiques — — — — —
ondes de choc ————————

3. Cas de : $\delta \to 0$ et $M_\infty \equiv 1$, avec x fixé.

Si l'on ne veut pas retomber sur le cas linéaire classique, valable en subsonique et supersonique il nous faut, lorsque $M_\infty \equiv 1$, effectuer un changement d'échelle sur les y ; nous ne pouvons pas faire de changement d'échelle sur les x car il nous faut garder la possibilité de satisfaire les conditions aux limites en $x = -\infty$ et sur l'obstacle.

Soit donc la nouvelle ordonnée

$$\zeta = \alpha(\delta) y \tag{V,192}$$

et à la place de (V,170) considérons le nouveau développement asymptotique :

$$\varphi(x,y;\delta,M_\infty) = x + \omega(\delta)\varphi'(x,\zeta) + \cdots ; \tag{V,193}$$

dans ce cas on constate que l'on obtient l'équation dominante suivante, pour $\varphi'(x,\zeta)$,

$$\alpha^2 \omega \frac{\partial^2 \varphi'}{\partial \zeta^2} - (\gamma+1)\omega^2 \frac{\partial \varphi'}{\partial x}\frac{\partial^2 \varphi'}{\partial x^2} + 2\alpha^2\omega^2 \frac{\partial \varphi'}{\partial \zeta}\frac{\partial^2 \varphi'}{\partial \zeta \partial x} + \cdots = 0,$$

et il faut manifestement faire le choix de :

(V,194) $$\alpha^2 \omega = \omega^2 \Rightarrow \alpha(\delta) = \sqrt{\omega(\delta)}.$$

Ainsi, à la limite $\delta \to 0$, lorsque $\frac{\alpha^2}{\omega} \equiv 1$, il vient l'équation en $\varphi'(x,\zeta)$ suivante :

(V,195) $$\frac{\partial^2 \varphi'}{\partial \zeta^2} = (\gamma+1) \frac{\partial \varphi'}{\partial x} \frac{\partial^2 \varphi'}{\partial x^2} \; ; \quad (M_\infty \equiv 1).$$

Lorsque $\frac{\partial \varphi'}{\partial x} < 0$, l'équation quasi-linéaire (V,195) est du type elliptique et l'écoulement localement subsonique, tandis que si $\partial \varphi'/\partial x > 0$, cette équation devient du type hyperbolique et l'écoulement localement supersonique; pour la discussion et la résolution de cette équation mixte on pourra consulter le travail de COLE (1975). Pour associer une condition de glissement à l'équation (V,195) il faut considérer la condition :

$$\alpha \omega \frac{\partial \varphi'}{\partial \zeta}\Big|_{\zeta=0} + \cdots = \delta \frac{dh}{dx} + \cdots ,$$

et de ce fait

(V,196) $$\alpha \omega = \delta \Rightarrow \alpha(\delta) = \delta^{1/3} , \quad \omega(\delta) = \delta^{2/3}.$$

Ainsi, il faut associer à (V,195) la condition :

(V,197) $$\frac{\partial \varphi'}{\partial \zeta}\Big|_{\zeta=0} = \frac{dh}{dx} ,$$

et aussi $\varphi' \to 0$, lorsque $x \to -\infty$.

Le cas considéré donne un exemple type qui conduit à une équation non linéaire (quasi-linéaire) limite, pour le premier terme du développement en δ .

4. Cas de : $\delta \to 0$ et $M_\infty \approx 1$; paramètre de similitude transsonique

Considérons le double passage à la limite :

$M_\infty \to 1$ et $\delta \to 0$, de telle façon que

(V,198) $$\frac{M_\infty^2 - 1}{\nu(\delta)} = K_{tr} = O(1).$$

Lorsque $K_{tr} \equiv 0$, on retrouve le cas correspondant à $M_\infty \equiv 1$, tandis que $K_{tr} \gg 1$ nous donne le cas linéaire supersonique.

Soit le développement de φ, suivant :

(V,199) $$\varphi(x,y;\delta,M_\infty) = x + \delta^{2/3}\bar{\varphi}(x,\zeta;K_{tr}) + \cdots ,$$

où $\zeta = \delta^{1/3} y$. On obtient alors, à la place de l'équation du problème (V,169), l'équation dominante suivante :

$$\delta^{2/3}\nu(\delta)K_{tr}\frac{\partial^2\bar{\varphi}}{\partial x^2} + \cdots + \delta^{4/3}\frac{\partial^2\bar{\varphi}}{\partial \zeta^2} = \delta^{4/3}(\gamma+1)\frac{\partial\bar{\varphi}}{\partial x}\frac{\partial^2\bar{\varphi}}{\partial x^2} + \cdots ,$$

est le cas significatif correspond à

(V,200) $$\nu(\delta) \equiv \delta^{2/3}.$$

Lorsque $\nu(\delta) \gg \delta^{2/3}$ on a une trop forte dégénérescence, tandis que lorsque $\nu(\delta) \ll \delta^{2/3}$ on retrouve le cas précédent de $M_\infty \equiv 1$. Ainsi, il vient l'équation, de la théorie transsonique, suivante :

(V,201) $$\left\{K_{tr} + (\gamma+1)\frac{\partial\bar{\varphi}}{\partial x}\right\}\frac{\partial^2\bar{\varphi}}{\partial x^2} - \frac{\partial^2\bar{\varphi}}{\partial \zeta^2} = 0 , \quad K_{tr} \equiv \frac{M_\infty^2 - 1}{\delta^{2/3}} .$$

Précisons que les situations limites suivantes :

1) δ fixé, $M_\infty \to 1$, puis $\delta \to 0$,
et 2) M_∞ fixé, $\delta \to 0$, puis $M_\infty \to 1$,
correspondent respectivement à :

$K_{tr} \to 0$ et $K_{tr} \to \infty$; mais il faut aussi tenir compte du fait que

$$\zeta/\delta^{1/3} = y \Leftrightarrow y \gg 1 \sim \zeta \ll 1 .$$

En particulier, il faut que :

$\zeta \to 0$ et $K_{tr} \to \infty$, de telle façon que

$$K_{tr}^{1/2}\zeta \equiv (M_\infty^2 - 1)y \quad \text{fixé.}$$

Nous pouvons obtenir des relations de chocs pour l'équation transsonique (V,201); pour cela il suffit de mettre cette équation sous la forme d'un système de deux équations écrites sous forme divergente*) :

$$\frac{\partial}{\partial x}\left(\frac{\partial\bar{\varphi}}{\partial\zeta}\right)+\frac{\partial}{\partial\zeta}\left(-\frac{\partial\bar{\varphi}}{\partial x}\right)=0;$$

$$\frac{\partial}{\partial x}\left\{K_{tr}\frac{\partial\bar{\varphi}}{\partial x}+\frac{\gamma+1}{2}\left(\frac{\partial\bar{\varphi}}{\partial x}\right)^2\right\}+\frac{\partial}{\partial\zeta}\left(-\frac{\partial\bar{\varphi}}{\partial\zeta}\right)=0.$$

Dans ce cas il vient :

$$\left.\frac{d\zeta}{dx}\right|_{choc}=-\frac{[\![\partial\bar{\varphi}/\partial\zeta]\!]}{K_{tr}[\![\frac{\partial\bar{\varphi}}{\partial x}]\!]+\frac{\gamma+1}{2}[\![(\frac{\partial\bar{\varphi}}{\partial x})^2]\!]};$$

$$\left.\frac{d\zeta}{dx}\right|_{choc}=-[\![\partial\bar{\varphi}/\partial x]\!]\Big/[\![\frac{\partial\bar{\varphi}}{\partial\zeta}]\!],$$

ou encore

(V,202) $$K_{tr}[\![\frac{\partial\bar{\varphi}}{\partial x}]\!]^2+\frac{\gamma+1}{2}[\![(\frac{\partial\bar{\varphi}}{\partial x})^2]\!][\![\frac{\partial\bar{\varphi}}{\partial x}]\!]=[\![\frac{\partial\bar{\varphi}}{\partial\zeta}]\!]^2.$$

Précisons encore que au voisinage de l'infini où $\partial\bar{\varphi}/\partial x\to 0$, l'équation transsonique, (V,201), se confond avec l'équation linéaire (V,173a) pour φ_1 ; les régions proches de l'infini viennent près du profil pour K_{tr} grand et de ce fait les résultats de la théorie supersonique linéarisée doivent découler de la solution transsonique, lorsque K_{tr} devient assez grand.

---

*) Soit le système d'équations sous forme divergente :

$$\partial A_i/\partial x+\partial B_i/\partial\zeta=0,$$

le système correspondant des conditions "de saut" est alors :

$$C_{ch}=d\zeta/dx|_{choc}=[\![B_i]\!]/[\![A_i]\!],$$

où $[\![\ ]\!]$ désigne le saut de la grandeur à travers le choc, lequel se propage avec la vitesse C_{ch}.

32. Cas de : $\delta \to 0$ et $M_\infty \to \infty$; paramètre de similitude hypersonique (pour les profils minces)

Nous avons déjà noté que lorsque M_∞ est très grand devant l'unité de telle façon que $M_\infty \delta = O(1)$, alors la théorie linéaire exposée à la section 1 du § 31, n'est plus valable. Dans ce cas, l'onde de Mach $x = \sqrt{M_\infty^2 - 1}\, y \cong M_\infty y$ se trouve à une distance du profil qui est du même ordre que l'épaisseur du profil δ et le profil dans ce cas n'est plus mince relativement à l'onde de choc qui est dite forte. On pressent donc que la coordonnée*) :

$$y^* = M_\infty y \cong \frac{y}{\delta}, \tag{V,203}$$

doit-être significative en écoulement hypersonique lorsque $M_\infty \delta \approx 1$.

Naturellement, dans le cas hypersonique il n'existe pas de potentiel des vitesses étant donné que derrière le choc l'écoulement sera, en règle générale, rotationnel. De ce fait, il faut revenir aux équations exactes; en variables avec dimensions on a donc, pour u' , v' , p' et ρ' les équations :

$$\text{(V,204)} \quad \begin{cases} \dfrac{\partial \rho' u'}{\partial x'} + \dfrac{\partial \rho' v'}{\partial y'} = 0; \\[2mm] u' \dfrac{\partial u'}{\partial x'} + v' \dfrac{\partial u'}{\partial y'} + \dfrac{1}{\rho'} \dfrac{\partial p'}{\partial x'} = 0; \\[2mm] u' \dfrac{\partial v'}{\partial x'} + v' \dfrac{\partial v'}{\partial y'} + \dfrac{1}{\rho'} \dfrac{\partial p'}{\partial y'} = 0; \\[2mm] \left(u' \dfrac{\partial}{\partial x'} + v' \dfrac{\partial}{\partial y'}\right) \left(p'/\rho'^{\gamma}\right) = 0, \end{cases}$$

naturellement p'/ρ'^{γ} ne se conserve pas à la traversée du choc; elle reste constante sur les lignes de courant en aval et en amont du choc, mais la constante n'est pas la même pour l'écoulement amont et l'écoulement aval.

Au système (V,204) il faut associer la condition de glissement (avec dimensions) :

---

*) Lorsque M_∞ devient très grand, l'onde de Mach limite $x = M_\infty y$ gardera un sens si y reste petit devant un.

(V,205) $$v' = h_0 \frac{dh(x'/L)}{dx'} u' \,, \quad \text{sur} \quad y' = h_0 h(x'/L),$$

lorsque $0 \leq \frac{x'}{L} \ll 1$.

Si l'on passe à des grandeurs sans dimensions, dans (V,205), on trouve :

(V,205a) $$v = \delta \frac{dh(x)}{dx} u, \quad \text{sur} \quad y = \delta h(x),$$

lorsque $0 \leq x \leq 1$, où $x = x'/L$, $y = y'/L$, $\delta = h_0/L$ et $u = u'/U_\infty$, $v = v'/U_\infty$, avec U_∞ le module de la vitesse uniforme à l'infini amont, loin du profil.

Ainsi, on constate que

(V,206) $$v = O(\delta) \quad , \text{lorsque} \quad \delta \to 0,$$

et cette relation reste valable dans toute la région comprise entre la paroi du profil et l'onde de choc. Sur le choc nous avons tout d'abord la relation (pour une onde de choc courbe), avec des dimensions,

(V,207) $$-\rho_\infty U_\infty (u' - U_\infty) = p' - p_\infty = \frac{2\gamma}{\gamma+1} p_\infty (M_\infty^2 \cos^2\varphi - 1),$$

où φ est l'angle d'inclinaison de la normale à l'onde de choc, en un point déterminé, avec l'axe des x' . D'autre part, comme les composantes de la vitesse, tangentes à l'onde de choc, restent continues, on a :

$$u' - U_\infty = -|\vec{v}'| \cos\varphi,$$

où $|\vec{v}'|^2 = (u' - U_\infty)^2 + v'^2$. En combinant (V,208) avec (V,207) on obtient une équation algébrique quadratique en $\cos\varphi$, d'où l'on trouve :

$$\cos\varphi = \frac{\gamma+1}{4} |\vec{v}| + \left[\left(\frac{\gamma+1}{4}\right)^2 |\vec{v}| + 1/M_\infty^2 \right]^{1/2},$$

où $|\vec{v}|^2 = (u-1)^2 + v^2$. Ainsi, on constate que

(V,209) $$\cos\varphi = O(|\vec{v}|) + 1/M_\infty .$$

Mais on sait aussi que :

$$v = (u-1)\,\mathrm{tg}\,\varphi = -|\vec{v}| \sin\varphi$$

et comme $\sin\varphi \approx \varphi$, il vient que :

(V,210) $$O\left(|\vec{v}|\right) = O(v) = \delta .$$

Ainsi,

(V,211) $$O(u-1) = \delta^2 + \frac{\delta}{M_\infty} \quad ; \quad O(v) = \delta .$$

De même

$$p - 1 = -\gamma M_\infty^2 (u-1)$$

et de ce fait

(V,212) $$O(p-1) = M_\infty^2 \delta^2 + M_\infty \delta .$$

Enfin, on a que :

$$\frac{\rho' - \rho_\infty}{\rho_\infty} = \frac{M_\infty^2 \cos^2\varphi - 1}{\frac{\gamma - 1}{2} M_\infty^2 \cos^2\varphi + 1} ,$$

et de ce fait

(V,213) $$O(\rho - 1) = O\left(\frac{M_\infty^2 (\delta + 1/M_\infty)^2 - 1}{\frac{\gamma-1}{2} M_\infty^2 (\delta + 1/M_\infty)^2 + 1}\right) = \frac{\delta M_\infty}{\delta M_\infty + 1} .$$

Lorsque M_∞ reste de l'ordre de l'unité, on retrouve les estimations obtenues précédemment (voir, (V,118)).

Mais lorsque $M_\infty \gg 1$, avec $\delta \ll 1$, de telle sorte que :

$$M_\infty \delta \equiv K_{hyp} = O(1) ,$$

il vient les estimations suivantes :

(V,214) $$u - 1 \sim \delta^2 , \; v \sim \delta , \; p - 1 \sim \delta^2 M_\infty^2 , \; \rho - 1 \sim 1 .$$

Ainsi, nous pouvons rechercherla solution approchée des équations (V,204), dans le cas hypersonique, lorsque :

(V.215) $$M_\infty \to \infty , \; \delta \to 0 \quad , \; M_\infty \delta \equiv K_{hyp} = O(1) ,$$

sous la forme suivante :

$$
(V,216)\quad \begin{cases} u' = U_\infty\left(1+\delta^2\bar{u}+\cdots\right); \\ v' = U_\infty\,\delta\,\bar{v}+\cdots\ ; \\ p' = \gamma p_\infty\left(1+M_\infty^2\delta^2\bar{p}+\cdots\right); \\ \rho' = \rho_\infty\left(1+\bar{\rho}+\cdots\right). \end{cases}
$$

Les fonctions adimensionnelles : $\bar{u}$, $\bar{v}$, $\bar{p}$ et $\bar{\rho}$ étant dépendantes de $x = x'/L$ et de $y^* = y'/L/\delta$ et aussi de K^2_{hyp}. On constate, tout d'abord, que :

$$
u'\frac{\partial}{\partial x'}+v'\frac{\partial}{\partial y'} \equiv \frac{U_\infty}{L}\left(\frac{\partial}{\partial x}+\bar{v}\frac{\partial}{\partial y^*}\right)+O(\delta^2),
$$

et de ce fait il vient pour $\bar{u}$, $\bar{v}$, $\bar{p}$ et $\bar{\rho}$ les équations limites, hypersoniques, suivantes :

$$
(V,217)\quad \begin{cases} \dfrac{\partial\bar{\rho}}{\partial x}+\dfrac{\partial}{\partial y^*}\left[(1+\bar{\rho})\bar{v}\right]=0; \\ (1+\bar{\rho})\left[\dfrac{\partial\bar{u}}{\partial x}+\bar{v}\dfrac{\partial\bar{u}}{\partial y^*}\right]+\dfrac{\partial\bar{p}}{\partial x}=0; \\ (1+\bar{\rho})\left[\dfrac{\partial\bar{v}}{\partial x}+\bar{v}\dfrac{\partial\bar{v}}{\partial y^*}\right]+\dfrac{\partial\bar{p}}{\partial y^*}=0; \\ \left(\dfrac{\partial}{\partial x}+\bar{v}\dfrac{\partial}{\partial y^*}\right)\left[\bar{p}/(1+\bar{\rho})^\gamma\right]=0. \end{cases}
$$

Au système (V,217) il faut associer la condition de glissement suivante, sur le profil,

$$
(V,218)\quad \bar{v} = \frac{dh(x)}{dx}, \quad \text{sur} \quad y^* = h(x),
$$

qui découle de (V,205a).

Comme la pente du profil est supposée partout faible (de l'ordre de δ), le bord d'attaque de notre profil est nécessairement effilé et de ce fait l'onde de choc est attachée au bord d'attaque, comme cela est représenté sur la figure ci-dessous .

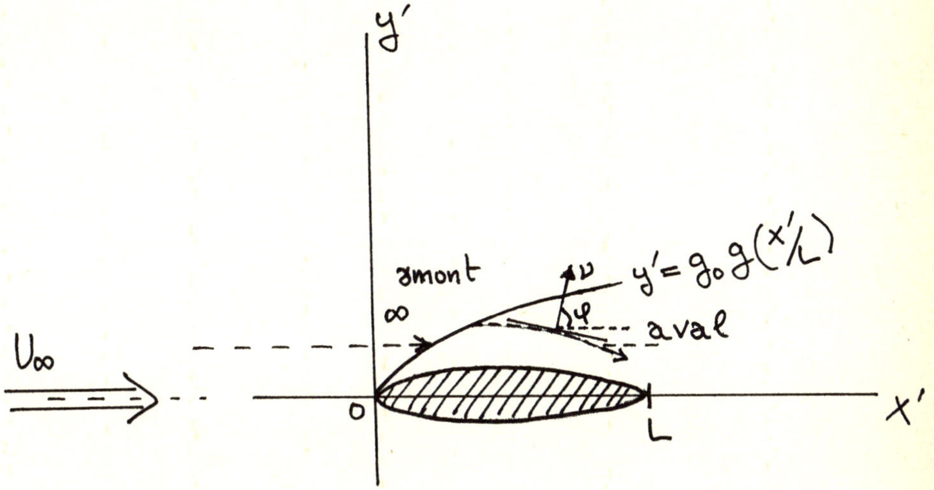

Au voisinage du bord d'attaque nous supposons que l'équation de l'onde de choc attachée est de la forme

$$y' = g_0\, g\left(\frac{x'}{L}\right) \; ; \; g_0 \equiv \max_{0 \leq \frac{x'}{L} \leq x'_0/L < 1} \left| g(x'/L) \right| ,$$

c'est-à-dire, avec des grandeurs adimensionnées,

(V,219) $$y^* = \alpha\, g(x) \, , \quad \text{où} \quad \alpha = \frac{g_0}{h_0} \; .$$

Il nous faut maintenant écrire les conditions à appliquer sur l'onde de choc (V,219). En tirant profit des résultats du § 29 nous pouvons écrire (avec des grandeurs sans dimensions) les relations suivantes :

(V,220) $$\left\{ \begin{aligned} & \bar{u} = -\bar{p} \; ; \\ & \alpha \bar{v} \frac{dg}{dx} = \bar{u} = -\bar{p} \; ; \\ & \bar{v} = \alpha\,(1+\bar{p})\,\frac{dg}{dx} \; ; \\ & \bar{p} = \frac{\gamma}{K^2_{hyp}} \; \frac{1+\bar{\rho}}{1-\frac{\gamma-1}{2}(1+\bar{\rho})} \; . \end{aligned} \right\} , \text{ sur } \; y^* = \alpha\, g(x) .$$

Naturellement au loin à l'infini amont on a :

(V,221) $$\bar{u} = \bar{v} = \bar{p} = \bar{\rho} = 0 .$$

On constate qu'il faut d'abord résoudre les équations :

(V,222) $$\left\{ \begin{aligned} & \frac{\partial \bar{\rho}}{\partial x} + \frac{\partial}{\partial y^*}\left[(1+\bar{\rho})\bar{v}\right] = 0 ; \\ & (1+\bar{\rho})\left(\frac{\partial \bar{v}}{\partial x} + \bar{v}\frac{\partial \bar{v}}{\partial y^*}\right) + \frac{\partial \bar{p}}{\partial y^*} = 0 ; \\ & \left(\frac{\partial}{\partial x} + \bar{v}\frac{\partial}{\partial y^*}\right)\left[\bar{p}/(1+\bar{\rho})^\gamma\right] = 0 , \end{aligned} \right.$$

pour $\bar{v}$, $\bar{p}$ et $\bar{\rho}$, avec les conditions aux limites :

(V,223) $$\bar{v} = \frac{dh}{dx} , \quad \text{sur} \quad y^* = h(x) ;$$

(V,224) $$\left\{ \begin{aligned} & \alpha \bar{v}\frac{dg}{dx} + \bar{p} = 0 , \\ & \bar{v} = \alpha(1+\bar{\rho})\frac{dg}{dx} , \\ & \bar{p} = \frac{\gamma}{K^2_{hyp}} \frac{1+\bar{\rho}}{1 - \frac{\gamma-1}{2}(1+\bar{p})} , \end{aligned} \right\} , \quad \text{sur} \quad y^* = \alpha\, g(x) ,$$

où α et K^2_{hyp} sont supposés de l'ordre de l'unité.

Ensuite, pour $\bar{u}$ il faut résoudre le problème suivant :

$$(V,225)\quad \begin{cases} (1+\bar{\rho})\left(\dfrac{\partial \bar{u}}{\partial x}+\bar{v}\dfrac{\partial \bar{u}}{\partial y^*}\right)+\dfrac{\partial \bar{p}}{\partial x}=0, \\ \bar{u}=-\bar{p}, \quad \text{sur} \quad y^*=\alpha\, g(x). \end{cases}$$

En fait, on peut déterminer $\bar{u}$ à partir de l'intégrale de Bernoulli; d'après (V,161b) il vient alors l'expression suivante :

$$(V,226)\quad \bar{u}=\frac{\gamma}{\gamma-1}\,\frac{\bar{\rho}/K_{hyp}^2-\bar{p}}{1+\bar{\rho}}-\frac{\bar{v}^2}{2},$$

une fois que l'on a pris en compte que $\mathcal{J}(\psi)\equiv \mathcal{J}_\infty = \text{Const}$ aussi bien à l'amont que à l'aval de l'onde de choc (on peut de ce fait tirer profit de la dernière des équations (V,165)). Le système (V,222) est hyperbolique et les conditions (V,224) sont pour ce système hyperbolique des conditions de Cauchy. Ainsi, la solution de (V,222) peut s'exprimer, en principe, en fonction de l'équation de l'onde de choc $g(x)$. Si le profil est connu, alors la condition (V,223) donne une équation fonctionnelle permettant de déterminer la fonction inconnue $g(x)$.

Nous avons déjà noté que à l'infini amont, lorsque $x\to-\infty$, toutes les perturbations $\bar{u}$, $\bar{v}$, $\bar{p}$ et $\bar{\rho}$ tendent vers zéro (conditions (V,221)), mais le caractère hyperbolique du problème hypersonique nous interdit de s'imposer quoique ce soit lorsque $x\to+\infty$. D'autre part, se pose la question de savoir si l'on doit s'imposer des conditions lorsque $y^*\to\pm\infty$? La réponse au vu de la relation $y^*=y/\delta$ $(y=y'/L)$ s'avère être évidente. En effet, le changement sur les $y\to\delta y^*$ indique que l'écoulement hypersonique est typiquement un phénomène de couche limite confiné au voisinage de l'axe des x et le comportement pour $y^*\to\pm\infty$ doit-être cohérent avec celui correspondant à $y\to\pm 0$. Mais si l'on considère le domaine extérieur à celui de la couche limite hypersonique on constate que nécessairement les perturbations correspondantes ne peuvent être fonctions que de y, ce qui fait qu'elles sont en fait nulles, à cause du raccord avec l'infini amont. Ainsi, nous pouvons imposer au système (V,217) les conditions de comportement suivantes, relativement à y^* :

$$(V,227)\quad \bar{u}=\bar{v}=\bar{p}=\bar{\rho}\to 0, \text{ avec } y^*\to\pm\infty.$$

Revenons au système (V,222) et posons : $1+\bar{\rho}=\rho$, $\bar{p}=p$, $\bar{v}=u$, $x=t$ et $y^*=x$; il vient alors les équations suivantes, pour $u(t,x)$, $\rho(t,x)$ et $p(t,x)$,

$$
(V,228) \quad \left\{
\begin{aligned}
&\frac{\partial u}{\partial t} + u\frac{\partial u}{\partial x} + \frac{1}{\rho}\frac{\partial p}{\partial x} = 0 \\
&\frac{\partial \rho}{\partial t} + \frac{\partial \rho u}{\partial x} = 0 \\
&\left(\frac{\partial}{\partial t} + u\frac{\partial}{\partial x}\right)\left(p/\rho^{\gamma}\right) = 0,
\end{aligned}
\right.
$$

qui sont celles qui gouvernent les écoulements instationnaires unidimensionnels d'un gaz parfait à C_p et C_V constants ($\gamma = C_p/C_V$). Cette analogie, dite "du piston", a été initialement analysée par HAYES (1947). Le théorème de Hayes affirme que : tout écoulement hypersonique, stationnaire ou non, sur une aile mince aplatie sur un plan, ou sur un obstacle fuselé, est équivalent à un écoulement non stationnaire à une dimension de moins. L'étude de l'écoulement non stationnaire à une dimension étant connu sous le nom de problème du piston de Riemann, cela explique le nom d'analogie du piston donnée au théorème de Hayes. L'analogie en question est précisée sur la figure ci-dessous :

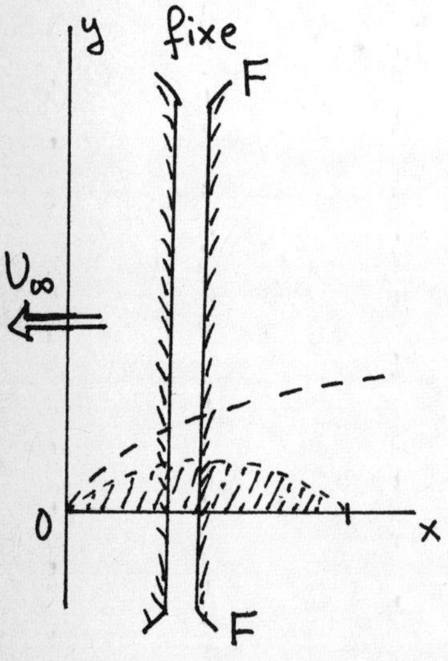

a) Ecoulement hypersonique

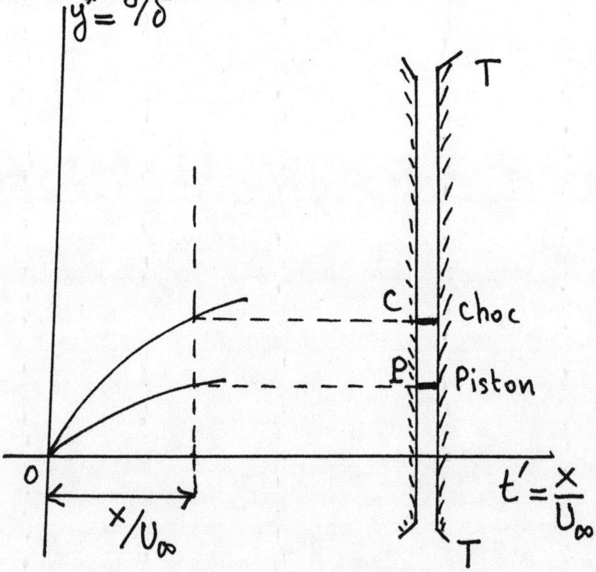

b) Problème du piston équivalent

La partie a) de la figure, ci-dessus, montre le problème d'écoulement hypersonique stationnaire plan, auquel correspond sur la partie b) un problème non stationnaire unidimensionnel équivalent. Pour comprendre l'analogie, il faut se figurer que la fente FF de la figure a) est immobile, alors que les axes Oxy sont entrainés vers la gauche avec la vitesse U_∞ de l'obstacle, par rapport au milieu ambiant, milieu qui est caractérisé par l'indice ∞. La fente FF permet à un observateur d'examiner l'écoulement transversal, qui lui apparaît comme étant stationnaire. Soit

$$y = \delta\, h(x)\ ,\ h(0) = 0\ ,\ h'(0) > 0,$$

l'équation du profil, avec la condition de "petites perturbations", $\delta << 1$. Lorsque le point d'abscisse x de l'obstacle arrive dans le plan de la fente, il s'est écoulé le temps : $t' = x/U_\infty$, depuis le début de l'écoulement transversal lors du passage du bord d'attaque effilé (de la pointe) au niveau de la fente. Il est clair que l'observateur regardant l'écoulement avec une loupe de grandissement $1/\delta$, ceci dans le but de voir les détails de l'écoulement, a l'impression que cet écoulement est produit par le déplacement du piston $\mathcal{P}$ dans le tube TT de la figure b), piston dont la loi horaire du mouvement est :

$$y/\delta = y^* = h^*(t') \equiv h(U_\infty t').$$

L'image de cet écoulement transversal, tel qu'il est vu par l'observateur rivé sur la fente FF, est donnée précisément sur la figure b). Il faut convenir que la figure b) ressemble a un diagramme (x , t'), mais ceci est encore purement formel. Pour établir que cette analogie formelle, entre l'écoulement de la figure b) et le problème de Riemann, est en fait une identité, il faut établir un certain nombre de points. En premier lieu il faut établir que l'observateur est dans l'impossibilité d'être informé de ce qui se passe en dehors de son plan d'observation FF – et ceci est précisément la propriété de réduction et elle est une conséquence du fait que l'écoulement est hypersonique. La réduction étant acquise, il faut, en second lieu, vérifier l'identité entre les équations et conditions aux limites du problème réduit, et les équations et conditions aux limites d'un problème de Riemann. Revenons maintenant au système (V,228). Introduisons la fonction $\theta(t,x)$, telle que :

(V,229) $$\theta^\gamma \rho^\gamma = p \Rightarrow \frac{\partial\theta}{\partial t} + u\frac{\partial\theta}{\partial x} = 0.$$

Soit encore :

(V,230) $$a^2 = \gamma\, p/\rho = \gamma\,\theta^\gamma \rho^{\gamma-1} = \gamma\,\theta\, p^{\frac{\gamma-1}{\gamma}}$$
$$\Rightarrow \operatorname{Log}\rho = \frac{2}{\gamma-1}\operatorname{Log} a - \frac{1}{\gamma-1}\operatorname{Log}(\gamma\,\theta^\gamma).$$

Ainsi l'équation $\frac{\partial \rho}{\partial t}+\frac{\partial \rho u}{\partial x}=0$ peut s'écrire :

$$\frac{2}{\gamma-1}\left(\frac{\partial \log a}{\partial t}+u\frac{\partial \log a}{\partial x}\right)-\frac{1}{\gamma-1}\left(\frac{\partial \log \gamma\theta^{\gamma}}{\partial t}\right.$$
$$\left.+u\frac{\partial \log \gamma\theta^{\gamma}}{\partial x}\right)+\frac{\partial u}{\partial x}=0,$$

ou encore

$$\frac{\gamma-1}{2}\, a\,\frac{\partial u}{\partial t}+\frac{\partial a}{\partial t}+u\frac{\partial a}{\partial x}=0. \tag{V,231}$$

Enfin, l'équation : $\frac{\partial u}{\partial t}+u\frac{\partial u}{\partial x}+\rho^{-1}\partial p/\partial x=0$ devient :

$$\frac{\partial u}{\partial t}+u\frac{\partial u}{\partial x}=-\frac{p}{\rho}\frac{\partial \log p}{\partial x}=-\frac{a^2}{\gamma}\left(\frac{2\gamma}{\gamma-1}\frac{\partial \log a}{\partial x}-\frac{\gamma}{\gamma-1}\frac{\partial \log \gamma\theta}{\partial x}\right),$$

ou encore

$$\frac{\partial u}{\partial t}+u\frac{\partial u}{\partial x}+\frac{2}{\gamma-1}\,a\frac{\partial a}{\partial x}=\frac{a^2}{\gamma-1}\frac{\partial \log \theta}{\partial x}. \tag{V,232}$$

Soit $\xi=\xi(t,x)$ la coordonnée lagrangienne associée aux coordonnées d'Euler (t,x). Comme θ se conserve le long des trajectoires, on a : $\theta=\theta(\xi)$ et de ce fait :

$$\frac{\partial \rho}{\partial t}+\frac{\partial \rho u}{\partial x}=0 \Rightarrow \rho=\frac{\partial A}{\partial x}\ ;\ -\rho u=\frac{\partial A}{\partial t},$$

où $A=A(t,x)\equiv A(\xi)$. D'autre part, comme :

$$\xi\equiv\xi\big(x(\xi,t),t\big),$$

on a

$$1=\frac{\partial \xi(x,t)}{\partial x}\,\frac{\partial x(\xi,t)}{\partial \xi},$$

et comme l'équation de continuité, sous forme lagrangienne, est $\partial x/\partial\xi=\rho_0(\xi)/\rho$, où $\rho_0(\xi)$ est la densité initiale, on trouve que $\partial\xi/\partial x=\rho/\rho_0$ et de ce fait : $A=\int\rho_0(\xi)d\xi$. Ainsi, la fonction $\xi(t,x)$ doit satisfaire à l'une des deux équations suivantes :

(V,233) $$\partial\xi/\partial x = \rho/\rho_0 \; ; \; \partial\xi/\partial t = -\rho u/\rho_0 .$$

Remarquons que en se donnant $\Theta(\xi)$ et $\rho_0(\xi)$ nous pouvons déterminer et $p_0(\xi)$ et $a_0(\xi)$ (la pression et la vitesse du son en un instant initial) :

$$a_0^2 = \gamma\Theta^\gamma \rho_0^{\gamma-1} \quad , \quad p_0 = \Theta^\gamma \rho_0^\gamma .$$

En définitive, nous pouvons écrire (V,232) sous la forme suivante :

(V,234) $$u\frac{\partial u}{\partial x} + \frac{\partial u}{\partial t} + \frac{2}{\gamma-1} a \frac{\partial a}{\partial x} = \frac{a^2}{\gamma-1}\frac{\rho}{\rho_0}\frac{d\operatorname{Log}\Theta}{d\xi},$$

où

(V,235) $$\rho = a^{2/\gamma-1}\left(\gamma\Theta^\gamma\right)^{-1/\gamma-1} .$$

Ainsi, il nous faut déterminer deux fonctions : $u(x,t)$ et $a(x,t)$ satisfaisant à (V,231) et (V,234). De plus dans (V,234) s'introduit une troisième fonction $\xi(t,x)$ qui doit satisfaire à l'une des équations (V,233).

Considérons donc (V,231) et (V,234) et recherchons les variétés caractéristiques sous la forme $x = X(t)$; le long de ces lignes on a :

$$\frac{du}{dt} = \frac{\partial u}{\partial t} + \frac{\partial u}{\partial x}X'(t) \; ; \; \frac{da}{dt} = \frac{\partial a}{\partial t} + \frac{\partial a}{\partial x}X'(t) \; ; \; \frac{d\xi}{dt} = \frac{\partial \xi}{\partial t} + \frac{\partial \xi}{\partial x}X'(t),$$

et en résolvant relativement à : $\frac{\partial u}{\partial t}$ et $\frac{\partial a}{\partial t}$, on trouve de (V,231) et (V,234) que :

$$\begin{cases} \dfrac{\gamma-1}{2} a \dfrac{\partial u}{\partial x} + (u - X')\dfrac{\partial a}{\partial x} = -\dfrac{da}{dt} ; \\[2ex] (u-X')\dfrac{\partial u}{\partial x} + \dfrac{2a}{\gamma-1}\dfrac{\partial a}{\partial x} = \dfrac{\rho/\rho_0}{\gamma-1}\dfrac{d\log\Theta}{d\xi}a^2 - \dfrac{du}{dt} . \end{cases}$$

La condition qui permet de dire que $\frac{\partial u}{\partial x}$ et $\frac{\partial a}{\partial x}$ <u>ne peuvent pas être déterminés</u> du système ci-dessus est :

$$\begin{vmatrix} \frac{\gamma-1}{2}a & u-X' \\ u-X' & \frac{2a}{\gamma-1} \end{vmatrix} = 0 \quad ; \quad \begin{vmatrix} \frac{da}{dt} & X'-u \\ \frac{\rho/\rho_0}{\gamma-1}\frac{d\operatorname{Log}\theta}{d\xi}a^2-\frac{du}{dt} & \frac{2a}{\gamma-1} \end{vmatrix} = 0 .$$

On trouve donc que :

$$\frac{dX}{dt} = u \pm a \quad ; \quad \frac{2}{\gamma-1}\, a\frac{da}{dt} - \left(\frac{dX}{dt}-u\right)\left[\frac{\rho/\rho_0}{\gamma-1}\,\frac{d\log\theta}{d\xi}a^2 - \frac{du}{dt}\right] = 0.$$

Cette dernière relation, grâce à la première, donne:

$$\frac{du}{dt} \pm \frac{2}{\gamma-1}\frac{da}{dt} = \frac{\rho/\rho_0}{\gamma-1}\,\frac{d\operatorname{Log}\theta}{d\xi}\,a^2. \tag{V,236}$$

La relation $dX/dt = u \pm a$, montre que en tout point (x,t) il passe deux caractéristiques. Si maintenant on note que :

$$\frac{d\xi}{dt} = \frac{\partial\xi}{\partial t} + \frac{\partial\xi}{\partial x}X' = \rho/\rho_0\left(-u+\frac{dX}{dt}\right) = \pm\, a\,\rho/\rho_0\,,$$

on trouve que le long des caractéristiques de la première famille (signe +) on a :

$$\text{(V,237)}\quad \begin{cases} \dfrac{dX}{dt} = u+a\,, \quad \dfrac{du}{dt} + \dfrac{2}{\gamma-1}\dfrac{da}{dt} = \dfrac{a}{\gamma-1}\dfrac{d\log\theta}{dt}\,; \\ \dfrac{d\xi}{dt} = a_0^{-2/\gamma-1}\, a^{\gamma+1/\gamma-1}, \end{cases}$$

tandis que le long des caractéristiques de la seconde famille (signe -) on a :

$$\text{(V,238)}\quad \begin{cases} \dfrac{dX}{dt} = u-a\,, \quad \dfrac{du}{dt} - \dfrac{2}{\gamma-1}\dfrac{da}{dt} = -\dfrac{a}{\gamma-1}\dfrac{d\log\theta}{dt}\,; \\ \dfrac{d\xi}{dt} = -a_0^{-2/\gamma-1}\, a^{\gamma+1/\gamma-1}. \end{cases}$$

Terminons, en considérant le cas de θ = Const.; dans ce cas l'équation (V,236) s'intègre aisément et donne :

$$u \pm \frac{2}{\gamma-1} a = \text{Const},$$

c'est-à-dire que nous avons deux familles de droite (dans le plan (u , a)) comme caractéristiques :

$$u + \frac{2}{\gamma-1} a = 2\lambda \quad ; \quad u - \frac{2}{\gamma-1} a = 2\mu .$$

Un cas particulier est celui où on a que : $u = u_1 = \text{Const}$ et $a = a_1 = \text{Const}$ sur une caractéristique de la première famille (qui est une droite dans le plan (x , t), puisque d'après $dX/dt = u + a$ on a que $dX/dt = \text{Const}$). Dans ce cas on constate que :

$$u - \frac{2}{\gamma-1} a = u_1 - \frac{2}{\gamma-1} a_1 = \text{Const}$$

et de ce fait l'équation (V,234) devient (puisque $\theta = \text{Const}$) :

(V,239) $$\frac{\partial u}{\partial t} + \left[\frac{\gamma+1}{2}(u-u_1) + u_1 + a_1\right]\frac{\partial u}{\partial x} = 0,$$

qui est une équation aux dérivées partielles du premier ordre pour $u(x,t)$. On notera que toutes les caractéristiques de la première famille seront dans ce cas des droites et u et a resteront constants sur ces caractéristiques, mais avec des valeurs différentes d'une caractéristique à l'autre de la première famille. Comme conséquence les caractéristiques de la seconde famille seront des courbes dans le plan (x , t).

Pour intégrer (V,239), il faut écrire que :

$$\frac{dt}{1} = \frac{dx}{\frac{\gamma+1}{2} u + a_1} \quad , \quad u_1 \equiv 0,$$

donc :

(V,240) $$u = \mathcal{U}\left(x - \left(\frac{\gamma+1}{2} u + a_1\right) t\right),$$

avec $\mathcal{U}$ une fonction arbitraire de son argument.

En particulier, si on s'intéresse a un problème de piston dont la loi d'avancement est $X = f(t)$ (avec $df/dt|_{t=0} = 0$), alors il faut choisir la fonction $\mathcal{U}$ de telle façon que sur le piston on obtienne la vitesse $u = \frac{df}{dt}$. Cela veut dire que :

$$\frac{df}{dt} = \mathcal{U}\left(f(t) - \left(\frac{\gamma+1}{2}\frac{df}{dt} + a_1\right)t\right).$$

Par exemple, si :

$$x = f(t) = -\frac{n}{2}t^2 \quad , n>0,$$

alors

$$-nt = \mathcal{U}\left(-\frac{n}{2}t^2 + \frac{\gamma+1}{2}nt^2 - a_1 t\right).$$

Soit $\eta \equiv -\frac{n}{2}t^2 + \frac{\gamma+1}{2}nt^2 - a_1 t$, et alors :

$$t = \frac{1}{\gamma n}\left[a_1 - \left(a_1^2 + 2\gamma n \eta\right)^{1/2}\right],$$

et ainsi

$$\mathcal{U}(\eta) = -\frac{1}{\gamma}\left[a_1 - \left(a_1^2 + 2\gamma n\eta\right)^{1/2}\right].$$

Donc

$$u = -\frac{1}{\gamma}\left\{a_1 - \left[a_1^2 + 2\gamma n\left(x - \frac{\gamma+1}{2}ut - a_1 t\right)\right]^{1/2}\right\}$$

ou encore, en résolvant par rapport à u ,

(V,241) $$u = -\frac{1}{\gamma}\left\{n\frac{\gamma+1}{2}t + a_1 - \left[\left(n\frac{\gamma+1}{2}t + a_1\right)^2 + 2n\gamma(x - a_1 t)\right]^{1/2}\right\}$$

pour $t \geqslant \frac{2}{\gamma-1}\frac{a_1}{n}$ cette formule (V,241) n'est plus applicable.

Revenons encore à :

(V,242) $$u + \frac{2}{\gamma-1}a = 2\lambda \qquad \text{et} \qquad u - \frac{2}{\gamma-1}a = 2\mu$$

et introduisons comme nouvelles variables indépendantes λ et μ.

On notera que :

(V,243) $$u = \lambda + \mu \qquad \text{et} \qquad a = \frac{\gamma - 1}{2}(\lambda - \mu).$$

Puisque, le long des caractéristiques de la première famille, on a $dx = (u+a)\,dt$ on peut écrire

(V,244) $$\frac{\partial x}{\partial \mu} = (u+a)\frac{\partial t}{\partial \mu}$$

et de même, pour ce qui concerne la seconde famille de caractéristiques; de $dx = (u-a)\,dt$, on aura :

(V,245) $$\frac{\partial x}{\partial \lambda} = (u-a)\frac{\partial t}{\partial \lambda}.$$

En combinant (V,244) et (V,245), avec (V,243), on trouve :

$$\frac{\partial x}{\partial \mu} = \left(\frac{\gamma+1}{2}\lambda + \frac{3-\gamma}{2}\mu\right)\frac{\partial t}{\partial \mu} \quad \text{et} \quad \frac{\partial x}{\partial \lambda} = \left(\frac{3-\gamma}{2}\lambda + \frac{\gamma+1}{2}\mu\right)\frac{\partial t}{\partial \lambda}$$

ou encore, en éliminant x ,

(V,246) $$(\lambda - \mu)\frac{\partial^2 t}{\partial \lambda \partial \mu} + \frac{1}{2}\,\frac{\gamma+1}{\gamma-1}\left(\frac{\partial t}{\partial \mu} - \frac{\partial t}{\partial \lambda}\right) = 0.$$

Si on note $m = \frac{1}{2}\,\frac{\gamma+1}{\gamma-1}$, alors pour m – un nombre entier on obtient l'équation dite de Darboux, qui s'intègre dans le cas général. Pour $\gamma = 1{,}4$, on a $m = 3$ et alors il vient l'équation :

(V,247) $$\frac{\partial^2 t}{\partial \lambda \partial \mu} + \frac{3}{\lambda - \mu}\left(\frac{\partial t}{\partial \mu} - \frac{\partial t}{\partial \lambda}\right) = 0,$$

dont l'intégrale générale est :

(V,248) $$t = \frac{\partial^4}{\partial \lambda^2 \partial \mu^2}\left[\frac{\Lambda(\lambda) - M(\mu)}{\lambda - \mu}\right].$$

Lorsque t est déterminé on trouve x , à partir de la formule

(V,249) $$x = (\lambda + \mu)t - \frac{2}{3}\frac{\partial^2}{\partial \lambda \partial \mu}\left[\left(\frac{\partial}{\partial \lambda} + \frac{\partial}{\partial \mu}\right)\left(\frac{\Lambda - M}{\lambda - \mu}\right)\right].$$

Les fonctions arbitraires Λ et M doivent être déterminées à partir des conditions aux limites, de la même façon que cela est fait pour le problème classique de la corde vibrante. Pour tout ce qui concerne la théorie hypersonique on consultera le livre de HAYES et PROBSTEIN (1959).

33. La théorie hyposonique*) : $M_\infty \to 0$ et les modèles incompressible et acoustique

Nous partons des équations d'Euler complètes écrites sous forme sans dimensions

$$\text{(V,250)} \quad \begin{cases} S\dfrac{\partial \rho}{\partial t} + \vec{\nabla}\cdot(\rho\vec{u}) = 0; \\ \rho\left\{S\dfrac{\partial \vec{u}}{\partial t} + (\vec{u}\cdot\vec{\nabla})\vec{u}\right\} + \dfrac{1}{\gamma M_\infty^2}\vec{\nabla}p = 0; \\ \left(S\dfrac{\partial}{\partial t} + \vec{u}\cdot\vec{\nabla}\right)\left(p/\rho^\gamma\right) = 0. \end{cases}$$

Nous préciserons uniquement les conditions initiales et celles relatives à l'infini, s'agissant d'un écoulement produit par le mouvement d'un corps (borné) dans tout l'espace.

Les conditions à l'infini sont :

(V,251) $\qquad \vec{u} \to \vec{e}, \; p \to 1, \; \rho \to 1,$ à l'infini,

où $|\vec{e}| = 1$.

Pous simplifier supposons que l'écoulement parte du repos et plaçons-nous dans un repère galiléen en mouvement de translation avec la vitesse $\vec{e}$, par rapport au repère dans lequel la vitesse du fluide est $\vec{u}$; dans ce cas :

(V,252) $\qquad \vec{u} = \vec{e}, \; p = 1, \; \rho = 1,$ pour $t = 0.$

---

*) Sur la théorie hyposonique on pourra consulter le travail de ZEYTOUNIAN (1983).

Appliquons aux équations (V,250) le passage à la limite (principal) :

(V,253) $$\operatorname{Lim}^{P}_{M_\infty} = \left\{ M_\infty \to 0, \text{ avec } S, t, \vec{x} = (x_1, x_2, x_3) \text{ fixés} \right\},$$

qui est celui qui doit nous conduire au modèle incompressible classique. En supposant que :

(V,254) $$\operatorname{Lim}^{P}_{M_\infty} (\vec{u}, p, \rho) = (\vec{u}_0, p_0, \rho_0),$$

on a :

$$\vec{\nabla} p_0 = 0 \quad , \quad S \frac{\partial \rho_0}{\partial t} + \vec{\nabla} \cdot (\rho_0 \vec{u}_0) = 0 \, , \left(S \frac{\partial}{\partial t} + \vec{u}_0 \cdot \vec{\nabla} \right) \left(p_0 / \rho_0^{\gamma} \right) = 0.$$

Le mouvement étant produit par le déplacement du corps à paroi imperméable, il est clair que toute trajectoire, à partir de tout point, peut être remontée dans le temps jusqu'à l'instant initial et alors on aura nécessairement que :

(V,255) $$p_0 = \rho_0 = 1 \quad \Rightarrow \vec{\nabla} \cdot \vec{u}_0 = 0,$$

mais cela est insuffisant pour déterminer $\vec{u}_0$ même avec les conditions aux limites.

Avant de poursuivre la construction du modèle incompressible (principal) élucidons si il existe d'autres passages à la limite que (V,253) appropriés à la prise en compte, soit de (V,251), soit de (V,252). Considérons plus particulièrement (V,251) et posons :

(V,256) $$x_i = M_\infty^{-\alpha} \tilde{x}_i \quad , \; i = 1, 2, 3, \quad \alpha > 0,$$

en convenant que $\vec{\tilde{\nabla}}$ désigne le gradient relativement aux variables $\tilde{x}_i$. Avec (V,256) considérons le passage à la limite (local):

(V,257) $$\operatorname{Lim}^{\infty}_{M_\infty} = \left\{ M_\infty \to 0, \text{ avec } S, t, \tilde{x}_i \text{ fixés} \right\},$$

qui est celui qui conduit au modèle acoustique, valable au loin du corps en mouvement. Nous avons manifestement

(V,258) $$\operatorname{Lim}^{\infty}_{M_\infty} (\vec{u}, p, \rho) \equiv (\vec{e}, 1, 1),$$

et, pour progresser, faisons l'hypothèse de travail que :

(V,259) $$\operatorname*{Lim}_{M_\infty}{}^{\infty}\left(\frac{\vec{u}-\vec{e}}{M_\infty^b},\ \frac{p-1}{M_\infty^c},\ \frac{\rho-1}{M_\infty^c}\right)=\left(\vec{\tilde{u}}_1,\tilde{p}_1,\tilde{\rho}_1\right)$$

et substituons dans (V,250), il vient :

(V,260) $$\left\{\begin{array}{l} S M_\infty^c \dfrac{\partial\tilde{\rho}_1}{\partial t}+M_\infty^{b+\alpha}\vec{\tilde{\nabla}}\cdot\vec{\tilde{u}}_1+\cdots\ =0; \\ S M_\infty^b \dfrac{\partial\vec{\tilde{u}}_1}{\partial t}+\dfrac{1}{\gamma}M_\infty^{c-2+\alpha}\vec{\tilde{\nabla}}\tilde{p}_1+\cdots=0; \\ \dfrac{\partial}{\partial t}\left(\tilde{p}_1-\gamma\tilde{\rho}_1\right)=0. \end{array}\right.$$

On n'obtient d'équations couplant $\vec{\tilde{u}}_1$, $\tilde{p}_1$, $\tilde{\rho}_1$ que si l'on a :

(V,261) $$c=b+\alpha\ ,\ c-2+\alpha=b\Rightarrow\alpha=1\ ,\ c=b+1\ ,$$

et b reste arbitraire et nous verrons que cette souplesse est nécessaire par ailleurs. Ainsi on obtient pour $\vec{\tilde{u}}_1(t,\tilde{x}_i)$, $\tilde{p}_1(t,\tilde{x}_i)$ et $\tilde{\rho}_1(t,\tilde{x}_i)$ les équations :

(V,262) $$\left\{\begin{array}{l} S\dfrac{\partial\tilde{\rho}_1}{\partial t}+\vec{\tilde{\nabla}}\cdot\vec{\tilde{u}}_1=0\ ;\ \gamma S\dfrac{\partial\vec{\tilde{u}}_1}{\partial t}+\vec{\tilde{\nabla}}\tilde{p}_1=0; \\ \dfrac{\partial}{\partial t}\left(\tilde{p}_1-\gamma\tilde{\rho}_1\right)=0. \end{array}\right.$$

Comme les équations (V,262) contiennent toutes les dérivées temporelles il n'y a pas lieu de suspecter que $\operatorname*{Lim}_{M_\infty}{}^{\infty}$ est incompatible avec les conditions initiales et nous sommes amenés à écrire :

(V,263) $$\vec{\tilde{u}}_1=0\ ,\ \tilde{p}_1=0\ ,\ \tilde{\rho}_1=0,\ \text{en}\quad t=0\ ,$$

et alors

(V,264) $$\tilde{p}_1\equiv\gamma\tilde{\rho}_1\ ,$$

et il reste les équations de l'<u>acoustique linéaire</u> en atmosphère homogène :

(V,265) $$S\frac{\partial\tilde{\rho}_1}{\partial t}+\vec{\tilde{\nabla}}\cdot\vec{\tilde{u}}_1=0\ ,\ S\frac{\partial\vec{\tilde{u}}_1}{\partial t}+\vec{\tilde{\nabla}}\tilde{\rho}_1=0\ .$$

Aux équations (V,265) il faut associer: $\vec{\tilde{u}}_1\big|_{t=0}=0$ et $\tilde{\rho}_1\big|_{t=0}=0$, ainsi que des conditions aux limites qui seront en fait des conditions de raccord avec la représentation asymptotique principale, issue de (V,253). Cherchons maintenant à poursuivre la construction de cette représentation principale en supposant que :

$$\text{(V,266)} \qquad \underset{M_\infty}{\mathrm{Lim}}^{P}\left(\frac{\vec{u}-\vec{u}_0}{M_\infty^\beta}, \frac{p-1}{M_\infty^\beta}, \frac{\rho-1}{M_\infty^\beta}\right)=(\vec{u}_1, p_1, \rho_1).$$

On voit tout de suite que : $\beta \leq 2$. Si $\beta < 2$ on a :

$$\text{(V,267)} \qquad \begin{cases} \vec{\nabla} p_1 = 0 \quad , \quad S\dfrac{\partial \rho_1}{\partial t}+\vec{\nabla}\cdot(\rho_1\vec{u}_0+\vec{u}_1)=0, \\ \left(S\dfrac{\partial}{\partial t}+\vec{u}_0\cdot\vec{\nabla}\right)(p_1-\gamma\rho_1)=0. \end{cases}$$

Admettons que $\underset{M_\infty}{\mathrm{Lim}}^{P}$ est compatible avec les conditions initiales (V,252), nous avons alors :

$$\text{(V,268)} \qquad \vec{u}_1=0 \quad , \quad p_1=0 \quad , \quad \rho_1=0, \quad \text{pour} \quad t=0,$$

et, toujours sous l'hypothèse que les parois sont imperméables on a :

$$\text{(V,269)} \qquad p_1=\gamma\rho_1 .$$

Nous devons, écrire une condition de raccord qui est

$$\text{(V,270)} \qquad \underset{M_\infty}{\mathrm{Lim}}^{I}\left\{\frac{1+M_\infty^\beta p_1-1-M_\infty^{b+1}\tilde{p}_1}{\mu_p}, \frac{\vec{u}_0+M_\infty^\beta\vec{u}_1-\vec{e}-M_\infty^b\vec{\tilde{u}}_1}{\mu_u}\right\}=0,$$

et nous n'avons pas écrit la condition sur la densité, analogue à celle sur la pression. On notera que :

$$\text{(V,271)} \qquad \underset{M_\infty}{\mathrm{Lim}}^{I}=\mathrm{Lim}\left\{M_\infty\to 0, \text{ avec } t, \vec{x}_\varepsilon=\frac{\vec{x}}{\varepsilon}, M_\infty<\varepsilon<1 \text{ fixés}\right\}.$$

Si $\beta<b+1$ de façon à avoir le meilleur μ_p possible, on doit avoir que: $M_\infty^{b+1}\tilde{p}_1=\rho_1=0$; on notera que, avec $\beta<b+1$ pour qu'un terme $M_\infty^{b+1}\tilde{p}_1$ vienne détruire $M_\infty^\beta p_1$ il est nécessaire que ce terme dépende de x et tende vers l'infini quand $|\vec{x}|\to 0$, ce qui est contradictoire avec $\vec{\nabla} p_1=0$. Ainsi, nous devons modifier (V,266) en conséquence :

$$\text{(V,272)}\qquad \underset{M_\infty}{\mathrm{Lim}}^{\ell}\left(\frac{\vec{u}-\vec{u}_0}{M_\infty^\beta},\ \frac{p-1}{M_\infty^2},\ \frac{\rho-1}{M_\infty^2}\right)=(\vec{u}_1, p_2, \rho_2)$$

et il vient, au lieu (V,267), dès que $\beta < 2$,

$$\text{(V,273)}\qquad \begin{cases} S\dfrac{\partial\vec{u}_0}{\partial t}+(\vec{u}_0\cdot\vec{\nabla})\vec{u}_0+\dfrac{1}{\gamma}\vec{\nabla}p_2=0\,; \\ \left(S\dfrac{\partial}{\partial t}+\vec{u}_0\cdot\vec{\nabla}\right)(p_2-\gamma\rho_2)=0, \\ \vec{\nabla}\cdot\vec{u}_1=0\,. \end{cases}$$

Une fois de plus on constate que $p_2=\gamma\rho_2$ (du fait des conditions initiales et aussi que les parois sont imperméables) et pour $\vec{u}_0$, $p_2/\gamma=\pi_0\equiv\rho_2$, il vient le modèle incompressible, au niveau duquel il faut aussi tenir compte des nappes tourbillonnaires s'il y en a (on notera que par la limite principale (V,253) une nappe tourbillonnaire $\mathcal{N}$ vient en $\mathcal{N}_0$, de normale unitaire $\vec{n}_0$) :

$$\text{(V,274)}\qquad \begin{cases} S\dfrac{\partial\vec{u}_0}{\partial t}+(\vec{u}_0\cdot\vec{\nabla})\vec{u}_0+\vec{\nabla}\pi_0=0\ ,\ \vec{\nabla}\cdot\vec{u}_0=0\,; \\ \vec{u}_0\cdot\vec{n}=W_0, \ \text{sur toute paroi d'obstacle } \Sigma\ , \\ [\![p_0]\!]=0\ ;\ \vec{u}_0\cdot\vec{n}_0=W_{\mathcal{N}_0}\ , \text{ de part et d'autre sur toute nappe } \mathcal{N}_0\ ;\ W_{\mathcal{N}_0} \text{ étant la vitesse de déplacement normal de } \mathcal{N}_0\ , \\ \vec{u}_0|_{t=0}=\vec{e}\ ;\ \vec{u}_0\to\vec{e}\ , \text{ à l'infini.} \end{cases}$$

Tel est le <u>modèle</u> dit <u>incompressible</u>, pour un écoulement partant du repos (dans un repère galiléen en mouvement de translation de vitesse $\vec{e}$, par rapport au repère utilisé pour définir la vitesse $\vec{u}$). Naturellement s'il y a des nappes tourbillonnaires, les équations incompressibles, pour $\vec{u}_0$ et π_0 , s'appliquent de part et d'autre de chacune d'elles, mais n'ont aucun sens si les dérivées sont prises en traversant les nappes. Les équations incompressibles pour $\vec{u}_0$ et π_0 permettent d'écrire une équation pour le tourbillon $\vec{\omega}_0=\vec{\nabla}\wedge\vec{u}_0$:

$$\left(S\frac{\partial}{\partial t}+\vec{u}_0\cdot\vec{\nabla}\right)\vec{\omega}_0=(\vec{\omega}_0\cdot\vec{\nabla})\vec{u}_0\,,$$

et d'après $\vec{u}_0|_{t=0}=\vec{e}$, qui implique $\vec{\omega}_0|_{t=0}=0$, on trouve

(V,275) $$\vec{\omega}_0 \equiv 0,$$

pourvu que toute trajectoire passant par un point puisse être remontée jusqu'à l'instant initial sans venir buter sur une paroi et sans traverser la nappe. Ainsi, (V,275) implique (localement) l'existence d'un potentiel des vitesses φ_0 tel que :

(V,276) $$\vec{u}_0 = \vec{\nabla}\varphi_0 .$$

Pour tout t fini, les nappes restent à distance finie et pourvu que $|\vec{u}_0| - 1$ tende vers zéro plus vite que $|\vec{x}|^{-1-\delta}$, $\delta > 0$, on peut définir φ_0 en tout point qui peut être joint à l'infini par un chemin ne coupant aucune nappe (on se place à un instant déterminé). En admettant qu'aucun domaine fermé ne se forme entre une ou des parois et une ou des nappes, on voit que φ_0 est parfaitement bien défini en tout point extérieur aux nappes. Sur la nappe elle-même, φ_0 subit une discontinuité (voir, à ce sujet le § 28) et on a :

$$[\![\varphi_0]\!] = \Gamma_0 \quad \Rightarrow \quad \left(S\frac{\partial}{\partial t} + \overline{\vec{u}_0}\cdot\vec{\nabla}\right)\Gamma_0 = 0 .$$

Finalement, pour déterminer φ_0 on a le <u>modèle incompressible potentiel</u> suivant :

(V,277)
$$\left\{\begin{array}{ll}
\Delta\varphi_0 = 0 & \text{, hors des nappes;} \\
[\![\varphi_0]\!] = \Gamma_0 \;,\; \dfrac{\partial\Gamma_0}{\partial t} + \overline{\vec{u}_0}\cdot\vec{\nabla}\Gamma_0 = 0, & \text{sur la nappe } \mathcal{N}_0(t,\vec{x}) = 0; \\
S\dfrac{\partial \mathcal{N}_0}{\partial t} + \vec{u}_0\cdot\vec{\nabla}\mathcal{N}_0 = 0, \text{ sur } \mathcal{N}_0 = 0 & \text{, de part et d'autre;} \\
\dfrac{d\varphi_0}{dn} = W_0 & \text{, sur toute paroi } \Sigma \text{ ;} \\
\vec{\nabla}\varphi_0 \to \vec{e} & \text{, à l'infini;} \\
\vec{\nabla}\varphi_0 - \vec{e} = 0 & \text{, pour } t = 0 .
\end{array}\right.$$

On notera que dès qu'il y a des nappes, (V,277) ne définit pas complètement φ_0 : il faut encore préciser les lignes selon lesquelles ces nappes naissent sur les parois ainsi que les valeurs de Γ_0 sur ces lignes. On notera encore que à l'instant initial il n'y a pas de nappes et $W_0 - \vec{e}\cdot\vec{n} = 0$ sur toute paroi (on écarte le cas académique d'une paroi mise instantanément en mouvement, en partant du repos et passant impulsivement à une vitesse non nulle; cas qui ne présente pas d'intérêt en fluide parfait et qui a été considéré, au § 19, en fluide visqueux faiblement compressible). Il en résulte bien que $\vec{\nabla}\varphi_0 - \vec{e}$ est nul à l'instant initial et que la condition $\vec{u}_0|_{t=0} = \vec{e}$ est bien satisfaite. La question posée sur l'applicabilité des conditions initiales, après le passage à la limite principale, se trouve donc dans ce cas potentiel résolue par l'affirmative, au moins à l'ordre considéré. Naturellement, on peut écrire l'intégrale de Bernoulli :

$$\pi_0 + S\frac{\partial\varphi_0}{\partial t} + \frac{1}{2}|\vec{\nabla}\varphi_0|^2 = 0, \tag{V,278}$$

où l'on a anticipé sur le fait que $\pi_0 \to 0$, à l'infini. Naturellement, (V,278) est compatible avec la seconde ligne de (V,277) et $[\![\pi_0]\!] = 0$.

Maintenant, nous tirons profit du fait que a un instant donné, en dehors d'une sphère de rayon assez grand, il n'y a pas de nappe et un résultat classique montre que φ_0 se comporte, lorsque $|\vec{x}| \to \infty$, de la manière suivante (on pourra consulter par exemple, le travail de VIVIAND (1970) qui a analysé en détail le champ acoustique distal et son raccord avec le champ incompressible proximal) :

$$\varphi_0 = \frac{m_0(t)}{|\vec{x}|} + \vec{d_0(t)}\cdot\vec{\nabla}\frac{1}{|\vec{x}|} + \mathbb{L}_0(t):\vec{\nabla}\vec{\nabla}\frac{1}{|\vec{x}|} + \cdots, \tag{V,279}$$

où m_0, $\vec{d}_0$ et $\mathbb{L}_0$ sont des fonctions du temps respectivement à valeur scalaire, vectorielle et tensorielle. On notera que, si les parois sont indéformables et si elles limitent des obstacles de volume invariable, alors l'on a $m_0(t) \equiv 0$.

Revenons à (V,270), sous la forme particulière :

$$\operatorname{Lim}^{I}_{M_\infty}\left\{\frac{\vec{u}_0 - \vec{e} - M_\infty^b\,\vec{\tilde{u}}_1}{\mu_u}\right\} = 0;$$

en vertu de (V,279), si $m_0(t) \neq 0$, il vient :

$$\frac{1}{\mu_u}\left\{\varepsilon^2 m_0\vec{\nabla}_\varepsilon\left(\frac{1}{|\vec{x}_\varepsilon|}\right) - M_\infty^b\,\vec{\tilde{u}}_1\left(t, \frac{M_\infty}{\varepsilon}\vec{x}_\varepsilon\right)\right\} = 0, \tag{V,280a}$$

tandis que, si $m_0(t) \equiv 0$ et $|\vec{d_0(t)}| \neq 0$,

$$\frac{1}{\mu_u}\left\{\varepsilon^3\vec{d}_0\cdot\vec{\nabla}_\varepsilon\vec{\nabla}_\varepsilon\left(\frac{1}{|\vec{x}_\varepsilon|}\right) - M_\infty^b\,\vec{\tilde{u}}_1\left(t, \frac{M_\infty}{\varepsilon}\vec{x}_\varepsilon\right)\right\} = 0. \tag{V,280b}$$

Dans (V,280) $\vec{\nabla}_\varepsilon$ désigne le gradient relatif à $\vec{X}_\varepsilon$. Pour avoir le meilleur μ_u possible, (V,280) implique :

$$\text{(V,281)} \quad \begin{cases} m_0 \neq 0 \Rightarrow b=2 : \vec{\tilde{u}}_1 \cong m_0(t)\vec{\tilde{\nabla}}\left|\frac{1}{\vec{x}}\right| \;,\; |\vec{x}| \to 0 ; \\ m_0 = 0 \;,\; |\vec{d}_0| \neq 0 \Rightarrow b=3 : \vec{\tilde{u}}_1 = \vec{d}_0(t)\cdot\vec{\tilde{\nabla}}\vec{\tilde{\nabla}}\left|\frac{1}{\vec{x}}\right| \;,\; |\vec{x}| \to 0 . \end{cases}$$

Avec (V,281), (V,263) - (V,265) on est en mesure de déterminer $\vec{\tilde{u}}_1$, $\tilde{p}_1$ et $\tilde{\rho}_1$. Le résultat est le suivant, lorsque $m_0(t) \neq 0$,

$$\text{(V,282)} \quad \vec{\tilde{u}}_1 = \vec{\tilde{\nabla}}\left[\frac{m_0(t - S^{1/2}|\vec{x}|)}{|\vec{x}|}\right] \;,\; \tilde{p}_1 = \gamma\tilde{\rho}_1 = -\gamma S \frac{\mathcal{M}_0(t - S^{1/2}|\vec{x}|)}{|\vec{x}|} ,$$

avec $d\mathcal{M}_0/dt = m_0(t)$ et $\mathcal{M}_0(0) = 0$.

Naturellement la construction se complique si l'on veut poursuivre plus loin.

Nous arrivons ainsi au résultat suivant :

<u>On peut construire des développements asymptotiques principaux</u>

$$\text{(V,283)} \quad \begin{cases} \vec{u} = \vec{u}_0 + M_\infty^2 \vec{u}_2 + M_\infty^3 \vec{u}_3 + \cdots , \\ p = 1 + M_\infty^2 p_2 + M_\infty^3 p_3(t) + M_\infty^4 p_4 + \cdots , \\ \rho = 1 + M_\infty^2 p_2/\gamma + M_\infty^3 p_3(t)/\gamma + M_\infty^4 \rho_4 + \cdots , \end{cases}$$

<u>raccordés avec des développements asymptotiques locaux au voisinage de l'infini. Le terme $p_3(t)$ ne dépend que du temps, il vaut :</u> $p_3(t) = \gamma^{3/2} S^2 \frac{d^2 m_0(t)}{dt^2}$.

L'intervention du terme $p_3(t)$ est assez étrange, puisque M_∞ n'intervient dans les données du problème que par son carré. Ce terme est conditionné par le raccord entre les développements principal et local. La nécessité impérieuse de construire un développement local pour le raccorder avec le développement principal se voit au niveau de p_4 et $\vec{u}_2$. En effet, si l'on se bornait au développement principal on trouverait que, pour $|\vec{x}| \to \infty$, p_4 comporte une partie qui croît comme $|\vec{x}|$, proportionnelle à $d^2 m_0/dt^2$, et une partie qui ne tend vers aucune limite quand $|\vec{x}| \to \infty$ puisqu'elle est proportionnelle à :

$$\frac{1}{|\vec{x}|}\,\frac{d^3}{dt^3}\left(\vec{d}_0(t)\right)\cdot\vec{x} .$$

Or l'application brutale des conditions à l'infini (voir (V,251)) au développement principal demanderait que p_3 et p_4 tendent vers zéro, quand $|\vec{X}| \to \infty$. On notera, de plus que : aussi bien p_3 que $\vec{u}_3$ s'annulent lorsque les parois sont imperméables et enferment des corps solides de volume invariable.

34. Evolution d'ondes acoustiques dans une enceinte et concept d'incompressibilité*)

On suppose que notre gaz parfait, à C_p et C_v constants, assimilé à un fluide parfait (non visqueux et en évolution adiabatique), est contenu dans une, $\mathcal{D}$, enceinte occupant un volume limité par une surface Σ, et on désigne par $\vec{n}$ le vecteur unitaire de la normale à Σ dirigé vers l'intérieur (le gaz) de $\mathcal{D}$. On suppose que la paroi est déformable et que chacun de ses points est animé d'une vitesse $\vec{u}_p$. La condition à la limite sur Σ se traduit donc par :

(V,284) $$\vec{u}\cdot\vec{n}\big|_{\Sigma} = \vec{u}_p\cdot\vec{n} \equiv W,$$

tandis que nous prenons pour conditions initiales :

(V,285) $$t=0: \quad p=\rho=1 \quad \text{et} \quad s=0, \ \vec{u}=0.$$

Les équations régissant p, ρ, s et $\vec{u}$ sont :

(V,286) $$\begin{cases} \dfrac{D\rho}{Dt} + \rho\vec{\nabla}\cdot\vec{u} = 0; \\ \rho\dfrac{D\vec{u}}{Dt} + \dfrac{1}{\gamma M_0^2}\vec{\nabla}p = 0; \\ \dfrac{Ds}{Dt} = 0, \quad p = \rho^{\gamma}\exp s, \end{cases}$$

une fois que l'on a supposé que le nombre de Strouhal $S \equiv 1$.

---

*) D'après le travail de ZEYTOUNIAN et GUIRAUD (1980).

1. Soit $\mathcal{U}_0 = (p, \rho, s, \vec{u})$ et

(V,287) $$\mathcal{U} = \mathcal{U}_0 + M_0 \mathcal{U}_1 + M_0^2 \mathcal{U}_2 + \cdots ;$$

on trouve tout de suite que : $s_0 = s_1 = 0$ et que p_0 et p_1 ne peuvent dépendre que du temps t. Il en résulte que ρ_0 et ρ_1 ne peuvent eux aussi dépendre que de t et la conservation globale de la masse contenue dans l'enceinte donne

(V,288) $$\rho_0 |\mathcal{D}| = \mathcal{M} \quad , \quad \rho_1 = 0$$

où $|\mathcal{D}|$ désigne le volume de l'enceinte, fonction connue du temps, avec

$$\frac{d}{dt} |\mathcal{D}| = - \iint_\Sigma w \, d\sigma ,$$

tandis que $\mathcal{M}$ désigne la masse totale, constante, contenue dans l'enceinte.

On a ensuite

$$p_0 = \rho_0^\gamma \quad , \quad p_1 = 0$$

et la compatibilité avec les conditions initiales impose que

$$\mathcal{M} \equiv |\mathcal{D}|\big|_{t=0} .$$

Poursuivant le développement, on trouve alors que :

(V,289) $$\begin{cases} \vec{\nabla} \cdot \vec{u}_0 + \dfrac{d \log \rho_0}{dt} = 0 ; \\ \dfrac{\partial \vec{u}_0}{\partial t} + (\vec{u}_0 \cdot \vec{\nabla}) \vec{u}_0 + \vec{\nabla} \left(p_2 / \gamma \rho_0 \right) = 0 , \end{cases}$$

et de ce fait $\vec{u}_0$ est irrotationnel : $\vec{u}_0 = \vec{\nabla} \varphi_0$, et l'on a pour déterminer φ_0 le problème elliptique suivant :

(V,290) $$\Delta \varphi_0 + \frac{d \log \rho_0}{dt} = 0 \quad , \quad \frac{d\varphi_0}{dn}\Big|_\Sigma = w .$$

Connaissant φ_0 on en déduit p_2 grâce à :

(V,291) $$p_2 = -\gamma \rho_0 \left\{ \frac{\partial \varphi_0}{\partial t} + \frac{1}{2} |\vec{\nabla} \varphi_0|^2 \right\}.$$

Mais pour que ce modèle d'écoulement soit acceptable il faut que la compatibilité avec les conditions initiales soit assurée. Cela exige que : $W|_{t=0} = 0$ et si la paroi de l'enceinte est mise impulsivement en mouvement ou même seulement "très rapidement" il y a incompatibilité du modèle ci-dessus avec les données initiales. On notera que (V,290), (V,291) est un modèle d'écoulement de fluide parfait à potentiel des vitesses mais avec densité fonction du temps seul.

2. Pour étudier comment s'ajustent les conditions initiales, ou plus exactement comment le modèle (V,290), (V,291) s'adapte aux conditions initiales posées a priori, nous somme amenés à étudier le mouvement dans une phase initiale en posant :

(V,292) $$\tau = t/M_0$$

et nous obtenons les équations :

(V,293) $$\begin{cases} \dfrac{\partial \hat{\rho}}{\partial \tau} + M_0 \left(\vec{\hat{u}} \cdot \vec{\nabla} \hat{\rho} + \hat{\rho} \vec{\nabla} \cdot \vec{\hat{u}} \right) = 0; \\ \dfrac{1}{\gamma} \vec{\nabla} \hat{p} + M_0 \hat{\rho} \dfrac{\partial \vec{\hat{u}}}{\partial \tau} + M_0^2 \hat{\rho} (\vec{\hat{u}} \cdot \vec{\nabla}) \vec{\hat{u}} = 0; \\ \dfrac{\partial \hat{s}}{\partial \tau} + M_0 \vec{\hat{u}} \cdot \vec{\nabla} \hat{s} = 0; \\ \hat{p} = \hat{\rho}^{\gamma} \exp \hat{s}, \end{cases}$$

avec

(V,294)
$$\begin{cases} \tau=0: \ \hat{p}=\hat{\rho}=1, \ \hat{s}=0, \ \hat{\vec{u}}=0; \\ \hat{\vec{u}}\cdot\vec{n}|_{\Sigma}=\hat{w}, \end{cases}$$

où les fonctions avec des "$\wedge$" sont dépendantes de τ et $\vec{x}$ (et aussi de M_0). Pour simuler une mise en vitesse impulsive de la paroi, à l'échelle $\tau = O(1)$ nous supposons que $\hat{w}$ est une fonction de τ et de la position sur Σ et que

(V,295)
$$\lim_{\tau\to\infty} \hat{w} = \lim_{t\to 0} w \equiv \hat{w}_\infty .$$

Posons :

(V,296)
$$(\hat{p},\hat{\rho},\hat{s},\hat{\vec{u}}) \equiv \hat{\mathcal{U}} = \hat{\mathcal{U}}_0 + M_0\hat{\mathcal{U}}_1 + M_0^2\hat{\mathcal{U}}_2 + \cdots ,$$

nous trouvons d'abord que

$$\frac{\partial\hat{\rho}_0}{\partial\tau} = \frac{\partial\hat{s}_0}{\partial\tau} = \vec{\nabla}\hat{p}_0 = 0,$$

et compte tenu des conditions initiales, cela entraîne que :

(V,297)
$$\hat{p}_0 = \hat{\rho}_0 \equiv 1 \quad , \hat{s}_0 \equiv 0 .$$

Au <u>rang un</u> on obtient :

(V,298)
$$\frac{\partial\hat{\rho}_1}{\partial\tau} + \vec{\nabla}\cdot\hat{\vec{u}}_0 = 0 \ , \ \frac{1}{\gamma}\vec{\nabla}\hat{p}_1 + \frac{\partial\hat{\vec{u}}_0}{\partial\tau} = 0 \ , \ \frac{\partial\hat{s}_1}{\partial\tau} = 0,$$

et de ce fait

(V,299)
$$\hat{s}_1 \equiv 0 \Rightarrow \hat{p}_1 = \gamma\hat{\rho}_1 .$$

Ainsi, pour $\hat{\rho}_1$ et $\hat{\vec{u}}_0$ il faut résoudre le problème suivant :

(V,300)
$$\begin{cases} \dfrac{\partial\hat{\rho}_1}{\partial\tau} + \vec{\nabla}\cdot\hat{\vec{u}}_0 = 0 \ ; \ \vec{\nabla}\hat{\rho}_1 + \dfrac{\partial\hat{\vec{u}}_0}{\partial\tau} = 0; \\ \tau=0: \ \hat{\vec{u}}_0 = 0 \ , \ \hat{\rho}_1 = 0; \\ \hat{\vec{u}}_0\cdot\vec{n}|_{\Sigma_0} = \hat{w}, \end{cases}$$

en notant que pour $\tau = O(1)$ le déplacement de Σ est $O(M_0)$ et peut donc être négligé dans l'écriture de la condition à la limite.

Pour résoudre le problème (V,300) nous utilisons une transformation de Laplace : à toute fonction $\hat{f}(\tau,\vec{x})$ nous associons

$$\tilde{f}(q,\vec{x}) = \int_0^\infty e^{-q\tau}\hat{f}(\tau,\vec{x})\,d\tau$$

et nous aboutissons à

(V,301) $$q\tilde{\rho}_1 + \vec{\nabla}\cdot\vec{\tilde{u}}_0 = 0,\quad q\vec{\tilde{u}}_0 + \vec{\nabla}\tilde{\rho}_1 = 0;\quad \vec{\tilde{u}}_0\cdot\vec{n}\big|_{\Sigma_0} = \tilde{w}.$$

Il existe une solution unique pour $\vec{\tilde{u}}_0$ et $\tilde{\rho}_1$ pourvu que $q \neq i\omega_n$, où les ω_n sont les fréquences propres de vibrations acoustiques de la cavité $\mathcal{D}(0)$, qui correspond aux solutions de :

(V,302) $$\begin{cases} i\omega_n\tilde{\rho}_n + \vec{\nabla}\cdot\vec{\tilde{u}}_n = 0\,;\quad i\omega_n\vec{\tilde{u}}_n + \vec{\nabla}\tilde{\rho}_n = 0; \\ \vec{\tilde{u}}_n\cdot\vec{n}\big|_{\Sigma_0} = 0. \end{cases}$$

On notera que le changement de ω_n en $-\omega_n$ correspond au passage au complexe conjugué pour les fonctions propres. On peut, par exemple, convenir que :

(V,302a) $$\omega_{-n} = -\omega_n\ ,\ \tilde{\rho}_{-n} = \tilde{\rho}_n^*\ ,\ \vec{\tilde{u}}_{-n} = \vec{\tilde{u}}_n^*\ ,$$

ou l'astérisque caractérise ici la conjugaison complexe. Notons maintenant la solution du système (V,301), lorsque $q \neq i\omega_n$, par : $(\hat{\mathcal{U}}_0(\tilde{w}),\ \hat{\mathcal{R}}_1(\tilde{w}))$ et alors nous avons

(V,303) $$(\hat{\rho}_1, \vec{\hat{u}}_0) = \frac{1}{2\pi i}\int_\Lambda e^{q\tau}(\hat{\mathcal{U}}_0, \hat{\mathcal{R}}_1)\,dq,$$

où Λ est une parallèle à l'axe imaginaire pure tracée dans $\mathrm{Reel}\ q>0$. Pour évaluer (V,303) on déplace Λ en lui faisant traverser l'axe imaginaire pure (tout en lui restant parallèle) et en le faisant aller à l'infini. Le facteur $e^{q\tau}$ tend vers zéro dans $\mathrm{Reel}\,q \to \infty$ et il suffit d'évaluer les résidus des pôles correspondant à $q = i\omega_n$ et à ceux de $\tilde{w}$. Tout d'abord, en raison de (V,295) on a :

(V,304) $$\tilde{w} = \frac{1}{q}\hat{w}_\infty + \tilde{\tilde{w}}(q),$$

et $\tilde{\tilde{w}}$ est une fonction entière de q. Il nous faut trouver :

(V,305)
$$\lim_{q\to i\omega_n}(q-i\omega_n)\left(\widetilde{\mathcal{U}}_0(\widetilde{w}),\widetilde{\mathcal{R}}_1(\widetilde{w})\right) = \left(\overline{\mathcal{U}}_0(\widetilde{w}),\overline{\mathcal{R}}_1(\widetilde{w})\right),$$

et on a

(V,306)
$$\begin{cases} (q-i\omega_n)\overline{\rho}_1 + i\omega_n\overline{\rho}_1 + \vec{\nabla}\cdot\overline{\vec{u}}_0 = 0\,; \\ (q-i\omega_n)\overline{\vec{u}}_0 + i\omega_n\overline{\vec{u}}_0 + \vec{\nabla}\overline{\rho}_1 = 0, \\ \overline{\vec{u}}_0\cdot\vec{n}\big|_{\Sigma_0} = \widetilde{w}. \end{cases}$$

Soit $(\widetilde{\rho}_n,\widetilde{\vec{u}}_n)$ la solution de (V,302); multiplions la première des équations (V,306) par $\widetilde{\rho}_n^*$ et la seconde de ces équations, scalairement par $\widetilde{\vec{u}}_n^*$. Nous obtenons, après quelques manipulations simples et en tirant profit de (V,302) et (V,302a), que :

$$(q-i\omega_n)\left[\overline{\rho}_1\widetilde{\rho}_n^* + \overline{\vec{u}}_0\cdot\widetilde{\vec{u}}_n^*\right] + \vec{\nabla}\cdot\left(\widetilde{\rho}_n^*\overline{\vec{u}}_0 + \overline{\rho}_1\widetilde{\vec{u}}_n^*\right) = 0.$$

En intégrant dans tout le domaine $\mathcal{D}(0)$ et en utilisant les troisièmes relations de (V,302) et (V,306) on trouve :

(V,307)
$$(q-i\omega_n)\iiint_{\mathcal{D}(0)}\left(\overline{\rho}_1\widetilde{\rho}_n^* + \overline{\vec{u}}_0\cdot\widetilde{\vec{u}}_n^*\right)dv = \iint_{\Sigma_0}\widetilde{\rho}_n^*\widetilde{w}\,d\sigma.$$

Il suffit de multiplier maintenant les trois relations de (V,306) par $(q-i\omega_n)$ et de faire tendre q vers $i\omega_n$ pour obtenir que

(V,308)
$$\overline{\mathcal{U}}_0(\widetilde{w}) = \alpha_n(\widetilde{w})\widetilde{\vec{u}}_n\ ;\ \overline{\mathcal{R}}_1(\widetilde{w}) = \alpha_n\widetilde{\rho}_n,$$

et il faut encore évaluer $\alpha_n(\widetilde{w})$. A cet effet, on porte (V,305) et (V,308) dans la relation (V,307) et il vient :

(V,309)
$$\alpha_n(\widetilde{w})\iiint_{\mathcal{D}(0)}\left\{|\widetilde{\rho}_n|^2 + |\widetilde{\vec{u}}_n|^2\right\}dv = \iint_{\Sigma_0}\widetilde{\rho}_n^*\widetilde{w}\,d\sigma.$$

Mais en vertu de la transformation de Laplace et du fait que $\widetilde{w}$ est réel et aussi de (V,302a) on voit tout de suite que :

$$\alpha_{-n} = \alpha_n^* \quad , \; \alpha_n = \alpha_{n\infty} + \tilde{\tilde{\alpha}}_n ,$$

d'après (V,304) où $\alpha_{n\infty}$ est déduit de (V,309) où on remplace $\widehat{W}$ par $\widehat{W}_\infty$, tandis que $\tilde{\tilde{\alpha}}_n$ est aussi déduit de (V,309) mais où on remplace $\widehat{W}$ par $\tilde{\tilde{W}}(i\omega_n)$. Naturellement, si la mise en mouvement de la paroi de l'enceinte est impulsive, c'est-à-dire si $\widehat{W} = \widehat{W}_\infty 1(\tau)$, alors $\tilde{\tilde{W}} \equiv 0$ et $\tilde{\tilde{\alpha}}_n \equiv 0$.

Il nous reste encore à évaluer le résidu de ($\overline{\vec{u}}_0 , \overline{R}_1$) qui correspond au pôle $q = 0$ de (V,304). A cet effet on note que :

$$\begin{cases} q^2 \overline{\rho}_1 + \vec{\nabla}\cdot(q\overline{\vec{u}}_0) = 0 \, , \quad q\overline{\vec{u}}_0 + \vec{\nabla}\overline{\rho}_1 = 0 ; \\ q\overline{\vec{u}}_0\cdot\vec{n}\,\big|_{\Sigma_0} = \widehat{W}_\infty + q\,\tilde{\tilde{W}}(q) , \end{cases}$$

et de là on déduit :

$$\lim_{q\to 0} q\overline{\vec{u}}_0 = \vec{u}^\infty \quad , \; \lim_{q\to 0} q^2\overline{\rho}_1 = \rho^\infty ,$$

de telle façon que : $\rho^\infty = \mathrm{Const}$ et $\vec{u}^\infty$ dérive d'un potentiel :

(V,310) $$\vec{u}^\infty = \vec{\nabla}\varphi^\infty \; , \; \Delta\varphi^\infty + \rho^\infty = 0 \, , \; \frac{d\varphi^\infty}{dn}\Big|_{\Sigma_0} = \widehat{W}_\infty .$$

La constante ρ^∞ est donnée par la condition de compatibilité suivante :

(V,311) $$\rho^\infty + \iint_{\Sigma_0} \widehat{W}_\infty \, d\sigma = 0 .$$

Finalement, on peut écrire la solution suivante :

(V,312) $$\begin{cases} \hat{\vec{u}}_0 = \vec{\nabla}\varphi^\infty + \sum_{n\geq 1} \mathrm{Reel}\left\{\alpha_n e^{i\omega_n\tau}\,\tilde{\vec{u}}_n\right\} ; \\ \hat{\rho}_1 = \sum_{n\geq 1} \mathrm{Reel}\left\{\alpha_n e^{i\omega_n\tau}\,\tilde{\rho}_n\right\} . \end{cases}$$

Revenons alors au problème aux valeurs propres (V,302) et posons :

$\widetilde{\rho}_n = \hat{\rho}_n + i\rho'_n$, $\vec{\widetilde{u}}_n = \vec{u}'_n + i\vec{\hat{u}}_n$, afin de passer en modes réels. Dans ce cas il vient, à la place de (V,302) :

$$\vec{\nabla}\cdot\vec{\hat{u}}_n + \omega_n\hat{\rho}_n = 0 , \quad \vec{\nabla}\hat{\rho}_n - \omega_n\vec{\hat{u}}_n = 0 ; \quad \vec{\hat{u}}_n\cdot\vec{n}\big|_{\Sigma_0} = 0 ; \tag{V,313a}$$

$$\vec{\nabla}\cdot\vec{u}'_n - \omega_n\rho'_n = 0 , \quad \vec{\nabla}\rho'_n + \omega_n\vec{u}'_n = 0 ; \quad \vec{u}'_n\cdot\vec{n}\big|_{\Sigma_0} = 0 , \tag{V,313b}$$

de sorte qu'en admettant que la fréquence propre ω_n est non dégénérée, on peut faire le choix de :

$$\rho'_n \equiv -\hat{\rho}_n \quad , \quad \vec{u}'_n \equiv \vec{\hat{u}}_n .$$

Ainsi, en posant :

$$\text{Reel}\,\alpha_n - \text{Imag}\,\alpha_n = A_n \quad , \quad \text{Reel}\,\alpha_n + \text{Imag}\,\alpha_n = B_n ,$$

et

$$C_n = \cos\omega_n\tau \quad , \quad S_n = \sin\omega_n\tau ,$$

on trouve que

$$\left\{ \begin{aligned} \vec{\hat{u}}_0 &= \vec{\nabla}\varphi^{\infty} + \sum_{n\geq 1}(A_n C_n - B_n S_n)\vec{\hat{u}}_n ; \\ \hat{\rho}_1 &= \sum_{n\geq 1}(A_n S_n + B_n C_n)\hat{\rho}_n . \end{aligned} \right. \tag{V,314}$$

De (V,313) on constate que :

$$\iiint_{\mathcal{D}(0)} \left(|\vec{\hat{u}}_n|^2 - |\hat{\rho}_n|^2 \right) dv = 0 , \quad (\omega_n \neq 0) ,$$

et de ce fait grâce à (V,309), en tenant compte de la décomposition de $\widetilde{\rho}_n$ et $\vec{\widetilde{u}}_n$, on trouve que :

$$\left\{ \begin{aligned} 2A_n \iiint_{\mathcal{D}(0)} |\vec{\hat{u}}_n|^2 dv &= -\,\text{Imag} \iint_{\Sigma_0} \hat{\rho}_n \widetilde{w}\, d\sigma ; \\ 2B_n \iiint_{\mathcal{D}(0)} |\vec{\hat{u}}_n|^2 dv &= \text{Reel} \iint_{\Sigma_0} \hat{\rho}_n \widetilde{w}\, d\sigma . \end{aligned} \right. \tag{V,315}$$

En particulier, pour une mise en mouvement impulsive de la paroi de l'enceinte, on aura :

$$A_n^{\infty} \equiv \frac{\iint_{\Sigma_0} \hat{e}_n \hat{W}_{\infty} d\sigma}{2 \iiint_{\mathcal{D}(0)} |\vec{u}_n|^2 dv} \qquad \text{et } B_n^{\infty} \equiv 0 \quad . \tag{V,316}$$

En conclusion on constate que lorsque $\tau \to +\infty$, la solution (V,314) ne tend vers aucune limite définie; en particulier, elle ne tend pas vers la valeur initiale de la solution du modèle incompressible à potentiel des vitesses (V,290), (V,291), cette dernière s'identifiant avec $\vec{\nabla}\varphi^{\infty}$. Pour qu'il en soit ainsi il faudrait que tous les A_n et B_n soient nuls - cela est le cas si la mise en mouvement de la paroi de l'enceinte est progressive à l'échelle de temps $t = O(1)$.

3. Etant donné qu'à la fin de la période $t = O(M_0)$ les oscillations acoustiques restent intactes il faut s'attendre à ce qu'elles persistent au cours de la période $t = O(1)$. Pour les décrire il faut alors utiliser des échelles multiples et a priori on pourrait être tenté d'utiliser t et $\tau = t/M_0$, mais on s'aperçoit assez vite que cette technique de double échelle, simpliste, ne permet pas d'éliminer les termes séculaires. La raison en est que si l'on procède ainsi on voit apparaître les fréquences propres acoustiques de l'enceinte, mais, comme celle-ci dépend du temps les fréquences propres acoustiques en question dépendent du temps lent t. Il faut donc introduire une infinité de temps rapides $\varphi_n(t)/M_0$, où $d\varphi_n/dt \equiv \omega_n$. Formellement nous écrivons :

$$f(t,\vec{x}) = f^m(\tau, t, \vec{x}; M_0) \tag{V,317}$$

et il faut comprendre que τ exprime une dépendance fonctionnelle par rapport à t ; par exemple de la forme :

$$f^m = \sum_{n \geq 1} \left(A_n \cos\frac{\varphi_n(t)}{M_0} + B_n \sin\frac{\varphi_n(t)}{M_0} \right) f_n(t,\vec{x})$$

et dans ce cas on a :

$$\frac{df^m}{dt} = \frac{1}{M_0} \sum_{n \geq 1} \frac{d\varphi_n}{dt} \left(B_n C_n - A_n S_n \right) f_n(t,\vec{x})$$

$$+\sum_{n\geq 1}\left(A_n C_n - B_n S_n\right)\frac{\partial f_n}{\partial t}.$$

Pour traduire analytiquement un phénomène de ce genre nous écrivons implicitement :

$$\frac{d f^m}{dt} = \frac{1}{M_0} D f^m + \frac{\partial f^m}{\partial t}, \tag{V,318}$$

où D désigne un opérateur différentiel qui peut être explicité si l'on connait f^m (il caractérise la dérivation relativement aux temps rapides).

Posons :

$$\left(p^m, \rho^m, s^m, \vec{u}^m\right) = \mathcal{U}^m = \mathcal{U}_0^m + M_0\,\mathcal{U}_1^m + \cdots, \tag{V,319}$$

et substituons dans les équations (V,286), il vient :

$$\left\{\begin{array}{l}
D\rho^m + M_0\left(\dfrac{\partial \rho^m}{\partial t} + \vec{u}^m\cdot\vec{\nabla}\rho^m + \rho^m\vec{\nabla}\cdot\vec{u}^m\right) = 0; \\
\dfrac{1}{\gamma}\vec{\nabla}p^m + M_0\,\rho^m D\vec{u}^m + M_0^2\,\rho^m\left(\dfrac{\partial \vec{u}^m}{\partial t}\right. \\
\qquad\qquad\left. + \vec{u}^m\cdot\vec{\nabla}\vec{u}^m\right) = 0; \\
D s^m + M_0\left(\dfrac{\partial s^m}{\partial t} + \vec{u}^m\cdot\vec{\nabla}s^m\right) = 0; \\
p^m = \rho^{m\gamma}\exp s^m; \\
\vec{u}^m\cdot\vec{n}\big|_{\Sigma} = W,
\end{array}\right. \tag{V,320}$$

en faisant l'hypothèse que W ne dépend que du temps lent t. Nous n'écrivons pas de conditions initiales car celles-ci doivent être remplacées par des conditions de raccord avec la représentation analysée précédemment .

A l'ordre zéro nous obtenons :

$$\vec{\nabla} p_0^m = 0 \ , \ D\rho_0^m = D s_0^m = 0,$$

ce qui implique que ρ_0^m et s_0^m ne dépendent pas des variables temporelles rapides et, par l'équation d'état, que p_0^m n'en dépend pas non plus, ce qui fait que p_0^m ne dépend que du temps lent, soit :

(V,321) $$p_0^m = p_0^m(t) \ , \ \rho_0^m = \rho_0^m(t,\vec{x}) \ , \ s_0^m = s_0^m(t,\vec{x}).$$

Si maintenant on examine au rang un la troisième équation du système (V,320), on trouve :

(V,322) $$D s_1^m + \frac{\partial s_0^m}{\partial t} + \vec{u}_0^m \cdot \vec{\nabla} s_0^m = 0 .$$

D'après la structure de la solution de la section 2 on voit que s_1^m , et $\vec{u}_0^m$ contiennent des termes oscillants aux échelles de temps rapides et éventuellement des termes indépendants de ces échelles. Ces derniers disparaissent automatiquement dans $D s_1^m$ en raison de l'opérateur D qui est précisément une dérivée sur les échelles rapides. Notons $\overline{\vec{u}_0^m}$ les termes de $\vec{u}_0^m$ qui ne dépendent pas des échelles rapides, on doit avoir nécessairement :

(V,323) $$\frac{\partial s_0^m}{\partial t} + \overline{\vec{u}_0^m} \cdot \vec{\nabla} s_0^m = 0,$$

et, par un argument classique on en déduit que s_0^m ne peut dépendre ni de t ni de $\vec{x}$ et doit être nul pour respecter la condition initiale sur s . Finalement on a :

(V,324) $$p_0^m(t) = \left[\rho_0^m(t)\right]^\gamma \ , \ s_0^m \equiv 0,$$

où $\rho_0^m(t)$ est déterminé par la condition (V,288) de conservation de la masse : $\rho_0^m(t)\,|\mathcal{D}|(t) = \mathcal{M}$. Passons maintenant au rang un, compte tenu de ce qui précède on a :

(V,325)
$$\begin{cases} D\rho_1^m + \rho_0^m \vec{\nabla}\cdot\vec{u}_0^m + \dfrac{d\rho_0^m}{dt} = 0 ; \\ \dfrac{1}{\gamma}\vec{\nabla}p_1^m + \rho_0^m D\vec{u}_0^m = 0 ; \\ \vec{u}_0^m\cdot\vec{n}\big|_\Sigma = W . \end{cases}$$

Introduisons la décomposition $f^m = \overline{f^m} + \tilde{f}^m$, où $\overline{f^m}$ ne dépend que du temps lent tandis que $\tilde{f}^m$ dépend des temps rapides. Plus précisément nous admettons que l'opération $f^m \Rightarrow \overline{f^m}$ efface toutes les oscillations associées aux temps rapides, et, à ce titre, qu'elle est parfaitement bien définie. Nous avons alors, de (V,325),

(V,326)
$$\frac{1}{\rho_0^m}\frac{d\rho_0^m}{dt} + \vec{\nabla}\cdot\overline{\vec{u}_0^m} = 0 \quad , \quad \overline{\vec{u}_0^m}\cdot\vec{n}\big|_\Sigma = W ,$$

et on remarque que la première équation (V,326) peut s'identifier avec la première équation (V,289). Il nous reste à voir si on peut retrouver la seconde des équations (V,289) et par suite (V,290) et (V,291). Nous verrons que la réponse est affirmative, mais à un détail près (qui peut être important). Quoiqu'il en soit, nous voyons déjà que le modèle de la section 1 ne s'interprète que comme un modèle pour l'écoulement moyen après effacement des oscillations acoustiques.

Revenons à (V,325), nous obtenons :

(V,327)
$$\begin{cases} D\tilde{\rho}_1^m + \rho_0^m \vec{\nabla}\cdot\tilde{\vec{u}}_0^m = 0 ; \\ \dfrac{1}{\gamma}\vec{\nabla}\tilde{p}_1^m + \rho_0^m D\tilde{\vec{u}}_0^m = 0 , \\ \tilde{\vec{u}}_0^m\cdot\vec{n}\big|_\Sigma = 0 . \end{cases}$$

Par ailleurs, d'après (V,322) et (V,323) on a $D\tilde{\Delta}_1^m = 0$ d'où l'on déduit que $\tilde{\Delta}_1^m \equiv 0$. Ainsi, d'après la loi d'état :

$$\tilde{p}_1^m = \gamma\,\tilde{\rho}_1^m\; p_0^m / \rho_0^m .$$

Posant

$$C_n = \cos\left(\frac{\varphi_n(t)}{M_0}\right) , \; S_n = \sin\left(\frac{\varphi_n(t)}{M_0}\right) ,$$

et introduisant les modes propres de vibration acoustique de l'enceinte $\mathcal{D}(t)$ par (V,313a,b), mais relativement à $\mathcal{D}(t)$ et $\Sigma(t)$ et non plus $\mathcal{D}(0)$ et Σ_0 , on construit facilement une solution de (V,327) sous la forme :

$$\vec{\tilde{u}}_0^m = \sum_{n\geq 1} \left(A_n(t) C_n - B_n(t) S_n \right) \vec{\hat{u}}_n(t,\vec{x}),$$

(V,328)
$$\tilde{\rho}_1^m = \rho_0^m \left(\frac{\rho_0^m}{p_0^m} \right)^{1/2} \sum_{n\geq 1} \left(A_n(t) S_n + B_n(t) C_n \right) \hat{\rho}_n(t,\vec{x}),$$

en utilisant le fait que : $DC_n = -\frac{S_n}{M_0} d\varphi_n/dt$ et $DS_n = \frac{C_n}{M_0} d\varphi_n/dt$.

On doit avoir que :

(V,329)
$$\frac{d\varphi_n}{dt} = \left(\frac{p_0^m}{\rho_0^m} \right)^{1/2} \omega_n,$$

ce qui définit les échelles de temps rapides en relation avec la célérité du son dans l'enceinte à l'instant t et avec les fréquence propres de l'enceinte à ce même instant.

D'ailleurs la vérification est facile, car on a :

$$D\left(\tilde{\rho}_1^m / \rho_0^m \right) + \vec{\nabla} \cdot \vec{\tilde{u}}_0^m = \sum_{n\geq 1} \left(A_n C_n - B_n S_n \right) \Big\{ \vec{\nabla} \cdot \vec{\hat{u}}_n + \left(\frac{\rho_0^m}{p_0^m} \right)^{1/2} \frac{d\varphi_n}{dt} \hat{\rho}_n \Big\};$$

$$\frac{p_0^m}{\rho_0^m} \vec{\nabla} \left(\tilde{\rho}_1^m / \rho_0^m \right) + D \vec{\tilde{u}}_0^m = \sum_{n\geq 1} \left(A_n S_n + B_n C_n \right) \Big\{ \left(\frac{p_0^m}{\rho_0^m} \right)^{1/2} \vec{\nabla} \hat{\rho}_n - \frac{d\varphi_n}{dt} \vec{\hat{u}}_n \Big\},$$

et l'on voit clairement le rôle joué par l'opérateur $\mathbf{D}$.

4. Remarquons maintenant que la solution de la section 3 précédente se raccorde parfaitement avec celle de la section 2. Il suffit à cet effet que :

$$\text{(V,330)}\quad \begin{cases} \overline{\vec{u}_0^m}\big|_{t=0} = \vec{\nabla}\varphi^\infty \; ; \; A_n(0) = A_n^\infty + \widetilde{\widetilde{A}}_n \; ; \\ \mathbb{B}_n(0) = \mathbb{B}_n^\infty + \widetilde{\widetilde{\mathbb{B}}}_n , \end{cases}$$

compte tenu du fait que $\rho_0^m(0) = p_0^m(0) = 1$. Il nous faut maintenant déterminer les fonctions $A_n(t)$ et $\mathbb{B}_n(t)$ ainsi que la vitesse moyenne $\overline{\vec{u}_0^m}$. Cette détermination serait acquise, d'après (V,328), si l'on savait que ce champ des vitesses est irrotationnel.

Afin d'atteindre cet objectif, il nous faut développer (V,320) au rang deux, mais auparavant commençons par examiner la troisième équation de (V,320) au rang deux et trois :

$$D s_2^m + \frac{\partial \overline{s_1^m}}{\partial t} + \overline{\vec{u}_0^m} \cdot \vec{\nabla} \overline{s_1^m} = 0 ,$$

$$\Rightarrow \frac{\partial \overline{s_1^m}}{\partial t} + \overline{\vec{u}_0^m} \cdot \vec{\nabla} \overline{s_1^m} = 0 \Rightarrow \overline{s_1^m} = 0 \Rightarrow s_1^m \equiv 0 ;$$

ainsi $\widetilde{s}_2^m = 0$, mais comme

$$D s_3^m + \frac{\partial \overline{s_2^m}}{\partial t} + \overline{\vec{u}_0^m} \cdot \vec{\nabla} \overline{s_2^m} = 0 \Rightarrow \overline{s_2^m} = 0 ,$$

et finalement $s_2^m \equiv 0$.

De ce fait, d'après la loi d'état

$$\text{(V,331)}\qquad p_3^m = \gamma\, \frac{p_0^m}{\rho_0^m} \left\{ \rho_2^m + \frac{\gamma - 1}{2}\, \frac{\rho_1^{m\,2}}{\rho_0^m} \right\} .$$

Maintenant de (V,320), nous obtenons les équations :

$$\text{(V,332)}\quad \begin{cases} D\rho_2^m + \rho_0^m\, \vec{\nabla} \cdot \vec{u}_1^m + \dfrac{\partial \rho_1^m}{\partial t} + \vec{u}_0^m \cdot \vec{\nabla} \rho_1^m \\ \qquad\qquad + \rho_1^m\, \vec{\nabla} \cdot \vec{u}_0^m = 0 ; \\ \vec{\nabla}\left(\dfrac{p_2^m}{\gamma \rho_0^m}\right) + D\vec{u}_1^m + \dfrac{\rho_1^m}{\rho_0^m}\, D\vec{u}_0^m + \dfrac{\partial \vec{u}_0^m}{\partial t} + \vec{u}_0^m \cdot \vec{\nabla} \vec{u}_0^m = 0 . \end{cases}$$

Tenons compte de (V,241), de l'expression de p_1^m et aussi de (V,327); il vient :

$$\text{(V,333)}\quad \left\{\begin{array}{l} D\left(\dfrac{\rho_2^m}{\rho_0^m}\right) + \vec{\nabla}\cdot\vec{u}_1^m + \mathcal{G} = 0 ; \\[2ex] \dfrac{p_0^m}{\rho_0^m}\vec{\nabla}\left(\dfrac{\rho_2^m}{\rho_0^m}\right) + D\vec{u}_1^m + \vec{\mathcal{F}} = 0 ; \\[2ex] \vec{u}_1^m\cdot\vec{n}\Big|_\Sigma = 0 , \end{array}\right.$$

où

$$\text{(V,334)}\quad \left\{\begin{array}{l} \mathcal{G} = \dfrac{\partial}{\partial t}\left(\rho_1^m/\rho_0^m\right) + \vec{\nabla}\cdot\left(\dfrac{\rho_1^m}{\rho_0^m}\vec{u}_0^m\right) + \dfrac{1}{\rho_0^m}\dfrac{d\rho_0^m}{dt}\,\rho_1^m/\rho_0^m ; \\[2ex] \vec{\mathcal{F}} = \dfrac{\partial\vec{u}_0^m}{\partial t} + \vec{u}_0^m\cdot\vec{\nabla}\vec{u}_0^m + (\gamma-2)\dfrac{p_0^m}{\rho_0^m}\dfrac{\rho_1^m}{\rho_0^m}\vec{\nabla}\left(\rho_1^*/\rho_0^m\right), \end{array}\right.$$

et l'on peut encore écrire $\mathcal{G}$ et $\vec{\mathcal{F}}$ sous la forme suivante :

$$\text{(V,335)}\quad \left\{\begin{array}{l} \mathcal{G} = \overline{\mathcal{G}} + \sum\limits_{n\geq 1}\left(\dfrac{p_0^m}{\rho_0^m}\right)^{1/2}\left\{\mathcal{G}_n' C_n - \mathcal{G}_n'' S_n\right\} + \tilde{\mathcal{G}}_Q ; \\[2ex] \vec{\mathcal{F}} = \overline{\vec{\mathcal{F}}} + \sum\limits_{n\geq 1}\dfrac{p_0^m}{\rho_0^m}\left\{\vec{\mathcal{F}}_n' S_n + \vec{\mathcal{F}}_n'' C_n\right\} + \tilde{\vec{\mathcal{F}}}_Q . \end{array}\right.$$

Dans les formules (V,335) $\overline{\mathcal{G}}$ et $\overline{\vec{\mathcal{F}}}$ désignent des termes indépendants des échelles de temps rapides tandis que les $\sum_{n\geq 1}$ comprennent tous les termes qui contiennent les C_n et les S_n , enfin les terms $\tilde{\mathcal{G}}_Q$ et $\tilde{\vec{\mathcal{F}}}_Q$ regroupent tout ceux qui contiennent des facteurs $\cos(\varphi_p \pm \varphi_q)/M_0$ ou $\sin(\varphi_p \pm \varphi_q)/M_0$.

Nous supposons ici qu'il n'y a pas de triade résonnante du type $|\varphi_p \pm \varphi_q| = \varphi_r$; ce qui signifie qu'aucun des termes de $\widetilde{\mathcal{G}}_Q$ et $\widetilde{\vec{\mathcal{F}}}_Q$ n'interfère avec ceux des sommes $\sum_{n \geq 1}$. En vertu de la linéarité de (V,333) nous pouvons superposer les solutions. A ce titre considérons celles qui correspondent au cas où l'on ne retient, dans (V,335) que les $\sum_{n \geq 1}$.

Nous cherchons une solution sous la forme :

$$\rho_2^m / \rho_0^m = \sum_{n \geq 1} \left(R_n'' C_n + R_n' S_n \right);$$

(V,336) $$\vec{u}_1^m = \left(p_0^m / \rho_0^m \right)^{1/2} \sum_{n \geq 1} \left(\vec{U}_n' C_n - \vec{U}_n'' S_n \right),$$

et il vient le système

(V,337) $$\left\{ \begin{aligned} & \omega_n R_n' + \vec{\nabla} \cdot \vec{U}_n' + \mathcal{G}_n' = 0, \\ & -\omega_n \vec{U}_n' + \vec{\nabla} R_n' + \vec{\mathcal{F}}_n' = 0, \\ & \vec{U}_n' \cdot \vec{n} \big|_\Sigma = 0, \end{aligned} \right.$$

et un système analogue où R_n'', $\vec{U}_n''$, $\mathcal{G}_n''$, $\vec{\mathcal{F}}_n''$ remplacent R_n', $\vec{U}_n'$, $\mathcal{G}_n'$, $\vec{\mathcal{F}}_n'$.

Or il résulte de (V,313a) et (V,313b), où $\Sigma(t)$ doit être mis à la place de Σ_0, que l'on a :

(V,338) $$0 = \iiint_{\mathcal{D}(t)} \Big\{ (\omega_n \hat{\rho}_n + \vec{\nabla} \cdot \hat{\vec{u}}_n) R_n' - (\vec{\nabla} \hat{\rho}_n - \omega_n \hat{\vec{u}}_n) \cdot \vec{U}_n' \Big\} dv = \iiint_{\mathcal{D}(t)} \Big\{ \omega_n R_n' + \vec{\nabla} \cdot \vec{U}_n') \hat{\rho}_n + (\omega_n \vec{U}_n' - \vec{\nabla} R_n') \cdot \hat{\vec{u}}_n \Big\} dv,$$

si on tient compte de $\hat{\vec{u}}_n \cdot \vec{n} = \vec{U}'_n \cdot \vec{n} = 0$, sur $\Sigma(t)$. Avec (V,337) et (V,338) on arrive à la relation de compatibilité suivante :

$$\iiint_{\mathcal{D}(t)} \left\{ \mathcal{G}'_n \hat{\rho}_n - \vec{\mathcal{F}}'_n \cdot \hat{\vec{u}}_n \right\} dv = 0 , \tag{V,339}$$

qui apparaît comme une relation de compatibilité pour garantir l'existence d'une solution de (V,337). Naturellement la même relation est valable en remplaçant $\mathcal{G}'_n$ et $\vec{\mathcal{F}}'_n$ par $\mathcal{G}''_n$ et $\vec{\mathcal{F}}''_n$.

Maintenant, pour exploiter (V,339) et son analogue il faut expliciter les $\mathcal{G}'_n$, ... ce qui donne :

$$\tag{V,340} \left\{ \begin{aligned} \mathcal{G}'_n &= \frac{\rho_0^m}{p_0^m} \left\{ \frac{dB_n}{dt} \hat{\rho}_n + B_n \frac{\partial \hat{\rho}_n}{\partial t} + B_n \left[\frac{\hat{\rho}_n}{\rho_0^m} \frac{d\rho_0^m}{dt} + \vec{\nabla} \cdot \left(\overrightarrow{u_0^m}\, \hat{\rho}_n \right) \right] \right\} ; \\ \vec{\mathcal{F}}'_n &= - \frac{\rho_0^m}{p_0^m} \left\{ \frac{dB_n}{dt} \hat{\vec{u}}_n + B_n \frac{\partial \hat{\vec{u}}_n}{\partial t} + B_n \left[\overrightarrow{u_0^m} \cdot \vec{\nabla} \hat{\vec{u}}_n \right.\right. \\ &\qquad \left.\left. + \hat{\vec{u}}_n \cdot \vec{\nabla} \overrightarrow{u_0^m} \right] \right\} ; \\ \mathcal{G}''_n &= - \frac{\rho_0^m}{p_0^m} \left\{ \frac{dA_n}{dt} \hat{\rho}_n + A_n \frac{\partial \hat{\rho}_n}{\partial t} + A_n \left[\frac{\hat{\rho}_n}{\rho_0^m} \frac{d\rho_0^m}{dt} + \vec{\nabla} \cdot \left(\overrightarrow{u_0^m}\, \hat{\rho}_n \right) \right] \right\} ; \\ \vec{\mathcal{F}}''_n &= \frac{\rho_0^m}{p_0^m} \left\{ \frac{dA_n}{dt} \hat{\vec{u}}_n + A_n \frac{\partial \hat{\vec{u}}_n}{\partial t} + A_n \left[\overrightarrow{u_0^m} \cdot \vec{\nabla} \hat{\vec{u}}_n + \hat{\vec{u}}_n \cdot \vec{\nabla} \overrightarrow{u_0^m} \right] \right\} . \end{aligned} \right.$$

La relation (V,339) donnent alors l'équation en B_n suivante :

$$\tag{V,341} \begin{aligned} 0 = \frac{dB_n}{dt} \iiint_{\mathcal{D}} \left(|\hat{\rho}_n|^2 + |\hat{\vec{u}}_n|^2 \right) dv + B_n \iiint_{\mathcal{D}} \Big\{ \frac{\partial}{\partial t} \Big(\frac{1}{2} |\hat{\rho}_n|^2 \\ + \frac{1}{2} |\hat{\vec{u}}_n|^2 \Big) + \frac{1}{\rho_0^m} \frac{d\rho_0^m}{dt} \hat{\rho}_n^2 + \hat{\rho}_n \vec{\nabla} \cdot \left(\overrightarrow{u_0^m}\, \hat{\rho}_n \right) \\ + \left(\overrightarrow{u_0^m} \cdot \vec{\nabla} \hat{\vec{u}}_n \right) \cdot \hat{\vec{u}}_n + \left(\hat{\vec{u}}_n \cdot \vec{\nabla} \overrightarrow{u_0^m} \right) \cdot \hat{\vec{u}}_n \Big\} dv , \end{aligned}$$

et la relation analogue à (V,339) donne une équation identique à (V,441) mais pour A_n. On peut simplifier ces équations pour B_n et A_n en remarquant que, d'après (V,326),

$$\frac{1}{\rho_0^m}\frac{d\rho_0^m}{dt}\hat{\rho}_n^2 + \hat{\rho}_n \vec{\nabla}\cdot\left(\overline{\vec{u}_0^m}\,\hat{\rho}_n\right) + \left(\overline{\vec{u}_0^m}\cdot\vec{\nabla}\hat{\vec{u}}_n\right)\cdot\hat{\vec{u}}_n$$
$$= \frac{1}{2}\overline{\vec{u}_0^m}\cdot\vec{\nabla}\left(\hat{\rho}_n^2 + |\hat{\vec{u}}_n|^2\right)$$
$$= \frac{1}{2}\frac{1}{\rho_0^m}\frac{d\rho_0^m}{dt}\left(\hat{\rho}_n^2 + |\hat{\vec{u}}_n|^2\right) + \frac{1}{2}\vec{\nabla}\cdot\left[\overline{\vec{u}_0^m}\left(\hat{\rho}_n^2 + |\hat{\vec{u}}_n|^2\right)\right],$$

tandis que

$$\frac{1}{2}\iiint_{\mathcal{D}(t)}\frac{\partial}{\partial t}\left(\hat{\rho}_n^2 + |\hat{\vec{u}}_n|^2\right)dv = \frac{1}{2}\frac{d}{dt}\iiint_{\mathcal{D}(t)}\left(\hat{\rho}_n^2 + |\hat{\vec{u}}_n|^2\right)dv - \frac{1}{2}\iint_{\Sigma(t)} w\left(\hat{\rho}_n^2 + |\hat{\vec{u}}_n|^2\right)\frac{\mathcal{D}(t)}{d\sigma},$$

et compte tenu de la condition au bord de (V,326), on trouve, si l'on normalise les modes propres par

$$\iiint_{\mathcal{D}(t)}\left(\hat{\rho}_n^2 + |\hat{\vec{u}}_n|^2\right)dv = 1$$

l'équation définitive suivante pour les $A_n(t)$:

$$\frac{dA_n}{dt} + A_n\left\{\frac{1}{2}\frac{d\log\rho_0^m}{dt} + \iiint_{\mathcal{D}(t)}\hat{\vec{u}}_n\cdot\left(\vec{\nabla}\,\overline{\vec{u}_0^m}\right)\cdot\hat{\vec{u}}_n\,dv\right\} = 0, \qquad (V,342)$$

et la même équation pour les $B_n(t)$. Ceci achève de déterminer l'évolution des oscillations avec l'évolution de la paroi de l'enceinte.

5. Nous voulons maintenant terminer cette analyse asymptotique, en échelle multiple, en essayant de formuler l'équation moyenne qui remplace (V,291). Revenons dond à (V,332) et effectuons l'opération de moyenne $f^m \to \overline{f^m}$ qui efface les oscillations acoustiques; on trouve :

(V,343) $$\frac{\partial \overline{\vec{u}_0^m}}{\partial t} + \overline{(\vec{u}_0^m \cdot \vec{\nabla})\vec{u}_0^m} + \vec{\nabla}\,\frac{\overline{p_2^m}}{\gamma \rho_0^m} + \overline{\frac{\rho_1^m}{\rho_0^m} D\vec{u}_0^m} = 0,$$

mais de (V,328) on trouve que

$$\overline{(\vec{u}_0^m \cdot \vec{\nabla})\vec{u}_0^m} = (\overline{\vec{u}_0^m} \cdot \vec{\nabla})\overline{\vec{u}_0^m} + \frac{1}{2}\sum_{n\geq 1}(A_n^2 + B_n^2)(\hat{\vec{u}}_n \cdot \vec{\nabla})\hat{\vec{u}}_n \,;$$

$$\overline{\frac{\rho_1^m}{\rho_0^m} D\vec{u}_0^m} = -\frac{1}{2}\sum_{n\geq 1}(A_n^2 + B_n^2)\,\hat{\rho}_n \vec{\nabla}\hat{\rho}_n \,,$$

où l'on a fait usage de (V,313). Si l'on fait usage de (V,313) à nouveau on obtient

$$(\hat{\vec{u}}_n \cdot \vec{\nabla})\hat{\vec{u}}_n \equiv \frac{1}{2}\vec{\nabla}|\hat{\vec{u}}_n|^2 ,$$

et il vient à la place de (V,343)

(V,344) $$\frac{\partial \overline{\vec{u}_0^m}}{\partial t} + (\overline{\vec{u}_0^m} \cdot \vec{\nabla})\overline{\vec{u}_0^m} + \vec{\nabla}\Pi_0 = 0 ,$$

avec

(V,345) $$\Pi_0 = \overline{p_2^m}/\gamma\rho_0^m + \frac{1}{4}\sum_{n\geq 1}(A_n^2 + B_n^2)\left[|\hat{\vec{u}}_n|^2 - |\hat{\rho}_n|^2\right],$$

et le raccord avec la représentation de la section 2 implique que l'on a :

(V,346) $$\overline{\vec{u}_0^m}\Big|_{t=0} = \nabla\varphi^\infty ,$$

de sorte que le champ $\overline{\vec{u}_0^m}$ étant irrotationnel à l'instant initial et vérifiant l'équation (V,344), reste irrotationnel partout. On peut donc écrire :

(V,347) $$\overline{\vec{u}_0^m} = \nabla\varphi_0$$

et (V,326) achève de déterminer le champ $\overline{\vec{u}_0^m}$ grâce à :

(V,348) $$\Delta\varphi_0 + \frac{d\,\mathrm{Log}\,\rho_0^m}{dt} = 0, \quad \frac{d\varphi_0}{dn}\Big|_\Sigma = W.$$

On a donc partiellement justifié le modèle de la section 1, en ce sens que (V,290) est bien correct, toutefois (V,291) doit être remplacé par :

$$\overline{p_2^m} = -\gamma \rho_0^m \left\{ \frac{\partial \varphi_0}{\partial t} + \frac{1}{2} |\vec{\nabla} \varphi_0|^2 + \frac{1}{4} \sum_{n \geq 1} (A_n^2 + B_n^2) \left(|\hat{\vec{u}}_n|^2 - |\hat{e}_n|^2 \right) \right\} \tag{V,349}$$

et l'effet des oscillations acoustiques se réduit, au niveau de l'écoulement moyen à l'introduction d'un terme complémentaire (terme de mémoire), dans la relation de Bernoulli, qui s'exprime à l'aide des carrés des amplitudes des oscillations acoustiques. On notera toutefois que l'intensité des oscillations acoustiques dans le cas où le mouvement part du repos, est liée à la mise en vitesse de la paroi de l'enceinte dans la phase initiale $t = O(M_0)$; les oscillations acoustiques disparaissant au premier ordre considéré ici, si la mise en vitesse ne s'effectue pas au cours de cette période.

Nous retrouvons, dans cet exemple, une fois de plus un problème d'homogénéisation d'une structure fine, vis-à-vis d'une structure moyenne qui est l'écoulement incompressible. Mais cette structure fine laisse une trace sur la structure moyenne, ce qui fait que le champ de pression généré n'est pas celui que l'on pouvait a priori supposer.

35. L'écoulement dans une roue de turbomachine axiale ayant un grand nombre d'aubes

Nous considérons l'écoulement tridimensionnel stationnaire d'un fluide parfait incompressible à travers une roue de turbomachine axiale. Cette dernière est schématisée par deux cylindres coaxiaux infiniments longs (moyeu et carter); la roue, qui est supposée fixe, est limitée par deux plans de section droite et constituée d'un aubage comprenant $N \gg 1$ aubes. L'alimentation de la turbomachine axiale loin à l'infini amont de la roue étant supposée uniforme et constante les équations de départ sont :

$$\vec{\nabla} \cdot \vec{u} = 0 \quad , \quad \vec{\nabla} \wedge \vec{u} = 0 , \tag{V,350}$$

avec $\vec{\nabla} = \partial/\partial r \, \vec{e}_r + r^{-1} \partial/\partial\theta \, \vec{e}_\theta + \partial/\partial z \, \vec{e}_z$, une fois que l'on travaille dans un repère de coordonnées cylindriques r, θ, z tel que l'axe des z soit l'axe de la turbomachine axiale. On supposera que les cylindres circulaires :

$$r = R_0 \quad , \quad r = r_0 \tag{V,351}$$

sont, respectivement, le moyeu et le carter.

1. Représentation intrinsèque de l'écoulement à partir des surfaces de courant

Soit

(V,352)
$$\varepsilon = \frac{2\pi}{N} \ll 1$$

le petit paramètre fondamental de notre problème. On "intègre" l'équation $\vec{\nabla}.\vec{u}=0$ en posant :

(V,353)
$$\vec{u} = \vec{\nabla}(\varepsilon\chi) \wedge \vec{\nabla}\psi ,$$

avec : $\vec{u}.\vec{\nabla}\chi = 0$ et $\vec{u}.\vec{\nabla}\psi = 0$. La définition des fonctions de courant étant soumise à un certain arbitraire, précisons que la fonction χ est choisie de telle façon que les surfaces $\chi = +1/2$ et $\chi = -1/2$ s'identifient dans l'aubage de la roue avec l'intrados de la$(K+1)$ème aube et l'extrados de la Kème aube, et hors de la roue avec les surfaces de courant aboutissant (ou partant des) aux points d'arrêts des bords d'attaques (de fuites) des aubes de l'aubage de la roue. De ce fait l'introduction de ε dans (V,353) se justifie par la nécessité d'avoir dans le canal inter-aubes, formé par l'extrados de la K ème aube et l'intrados de la $(K+1)$ème aube, un débit d'ordre ε ; les fonctions χ et ψ étant alors d'ordre unité. Soit maintenant :

(V,354)
$$\theta = \Theta(r,z),$$

l'équation d'une surface moyenne qui, dans l'aubage de la roue peut s'identifier, à une rotation près, au squelette d'une aube et à l'extérieur de cet aubage à une surface de courant passant par les bords d'attaque et de fuite de cette même aube. D'autre part, on note $\Delta(r,z)$ le facteur de contraction du canal-inter aubes de telle façon que :

$$\theta = \Theta(r,z) + \frac{\varepsilon}{2}\Delta(r,z),$$

sur l'intrados de la $(K+1)$ème aube et

$$\theta = \Theta(r,z) - \frac{\varepsilon}{2}\Delta(r,z),$$

sur l'extrados de la K ème aube. Naturellement : $\Delta(r,z) \equiv 1$ en dehors de l'aubage de la roue.

Comme $\varepsilon \ll 1$, avec une erreur qui est au plus $O(\varepsilon^2)$ on peut représenter les surfaces de courant $\chi = \text{Const}$, dans le canal inter-aubes par l'équation implicite :

(V,355) $$\theta \hat{=} \Theta(r,z) + \varepsilon\Delta(r,z)\chi \Rightarrow \varepsilon\chi \hat{=} \frac{\theta - \Theta(r,z)}{\Delta(r,z)} .$$

Ainsi, on arrive à la représentation suivante, pour la vitesse $\vec{u}$ de notre écoulement :

(V,356) $$\vec{u} \cong \vec{\nabla}\left(\frac{\theta - \Theta(r,z)}{\Delta(r,z)}\right) \wedge \vec{\nabla}\psi(r,\theta,z).$$

On notera que l'équation de continuité est ainsi automatiquement satisfaite ainsi que la condition de glissement du fluide parfait sur les aubes (la normale aux aubes est un vecteur parallèle à $\vec{\nabla}\chi$).

La formule (V,355) nous incite à effectuer le changement de variables :

(V,357) $$\begin{cases} (r,\theta,z) \Rightarrow (r, \Theta + \varepsilon\Delta\chi, z); \\ \vec{u}(r,\theta,z) \Rightarrow \vec{u}(r, \Theta + \varepsilon\Delta\chi, z) \equiv \tilde{\vec{u}}(r,\chi,z;\varepsilon); \\ \psi(r,\theta,z) \Rightarrow \tilde{\psi}(r,\chi,z;\varepsilon). \end{cases}$$

Dans ce cas il vient :

(V,358) $$\begin{cases} \dfrac{\partial\psi}{\partial r} = \dfrac{\partial\tilde{\psi}}{\partial r} - \dfrac{1}{\Delta}\dfrac{\partial\tilde{\psi}}{\partial\chi}\left(\dfrac{1}{\varepsilon}\dfrac{\partial\Theta}{\partial r} + \chi\dfrac{\partial\Delta}{\partial r}\right); \\ \dfrac{\partial\psi}{\partial z} = \dfrac{\partial\tilde{\psi}}{\partial z} - \dfrac{1}{\Delta}\dfrac{\partial\tilde{\psi}}{\partial\chi}\left(\dfrac{1}{\varepsilon}\dfrac{\partial\Theta}{\partial z} + \chi\dfrac{\partial\Delta}{\partial z}\right); \\ \dfrac{\partial\psi}{\partial\theta} = \dfrac{1}{\varepsilon\Delta}\dfrac{\partial\tilde{\psi}}{\partial\chi}, \end{cases}$$

ce qui fait que, à la place de (V,356), on a :

$$(V,359)\quad \begin{cases} \tilde{u} = \frac{1}{r\Delta}\frac{\partial\tilde{\psi}}{\partial z}, \quad \tilde{w} = -\frac{1}{r\Delta}\frac{\partial\tilde{\psi}}{\partial r}; \\ \tilde{v} = r\tilde{u}\left(\frac{\partial\Theta}{\partial r} + \varepsilon\chi\frac{\partial\Delta}{\partial r}\right) + r\tilde{w}\left(\frac{\partial\Theta}{\partial z} + \varepsilon\chi\frac{\partial\Delta}{\partial z}\right), \end{cases}$$

une fois que l'on admet que $\vec{\tilde{u}} = \tilde{u}\,\vec{e}_r + \tilde{w}\,\vec{e}_z + \tilde{v}\,\vec{e}_\theta$. Enfin, l'équation $\vec{\nabla}\wedge\vec{\tilde{u}} = 0$ fournit trois équations scalaires pour $\tilde{u}$, $\tilde{w}$ et $\tilde{\Gamma} \equiv r\tilde{v}$ (c'est la circulation) :

$$(V,360)\quad \begin{cases} \frac{1}{r\Delta}\left(\frac{\partial\tilde{w}}{\partial\chi} + \frac{\partial\Theta}{\partial z}\frac{\partial\tilde{\Gamma}}{\partial\chi}\right) = \frac{\varepsilon}{r}\frac{\partial\tilde{\Gamma}}{\partial z} - \frac{\varepsilon}{r}\frac{\chi}{\Delta}\frac{\partial\Delta}{\partial z}\frac{\partial\tilde{\Gamma}}{\partial\chi}; \\ \frac{1}{\Delta}\left(\frac{\partial\Theta}{\partial z}\frac{\partial\tilde{u}}{\partial\chi} - \frac{\partial\Theta}{\partial r}\frac{\partial\tilde{w}}{\partial\chi}\right) = \varepsilon\left(\frac{\partial\tilde{u}}{\partial z} - \frac{\partial\tilde{w}}{\partial r}\right) \\ \qquad + \varepsilon\frac{\chi}{\Delta}\left(\frac{\partial\Delta}{\partial r}\frac{\partial\tilde{w}}{\partial\chi} - \frac{\partial\Delta}{\partial z}\frac{\partial\tilde{u}}{\partial\chi}\right); \\ \frac{1}{r\Delta}\left(\frac{\partial\tilde{u}}{\partial\chi} + \frac{\partial\Theta}{\partial r}\frac{\partial\tilde{\Gamma}}{\partial\chi}\right) = \frac{\varepsilon}{r}\frac{\partial\tilde{\Gamma}}{\partial r} - \frac{\varepsilon}{r}\frac{\chi}{\Delta}\frac{\partial\Delta}{\partial r}\frac{\partial\tilde{\Gamma}}{\partial\chi}. \end{cases}$$

2. Obtention de l'écoulement moyen (ou encore homogénéisé)

Suivant la MDAR, $\vec{\tilde{u}}$ et $\tilde{\psi}$ sont développées suivant les puissances entières de ε :

$$(V,361)\quad \vec{\tilde{u}} = \vec{\tilde{u}}_0 + \varepsilon\vec{\tilde{u}}_1 + \cdots; \quad \tilde{\psi} = \tilde{\psi}_0 + \varepsilon\tilde{\psi}_1 + \cdots.$$

A l'ordre zéro il vient les équations suivantes, déduites de (V,359) et (V,360) :

$$(V,362a)\quad \begin{cases} \tilde{u}_0 = \frac{1}{r\Delta}\frac{\partial\tilde{\psi}_0}{\partial z}; \quad \tilde{w}_0 = -\frac{1}{r\Delta}\frac{\partial\tilde{\psi}_0}{\partial r}; \\ r\tilde{v}_0 \equiv \tilde{\Gamma}_0 = r^2\left(\tilde{u}_0\frac{\partial\Theta}{\partial r} + \tilde{w}_0\frac{\partial\Theta}{\partial z}\right), \end{cases}$$

$$(V,362b)\quad \begin{cases} \frac{\partial\tilde{w}_0}{\partial\chi} + \frac{\partial\Theta}{\partial z}\frac{\partial\tilde{\Gamma}_0}{\partial\chi} = 0; \quad \frac{\partial\tilde{u}_0}{\partial\chi} + \frac{\partial\Theta}{\partial r}\frac{\partial\tilde{\Gamma}_0}{\partial\chi} = 0; \\ \frac{\partial\Theta}{\partial z}\frac{\partial\tilde{u}_0}{\partial\chi} - \frac{\partial\Theta}{\partial r}\frac{\partial\tilde{w}_0}{\partial\chi} = 0. \end{cases}$$

Les trois équations (V,362b) ne sont pas indépendantes, puisque

$$\begin{vmatrix} 0 & 1 & \partial\Theta/\partial z \\ 1 & 0 & \partial\Theta/\partial r \\ \dfrac{\partial\Theta}{\partial z} & -\dfrac{\partial\Theta}{\partial r} & 1 \end{vmatrix} = 0 .$$

Si dans (V,362a) on dérive l'expression de $\widetilde{\Pi}_0$ par rapport à χ on trouve :

$$\frac{\partial\widetilde{\Pi}_0}{\partial\chi} = r^2\left(\frac{\partial\widehat{u}_0}{\partial\chi}\frac{\partial\Theta}{\partial r} + \frac{\partial\widehat{w}_0}{\partial\chi}\frac{\partial\Theta}{\partial z}\right),$$

ou encore, après avoir remplacé $\dfrac{\partial\widehat{u}_0}{\partial\chi}$ et $\dfrac{\partial\widehat{w}_0}{\partial\chi}$ par leurs expressions tirées de la première et troisième des équations (V,362a),

(V,363) $$\frac{\partial\widetilde{\Pi}_0}{\partial\chi}\left\{1 + \left(r\frac{\partial\Theta}{\partial r}\right)^2 + \left(r\frac{\partial\Theta}{\partial z}\right)^2\right\} = 0 \Rightarrow \frac{\partial\widetilde{\Pi}_0}{\partial\chi} \equiv 0,$$

ce qui entraîne aussi : $\dfrac{\partial\widehat{u}_0}{\partial\chi} = 0$ et $\dfrac{\partial\widehat{w}_0}{\partial\chi} = 0$.

Ainsi, lorsque $\varepsilon \to 0$, <u>en première approximation: $\widehat{u}_0$, $\widehat{w}_0$ et $\widetilde{\Pi}_0$ sont indépendants de χ</u> ; ce résultat fondamental pour la suite est dû au fait que l'alimentation de la turbomachine à l'infini amont loin de la roue a été supposée constante*). Les équations étant fortement dégénérées à l'ordre zéro, en ε, il est nécessaire de pousser l'analyse asymptotique jusqu'à l'ordre un; à l'ordre un (terme proportionnel à ε) on a, à partir de (V,360) :

(V,364a) $$\frac{1}{r}\frac{\partial\widetilde{\Pi}_0}{\partial z} = \frac{1}{r\Delta}\left(\frac{\partial\widehat{w}_1}{\partial\chi} + \frac{\partial\Theta}{\partial z}\frac{\partial\widetilde{\Pi}_1}{\partial\chi}\right);$$

---

*) Pour un cas plus général et une discussion de la dépendance en χ on consultera les deux articles de GUIRAUD et ZEYTOUNIAN (1971). On trouvera aussi un exposé de la théorie asymptotique de l'écoulement dans une turbomachine axiale au chapitre IX de nos Notes (ZEYTOUNIAN (1974)).

(V,364b)
$$\left\{\begin{aligned} &\frac{\partial \tilde{u}_0}{\partial z} - \frac{\partial \tilde{w}_0}{\partial r} = \frac{1}{\Delta}\left(\frac{\partial \Theta}{\partial z}\frac{\partial \tilde{u}_1}{\partial \chi} - \frac{\partial \Theta}{\partial r}\frac{\partial \tilde{w}_1}{\partial \chi}\right); \\ &\frac{1}{r}\frac{\partial \tilde{\Gamma}_0}{\partial r} = \frac{1}{r\Delta}\left(\frac{\partial \tilde{u}_1}{\partial \chi} + \frac{\partial \Theta}{\partial r}\frac{\partial \tilde{\Gamma}_1}{\partial \chi}\right). \end{aligned}\right.$$

De (V,364) on tire, en éliminant les termes d'ordre un,

(V,365)
$$\frac{\partial \tilde{u}_0}{\partial z} - \frac{\partial \tilde{w}_0}{\partial r} = \frac{\partial \tilde{\Gamma}_0}{\partial r}\frac{\partial \Theta}{\partial z} - \frac{\partial \tilde{\Gamma}_0}{\partial z}\frac{\partial \Theta}{\partial r},$$

ce qui nous donne une équation pour $\tilde{\psi}_0(r,z)$:

(V,366)
$$\frac{\partial}{\partial r}\left(\frac{1}{r\Delta}\frac{\partial \tilde{\psi}_0}{\partial r}\right) + \frac{\partial}{\partial z}\left(\frac{1}{r\Delta}\frac{\partial \tilde{\psi}_0}{\partial z}\right) = \frac{\partial \tilde{\Gamma}_0}{\partial r}\frac{\partial \Theta}{\partial z} - \frac{\partial \tilde{\Gamma}_0}{\partial z}\frac{\partial \Theta}{\partial r}.$$

Rappelons maintenant que l'alimentation à l'infini amont étant uniforme, l'enthalpie totale $H = 1/2\,|\vec{u}|^2 + p/\rho^0 \equiv H_\infty = \text{Const}$ et de ce fait le saut de pression:

(V,367)
$$[\![p]\!] = p|_{\chi=1/2} - p|_{\chi=-1/2},$$

est égal à

(V,368)
$$[\![p]\!] = -\varepsilon\rho^0\left\{\tilde{u}_0[\![\tilde{u}_1]\!] + \tilde{w}_0[\![\tilde{w}_1]\!] + \frac{\tilde{\Gamma}_0}{r^2}[\![\tilde{\Gamma}_1]\!]\right\} + O(\varepsilon^2).$$

On constate que $[\![p]\!]$ est une grandeur d'ordre ε et de ce fait

(V,369)
$$\lim_{\varepsilon \to 0}\left(-\frac{[\![p]\!]}{\varepsilon\rho^0}\right) = \tilde{u}_0\frac{\partial \tilde{u}_1}{\partial \chi} + \tilde{w}_0\frac{\partial \tilde{w}_1}{\partial \chi} + \frac{\tilde{\Gamma}_0}{r^2}\frac{\partial \tilde{\Gamma}_1}{\partial \chi} \equiv \Pi_0,$$

étant donné que $\tilde{u}_1$, $\tilde{w}_1$ et $\tilde{\Gamma}_1$ sont linéaires en χ (d'après (V,364)). En éliminant les dérivées en χ à l'aide des équations (V,364), on exprime Π_0 sous la forme simple suivante :

(V,370)
$$\Pi_0 = \Delta\left(\tilde{u}_0\frac{\partial \tilde{\Gamma}_0}{\partial r} + \tilde{w}_0\frac{\partial \tilde{\Gamma}_0}{\partial z}\right).$$

Hors de la roue p reste continue, même en présence des sillages (qui sont, dans le schéma de fluide parfait, des surfaces de contact) dûs aux effets de portance, donc, compte tenu de la périodicité de l'écoulement (en θ) nous aurons que :

$$[\![p]\!] = 0 \Rightarrow \Pi_0 = 0 \Rightarrow \hat{u}_0 \frac{\partial \tilde{\Gamma}_0}{\partial r} + \hat{w}_0 \frac{\partial \tilde{\Gamma}_0}{\partial z} = 0,$$

ou encore

(V,371) $$\hat{\Gamma}_0 = \hat{\Gamma}_0(\tilde{\Psi}_0).$$

En particulier, puisque $\hat{\Gamma}_0 \equiv 0$ à l'infini amont de la roue, il en découle que :

$\hat{\Gamma}_0 \equiv 0$, dans toute la région amont de la roue.

Par contre en aval de la roue, on aura la relation (V,371). En conclusion, le vecteur vitesse de l'écoulement moyen (homogénéisé, indépendant de θ) est déterminé par la relation :

(V,372) $$\tilde{\vec{u}}_0 = \frac{1}{\Delta}\left\{\vec{\nabla}(\theta - \Theta) \wedge \vec{\nabla}\hat{\Psi}_0\right\},$$

et les lignes de courant de cet écoulement moyen sont obtenues par l'intersection des surfaces médianes $\theta - \Theta(r,z) = \text{Const}$, du canal inter-aubes, avec les surfaces résultant de la rotation autour de l'axe des z, de la turbomachine, des lignes de courant méridiennes $\tilde{\Psi}_0(r,z) = \text{Const}$.

Nous disposons pour le calcul de cet écoulement moyen des équations suivantes :

(V,373) $$\left\{\begin{aligned} &\frac{\partial}{\partial r}\left(\frac{1}{r\Delta}\frac{\partial \hat{\Psi}_0}{\partial r}\right) + \frac{\partial}{\partial z}\left(\frac{1}{r\Delta}\frac{\partial \hat{\Psi}_0}{\partial z}\right) = \frac{\partial \tilde{\Gamma}_0}{\partial r}\frac{\partial \Theta}{\partial z} - \frac{\partial \tilde{\Gamma}_0}{\partial z}\frac{\partial \Theta}{\partial r},\\ &\hat{\Gamma}_0 = \begin{cases} 0, & \text{en amont de la roue,}\\ \dfrac{r}{\Delta}\left(\dfrac{\partial \hat{\Psi}_0}{\partial z}\dfrac{\partial \Theta}{\partial r} - \dfrac{\partial \hat{\Psi}_0}{\partial r}\dfrac{\partial \Theta}{\partial z}\right), & \text{dans la roue,}\\ \tilde{\Gamma}_0(\tilde{\Psi}_0), & \text{en aval de la roue.}\end{cases}\end{aligned}\right.$$

Précisons encore que, dans l'étude de l'écoulement dans une turbomachine axiale, il est classique d'introduire l'écoulement moyen de façon heuristique comme étant dans la roue un écoulement à symétrie axiale induit par un champ de forces, de densité massique $\vec{F}_0$, simulant l'action des aubes sur l'écoulement réel (cela a été fait, en particulier, par WU (1952)). Cet écoulement moyen de WU vérifie les équations:

$$\text{(V,374)} \quad \begin{cases} \vec{\nabla}\cdot(\Delta \tilde{\vec{u}}_0) = 0 \ ; \\ (\vec{\nabla}\wedge\tilde{\vec{u}}_0)\wedge\tilde{\vec{u}}_0 = \vec{F}_0 \ ; \\ \vec{F}_0\cdot(\vec{\nabla}\wedge\vec{F}_0) = 0 \ , \quad \tilde{\vec{u}}_0\cdot\vec{N} = 0 \ , \end{cases}$$

où $\vec{N}$ est le vecteur de composantes $\left(-\frac{\partial\Theta}{\partial r}, +\frac{1}{r}, -\frac{\partial\Theta}{\partial z}\right)$ normal à la surface d'équation $\theta = \Theta(r, z)$.

La théorie asymptotique exposée ci-dessus (dûe initialement à VEUILLOT (1974)), montrent bien que l'écoulement défini à partir des équations d'ordre zéro est, d'une part, à symétrie axiale et, d'autre part, vérifie les équations (V,374) avec

$$\text{(V,375)} \quad \vec{F}_0 \equiv \frac{\Pi_0}{\Delta}\vec{\nabla}(\theta - \Theta) = \frac{\Pi_0}{\Delta}\vec{N} \ .$$

Ainsi, nous justifions grâce à une approche asymptotique le schéma classique de l'écoulement moyen à symétrie axiale avec champ de forces fictif simulant l'action des aubes de la roue.

On notera que le terme de forces (V,375) qui apparaît au niveau de l'écoulement moyen, homogénéisé, est en fait un terme de mémoire, qui provient de la structure fine en θ - c'est un phénomène classique dans la théorie de l'homogénéisation (voir, par exemple, le livre de SANCHEZ-PALENCIA (1980)).

3. Les conditions de transmission. Solution locale et raccord avec l'écoulement moyen

La théorie asymptotique développée à la section 2 suppose implicitement que les fonctions $\tilde{u}_0$, $\tilde{w}_0$, Γ_0 et $\hat{\psi}_0$ et leurs dérivées partielles premières soient effectivement du même ordre. De ce fait, si il existe des régions où ces fonctions admettent, par exemple, de forts gradients (voir même ne soient plus dérivables), les développements en puissance de ε et les calculs formels qui en résultent ne seront plus valables dans ces régions. Intuitivement on conçoit que les voisinages des bords d'attaque et de fuite des aubes peuvent constituer de telles régions singulières. Chaque espace inter-aubes ayant une ouverture azimutale d'ordre $O(\varepsilon)$ nous admettrons que ces zones se limitent à un voisinage $O(\varepsilon)$ des plans d'entrée et de sortie de la roue. En termes de développement asymptotique cela signifie que la détermination de la limite de l'écoulement réel lorsque $\varepsilon \to 0$ (c'est-à-dire $N \to \infty$) est un problème de perturbation singulière. L'écoulement moyen constituant, en fait, le premier terme d'un développement extérieur (principal) de la solution limite. Selon la MDAR, dans le voisinage des plans d'entrée et de sortie de la roue il faut introduire un développement local. Les développements effectués dans les trois régions principales (amont de la roue, roue et aval de la roue) devant être raccordées entre elles en traitant les deux régions singulières (à l'entrée et à la sortie de la roue), comme des plans de discontinuité, auxquelles il faut associer des conditions de transmissions qui sont des conditions de raccord.

On sait que l'enthalpie totale H reste continue à travers les plans d'entrée et de sortie de la roue :

(V,376) $$[\![H]\!]_e = [\![H]\!]_s = 0 .$$

D'autre part, il y a naturellement continuité du débit massique, c'est-à-dire continuité de $\rho^\circ \Delta w$:

(V,377) $$[\![\Delta \widetilde{w}_0]\!]_e = [\![\Delta \widetilde{w}_0]\!] = 0 .$$

Cependant ces conditions (V,376) et (V,377) s'avèrent être insuffisantes pour assurer l'existence d'une solution unique du problème régissant l'écoulement moyen de l'amont à l'aval . Il faut une troisième condition, qui est obtenue en étudiant l'écoulement local qui prend place dans la région $O(\varepsilon)$ au voisinage d'un plan $z = z_e$, d'entrée, ou d'un plan $z = z_e + l_0 = z_s$, de sortie; l_0 étant la largeur axiale de la roue.

Pour décrire l'écoulement local au voisinage du plan d'entrée $z = z_e$ effectuons le changement de variables (nous introduisons des <u>variables locales</u>) :

(V,378) $$\begin{cases} r \equiv r \quad , \quad \chi \equiv \chi \quad , \quad z = z_e + \varepsilon \zeta ; \\ \boxminus(r, z) \equiv \boxminus(r, z_e + \varepsilon\zeta) = \boxminus(r, z_e) + \varepsilon \zeta \dfrac{\partial \boxminus}{\partial z}\Big|_{z = z_e} \\ \qquad + O(\varepsilon^2) . \end{cases}$$

A l'ordre zéro, il vient une trivialité puisque nous avons vu à la section 2 que les quantités d'ordre $O(1)$ ne dépendaient pas de χ ; en revanche à l'ordre un, il vient :

$$\text{(V,379)}\quad \left\{\begin{aligned} &\left.\frac{\partial \Theta}{\partial z}\right|_{z=z_e} \partial\hat{\Gamma}_1/\partial\chi = \frac{\partial \hat{\Gamma}_0}{\partial \zeta}\,; \\ &\left.\frac{\partial \Theta}{\partial z}\right|_{z=z_e} \partial\hat{u}_1/\partial\chi = \frac{\partial \hat{u}_0}{\partial \zeta}\,; \\ &\frac{\partial \hat{u}_1}{\partial \chi} + \left.\frac{\partial \Theta}{\partial r}\right|_{z=z_e} \frac{\partial \hat{\Gamma}_1}{\partial \chi} = 0, \end{aligned}\right.$$

où nous avons noté, pour $f = (u, w, \Gamma)$,

$$\text{(V,380)}\quad \left\{\begin{aligned} &\tilde{f}(r,\chi,z;\varepsilon) \Rightarrow \tilde{f}(r,\chi,z_e+\varepsilon\zeta;\varepsilon) = \hat{f}(r,\chi,\zeta;\varepsilon), \\ &\hat{f}(r,\chi,\zeta;\varepsilon) = \hat{f}_0(r,\zeta) + \varepsilon\,\hat{f}_1(r,\chi,\zeta) + O(\varepsilon^2). \end{aligned}\right.$$

Le résultat de l'élimination de $\frac{\partial \hat{u}_1}{\partial \chi}$ et $\frac{\partial \hat{\Gamma}_1}{\partial \chi}$ de (V,379) donne la relation :

$$\text{(V,381)}\quad \frac{\partial}{\partial \zeta}\left\{\hat{u}_0 + \hat{\Gamma}_0 \left.\frac{\partial \Theta}{\partial r}\right|_{z=z_e}\right\} = 0 .$$

La relation (V,381) traduit la conservation de la quantité

$$\hat{\omega}_0 \equiv \hat{u}_0 + \hat{\Gamma}_0 \left.\frac{\partial \Theta}{\partial r}\right|_{z=z_e},$$

dans la région $O(\varepsilon)$ du bord d'attaque (ou du bord de fuite, par analogie, avec $z = z_e + l_0 = z_s$ à la place de $z = z_e$). Ainsi, à l'entrée et à la sortie de la roue les régions singulières peuvent être traitées comme des plans de discontinuités, à condition de satisfaire à la <u>condition de transmission</u> suivante :

$$\text{(V,382)}\quad \left[\!\left[\frac{1}{\Delta}\frac{\partial \tilde{\Psi}_0}{\partial z} + r\,\frac{\partial \Theta}{\partial r}\tilde{\Gamma}_0\right]\!\right]_e = \left[\!\left[\frac{1}{\Delta}\frac{\partial \tilde{\Psi}_0}{\partial z} + r\,\frac{\partial \Theta}{\partial r}\tilde{\Gamma}_0\right]\!\right]_s = 0 .$$

Il faut bien comprendre que au voisinage du plan $z = z_e$ (ou $z = z_s$) d'entrée (ou de sortie) on doit utiliser deux développements principaux réguliers tayloriens différents de part et d'autre de $\mathfrak{z} = \mathfrak{z}_e$ $(\mathfrak{z} = \mathfrak{z}_e + \ell_0 = \mathfrak{z}_s)$ au niveau des fonctions $\widetilde{\psi}_0$ et $\widetilde{\Gamma}_0$ déterminant l'écoulement moyen. Nous les distinguons ci-dessous par l'indice supérieur $\pm$; les fonctions $\widetilde{\psi}_0^+$ et $\widetilde{\psi}_0^-$ ainsi que $\widetilde{\Gamma}_0^+$ et $\widetilde{\Gamma}_0^-$ n'étant évidemment pas les prolongements analytiques l'une de l'autre, puisque au niveau du développement asymptotique principal (extérieur) les deux développements tayloriens réguliers sont découplés (l'un est valable dans la roue, tandis que l'autre est valable hors de la roue).

D'après le principe du raccord, on doit écrire :

$$\widetilde{\psi}_{0,0}^{\pm} = \widehat{\psi}_0^{\pm\infty} \quad ; \quad \widetilde{\Gamma}_{0,0}^{\pm} = \widehat{\Gamma}_0^{\pm\infty} , \tag{V,383}$$

où les indices supérieurs $\pm\infty$ pour les fonctions locales (avec des "$\wedge$") sont relatifs à l'infini aval ($\zeta \to +\infty$) et à l'infini amont ($\zeta \to -\infty$) du voisinage $O(\varepsilon)$ du plan $\mathfrak{z} = \mathfrak{z}_e$ d'entrée (ou $\mathfrak{z} = \mathfrak{z}_s$, de sortie). Le second indice " 0 " pour les fonctions extérieurs (principales) (avec des " $\sim$ ") indique que nous nous plaçons effectivement sur le plan $\mathfrak{z} = \mathfrak{z}_e$ (ou $\mathfrak{z} = \mathfrak{z}_s$).

Ainsi, nous constatons que au niveau de la condition de transmission (V,382) il faut comprendre que :

$$[\![\widetilde{f}_0]\!]_{e,s} \equiv \widetilde{f}_{0,0}^{+} - \widetilde{f}_{0,0}^{-} = \widehat{f}_0^{+\infty} - \widehat{f}_0^{-\infty} . \tag{V,384}$$

REFERENCES CITEES

1. BATCHELOR, G.K., (1956) : J. Of Fluid Mech., vol. 1, 177.

2. BIRKHOFF, G., (1960) : Hydrodynamics (a study in logic, fact and similitude). Princeton Univ. Press, New Jersey.

3. COLE, J.D., (1975) : SIAM Journal on Applied Maths., 29, 763-787.

4. D'ALEMBERT, J. Le Rond, (1752) : Essais d'une nouvelle théorie de la résistance des fluides.

5. DANIELS, P.G., (1978) : Quart. Journal Mech. Applied Maths., vol. 31, pt. 1, 49-75.

6. ERTEL, H., (1960) : Gerl. beitr. Geophys., 69, 357-361.

7. GERMAIN, P. et MULLER, P., (1980) : Introduction à la Mécanique des Milieux Continus. Masson, Paris.

8. GUIRAUD, J.P. et ZEYTOUNIAN, R. Kh., (1971) : La Recherche Aérospatiale; n° 2, pp. 65-87 et n° 5, pp. 237-256.

9. GUIRAUD, J.P. et ZEYTOUNIAN, R.Kh., (1979) : J. de Mécanique, vol. 18, n° 3, 423-431.

10. HAYES, W.D., (1947) : Quart. of Applied Mathematics, 5, 105-106.

11. HAYES, W.D. and PROBSTEIN, R.F., (1959) : Hypersonic flow theory. Academic Press, New-York.

12. HELMHOLTZ, H. Von, (1858) : Journal für die reine und angewandte Mathematik, 55, 25-55.

13. KARMAN, T. von, (1956) : Aérodynamique. Interavia, Genève.

14. LEGENDRE, R., (1972) : La Recherche Aérospatiale, n° 1972-5, 241-247.

15. NEILAND, V. Ya, (1969) : Izv. AN SSSR, Mécanique des liquides et des gaz, n° 4.

16. SANCHEZ-PALENCIA, E., (1980) : Non homogeneous media and vibration theory. Lecture Notes in Physics, vol. 127, Springer-Verlag.

17. STEWARTSON, K., and WILLIAMS, P., (1969) : Proc. Roy. Soc., A 312, 181-206.

18. STEWARTSON, K., (1981) : SIAM Review, vol. 23, n° 3, 308-343.

19. VEUILLOT, J.P., (1974) : Publication ONERA n° 155 (Calcul de l'écoulement moyen dans une roue de turbomachine axiale).

20. VIVIAND, H. (1970) : Journal de Mécanique, 9, n° 4, 573.

21. WOOD, W.W., (1957) : J. of Fluid Mech., vol. 2, 77.

22. WU, CH-H., (1952) : Trans. ASME, vol. 74, n° 8, 1363-1380.

23. ZEYTOUNIAN, R. Kh., (1966) : Izv. Atmospheric and Oceanic Physics, vol. 2, n° 2, 61-64 (trad. anglaise).

24. ZEYTOUNIAN, R. Kh., (1974) : Notes sur les écoulements rotationnels de fluides parfaits. Lecture Notes in Physics, vol. 27, Springer-Verlag.

25. ZEYTOUNIAN, R. Kh., (1977) : Méthodes numériques de la mécanique du continu, tome 8, n° 5, 71-101 (en russe).

26. ZEYTOUNIAN, R. Kh., (1979) : Lecture Notes in Physics, vol. 90, 594-99.

27. ZEYTOUNIAN, R. Kh., (1983) : J. de Mec. Appl. et de Phys. Technique (PMTF) n° 2, 53-61 (en russe).

28. ZEYTOUNIAN, R. Kh. et GUIRAUD, J.P. (1980) : C.R.Acad.Sci. Paris, t. 290, B, 75-78.

INDEX DES AUTEURS*)

*) L'indication donnée est celle de la page des références citées à la fin des chapitres I à V.

INDEX ALPHABETIQUE DES MATIERES*)

*) L'indication donnée est celle de la page.

Lecture Notes in Physics

Vol. 214: H. Moraal, Classical, Discrete Spin Models. VII, 251 pages. 1984.

Vol. 215: Computing in Accelerator Design and Operation. Proceedings, 1983. Edited by W. Busse and R. Zelazny. XII, 574 pages. 1984.

Vol. 216: Applications of Field Theory to Statistical Mechanics. Proceedings, 1984. Edited by L. Garrido. VIII, 352 pages. 1985.

Vol. 217: Charge Density Waves in Solids. Proceedings, 1984. Edited by Gy. Hutiray and J. Sólyom. XIV, 541 pages. 1985.

Vol. 218: Ninth International Conference on Numerical Methods in Fluid Dynamics. Edited by Soubbaramayer and J. P. Boujot. X, 612 pages. 1985.

Vol. 219: Fusion Reactions Below the Coulomb Barrier. Proceedings, 1984. Edited by S.G. Steadman. VII, 351 pages. 1985.

Vol. 220: W. Dittrich, M. Reuter, Effective Lagrangians in Quantum Electrodynamics. V, 244 pages. 1985.

Vol. 221: Quark Matter '84. Proceedings, 1984. Edited by K. Kajantie. VI, 305 pages. 1985.

Vol. 222: A. García, P. Kielanowski, The Beta Decay of Hyperons. Edited by A. Bohm. VIII, 173 pages. 1985.

Vol. 223: H. Saller, Vereinheitlichte Feldtheorien der Elementarteilchen. IX, 157 Seiten. 1985.

Vol. 224: Supernovae as Distance Indicators. Proceedings, 1984. Edited by N. Bartel. VI, 226 pages. 1985.

Vol. 225: B. Müller, The Physics of the Quark-Gluon Plasma. VII, 142 pages. 1985.

Vol. 226: Non-Linear Equations in Classical and Quantum Field Theory. Proceedings, 1983/84. Edited by N. Sanchez. VII, 400 pages. 1985.

Vol. 227: J.-P. Eckmann, P. Wittwer, Computer Methods and Borel Summability Applied to Feigenbaum's Equation. XIV, 297 pages. 1985.

Vol. 228: Thermodynamics and Constitutive Equations. Proceedings, 1982. Edited by G. Grioli. V, 257 pages. 1985.

Vol. 229: Fundamentals of Laser Interactions. Proceedings, 1985. Edited by F. Ehlotzky. IX, 314 pages. 1985.

Vol. 230: Macroscopic Modelling of Turbulent FLows. Proceedings, 1984. Edited by U. Frisch, J. B. Keller, G. Papanicolaou and O. Pironneau. X, 360 pages. 1985.

Vol. 231: Hadrons and Heavy Ions. Proceedings, 1984. Edited by W. D. Heiss. VII, 458 pages. 1985.

Vol. 232: New Aspects of Galaxy Photometry. Proceedings, 1984. Edited by J.-L. Nieto. XIII, 350 pages. 1985.

Vol. 233: High Resolution in Solar Physics. Proceedings, 1984. Edited by R. Muller. VII, 320 pages. 1985.

Vol. 234: Electron and Photon Interactions at Intermediate Energies. Proceedings, 1984. Edited by D. Menze, W. Pfeil and W. J. Schwille. VII, 481 pages. 1985.

Vol. 235: G.E.A. Meier, F. Obermeier (Eds.), Flow of Real Fluids. VIII, 348 pages. 1985.

Vol. 236: Advanced Methods in the Evaluation of Nuclear Scattering Data. Proceedings, 1985. Edited by H.J. Krappe and R. Lipperheide. VI, 364 pages. 1985.

Vol. 237: Nearby Molecular Clouds. Proceedings, 1984. Edited by G. Serra. IX, 242 pages. 1985.

Vol. 238: The Free-Lagrange Method. Proceedings, 1985. Edited by M.J. Fritts, W.P. Crowley and H. Trease. IX, 313 pages. 1985.

Vol. 239: Geometrics Aspects of the Einstein Equations and Integrable Systems. Proceedings, 1984. Edited by R. Martini. V, 344 pages. 1985.

Vol. 240: Monte-Carlo Methods and Applications in Neutronics, Photonics and Statistical Physics. Proceedings, 1985. Edited by R. Alcouffe, R. Dautray, A. Forster, G. Ledanois and B. Mercier. VIII, 483 pages. 1985.

Vol. 241: Numerical Simulation of Combustion Phenomena. Proceedings, 1985. Edited by R. Glowinski, B. Larrouturou and R. Temam. IX, 404 pages. 1985.

Vol. 242: Exactly Solvable Problems in Condensed Matter and Relativistic Field Theory. Proceedings, 1985. Edited by B.S. Shastry, S.S. Jha and V. Singh. V, 318 pages. 1985.

Vol. 243: Medium Energy Nucleon and Antinucleon Scattering. Proceedings, 1985. Edited by H.V. von Geramb. IX, 576 pages. 1985.

Vol. 244: W. Dittrich, M. Reuter, Selected Topics in Gauge Theories. V, 315 pages. 1986.

Vol. 245: R. Kh. Zeytounian, Les Modèles Asymptotiques de la Mécanique des Fluides I. IX, 260 pages. 1986.